高等职业教育教材

化工安全技术

杨永红　彭　芳　主编

陈文茜　韩　荣　刘　淼　罗灵芝　副主编

杨永杰　主审

化学工业出版社
·北京·

内 容 简 介

本书遵循任务引领、理实结合的原则，按照典型案例引入、必备知识讲解、工作任务实施的思路进行编写，每个任务后设有考核评价、事故案例分析及工考测试，有助于深化理解和巩固提升。本书遵循现行的安全与职业健康相关法律、法规和标准，反映新知识、新技术、新工艺和新方法，并融入了1＋X证书（化工HAZOP分析、化工精馏安全控制）和现代化工HSE技能大赛相关内容，同时配套有新形态融媒体数字资源，涵盖3D动画、视频、知识拓展等立体化教学资源，可以满足学习者自主学习需求。本书配套电子课件与习题答案，可登录化工教育网站免费下载。

本书可作为高职院校化工技术类专业（含应用化工、精细化工、有机化工、石油化工等方向）的教学用书，也可作为化工企业员工培训指导书及工程技术人员参考用书。

图书在版编目（CIP）数据

化工安全技术／杨永红，彭芳主编． -- 北京：化学工业出版社，2024.8． -- （高等职业教育教材）．
ISBN 978-7-122-45903-9

Ⅰ．X93

中国国家版本馆CIP数据核字第20246G8L83号

责任编辑：葛瑞祎　　　　　　　　文字编辑：宋　旋
责任校对：李雨晴　　　　　　　　装帧设计：张　辉

出版发行：化学工业出版社
　　　　　（北京市东城区青年湖南街13号　邮政编码100011）
印　　装：河北延风印务有限公司
787mm×1092mm　1/16　印张18¾　字数478千字
2024年10月北京第1版第1次印刷

购书咨询：010-64518888　　　　　售后服务：010-64518899
网　　址：http://www.cip.com.cn
凡购买本书，如有缺损质量问题，本社销售中心负责调换。

定　价：49.00元　　　　　　　　　　　　　版权所有　违者必究

编审人员名单

主　编　杨永红（新疆轻工职业技术学院）
　　　　　彭　芳（新疆轻工职业技术学院）

副主编　陈文茜（新疆轻工职业技术学院）
　　　　　韩　荣（新疆轻工职业技术学院）
　　　　　刘　淼（辽宁石化职业技术学院）
　　　　　罗灵芝（宁夏工商职业技术学院）

参　编　马占梅（青海柴达木职业技术学院）
　　　　　庞丽纹（内蒙古化工职业技术学院）
　　　　　李　军（新疆众和股份有限公司）
　　　　　董　江（新疆众和股份有限公司）
　　　　　李　霞（宁夏工商职业技术学院）
　　　　　唐文秀（宁夏工商职业技术学院）

主　审　杨永杰（天津渤海职业技术学院）

前言

安全是一切发展的前提和根本，习近平总书记强调，生命重于泰山，要坚持人民利益至上，始终把安全生产放在首要位置。化工生产涉及的危险品多，大多具有易燃、易爆、易中毒、易腐蚀等特点，生产工艺过程复杂，与其他行业相比，化工生产潜在的不安全因素更多，危险性和危害性更大。因此，对从业人员的安全知识和技能水平提出了更高的要求。如何强化安全意识，提高防范能力，是培养合格的高水平应用化工技术专业人才最基本的要求。

本教材是高职高专化工类专业核心课程"化工安全技术"的配套教材，也是落实国家"双高计划"应用化工技术专业群重点建设任务的重要成果之一。本教材的主要内容、特色及价值如下：

1. 本教材以"工学结合"的基本理念为指导，由校企合作共同完成。针对化工产品生产通用工艺人员等职业及化工生产操作人员、安全员等岗位，对接危险化学品管理、事故判断与处理、职业危害防护等典型工作任务所必需的职业技能要求，注重理论知识学习和职业能力培养的有机结合。根据课程面向岗位群职业能力分析结果，遵循学生的认知和成长规律，按照行动导向设计了与工作任务相适应的知识体系和技能体系。

2. 在内容取舍与序化上，依据课程原有学科体系中的学习内容，按照岗位工作过程和典型工作任务重构知识结构，确定了9个单元，37个学习任务，主要包括化工安全基础知识、危险化学品储运安全技术、防火防爆技术、工业防毒技术、承压设备安全技术、电气安全与静电防护技术、化工装置运行与检修安全技术、职业危害防护技术、化工危险与可操作性（HAZOP）分析等，旨在使学习者掌握化工生产中涉及的有关安全理论基础及其技术应用，培养职业健康防护和事故应急处理能力，为将来从事化工生产的运行和管理等相关职业岗位工作打下坚实基础。

3. 本教材以任务引领、理实结合的思路，按照典型案例引入、必备知识讲解、工作任务实施的思路进行编写，每个任务后设有考核评价、事故案例分析及工考测试。教材内容既系统介绍了完成任务所需掌握的安全知识和工作方法，又通过具有典型性、代表性、可操作性的工作任务的实践，突出完成任务的过程、步骤和工作技能，充分体现了"理实一体"和"岗课赛证"融通的理念。

4. 本教材在编写过程中注重科技发展和化工安全生产实际，遵循现行的安全与职业健康相关法律、法规和标准，反映新知识、新技术、新工艺和新方法，并融入了1+X证书

（化工 HAZOP 分析、化工精馏安全控制）和现代化工 HSE 技能大赛相关内容，单元习题内容对接职业资格证书考试和技能大赛，既保证了教材内容的先进性，又体现了"岗课赛证"融通。

5. 本教材配套有新形态融媒体数字资源，支持 PC、平板、手机等各类阅读终端，创建了开放式学习环境，可以满足学习者的自主学习要求。教材内容安排与课程建设深度融合，配套的 3D 动画、视频、课件等立体化的教学资源增加了课程容量；可借助信息化工具，进行线上教学、线上线下混合式教学。

本教材由新疆轻工职业技术学院杨永红、彭芳任主编，新疆轻工职业技术学院陈文茜、韩荣，辽宁石化职业技术学院刘淼，宁夏工商职业技术学院罗灵芝任副主编，青海柴达木职业技术学院马占梅，内蒙古化工职业技术学院庞丽纹，新疆众和股份有限公司李军、董江，宁夏工商职业技术学院李霞、唐文秀也参与了编写。全书具体分工如下：杨永红负责编写教材大纲和内容审核，彭芳负责组织稿件撰写和统稿等工作，彭芳、马占梅共同编写了单元 1，陈文茜、刘淼共同编写了单元 2，韩荣、杨永红、罗灵芝共同编写了单元 3，杨永红、彭芳、庞丽纹共同编写了单元 4，韩荣编写了单元 5、单元 7，陈文茜编写了单元 6、单元 8，彭芳编写了单元 9，李军负责书中涉及国家标准及行业规范内容的审核，董江负责全书事故案例分析内容编写，李霞、唐文秀负责直击工考部分习题的整理。本教材由天津渤海职业技术学院杨永杰教授审定。北京华科易汇科技股份有限公司承担了本书的融媒体视频制作以及部分图片拍摄工作，北京华科易汇科技股份有限公司魏文佳协助主编进行了部分资料的搜集和统稿工作，在此一并表示衷心的感谢。

由于水平和时间所限，书中不妥之处在所难免，敬请广大读者提出宝贵的意见。

编　者

目录

课程导入 / 001

0.1.1 安全意识 ………………………… 001
0.1.2 安全管理 ………………………… 001
0.1.3 安全技术 ………………………… 002
0.1.4 本书的教学结构和内容 ………… 002
0.1.5 本书的教学目标 ………………… 004

单元 1　化工安全基础知识 / 006

任务 1.1　认识化工生产与安全 ……… 007
【必备知识】 …………………………… 007
　1.1.1　化工生产的特点 ……………… 007
　1.1.2　化工安全事故特征 …………… 008
　1.1.3　安全在化工生产中的重要性 … 009
　1.1.4　化工生产中存在的危险和有害
　　　　 因素 ……………………………… 009
【任务实施】 …………………………… 010
【考核评价】 …………………………… 010
【直击工考】 …………………………… 011

任务 1.2　辨识化工生产中的危险源
　　　　　　　　　　　　　　………… 012
【必备知识】 …………………………… 012
　1.2.1　危险源的定义 ………………… 012
　1.2.2　两类危险源理论 ……………… 013
　1.2.3　危险源辨识及危险化学品重大
　　　　 危险源辨识与分级 …………… 013
【任务实施】 …………………………… 015

【考核评价】 …………………………… 017
【直击工考】 …………………………… 017

任务 1.3　认识化工企业安全管理
　　　　　 制度及禁令 ………………… 018
【必备知识】 …………………………… 019
　1.3.1　企业安全生产管理制度 ……… 019
　1.3.2　化工企业安全生产禁令 ……… 022
【任务实施】 …………………………… 023
【考核评价】 …………………………… 024
【直击工考】 …………………………… 025

任务 1.4　识别安全色和安全标志 …… 026
【必备知识】 …………………………… 026
　1.4.1　安全色 ………………………… 026
　1.4.2　安全标志 ……………………… 026
【任务实施】 …………………………… 028
【考核评价】 …………………………… 030
【直击工考】 …………………………… 030

单元 2　危险化学品储运安全技术 / 031

任务 2.1　认识危险化学品 …………… 032
【必备知识】 …………………………… 032
　2.1.1　危险化学品的定义及分类 …… 032
　2.1.2　危险化学品造成化学事故的主要
　　　　 特性 ……………………………… 033
　2.1.3　影响危险化学品危险性的主要
　　　　 因素 ……………………………… 034
【任务实施】 …………………………… 035

| 【考核评价】 | 036 | 分析 | 045 |
| 【直击工考】 | 037 | 2.3.3 危险化学品运输方式的选择 | 045 |

任务2.2　制订危险化学品的安全储存方案 …… 038

2.3.4 危险化学品的运输要求 …… 045
【任务实施】 …… 046

【必备知识】 …… 038
2.2.1 危险化学品储存的安全要求 …… 038
2.2.2 危险化学品分类储存原则 …… 039
2.2.3 储存事故因素分析 …… 041
【任务实施】 …… 042
【考核评价】 …… 042
【直击工考】 …… 043

【考核评价】 …… 047
【直击工考】 …… 047

任务2.4　危险化学品泄漏事故应急处置 …… 048

【必备知识】 …… 049
2.4.1 疏散与隔离 …… 049
2.4.2 泄漏源控制 …… 049
2.4.3 泄漏物处理 …… 049
2.4.4 个人防护 …… 049

任务2.3　制订危险化学品的安全运输方案 …… 044

【任务实施】 …… 050
【考核评价】 …… 050
【直击工考】 …… 051

【必备知识】 …… 044
2.3.1 危险化学品运输的配装及包装要求 …… 044
2.3.2 危险化学品运输过程中的安全因素

单元3　防火防爆技术 / 052

任务3.1　认识燃烧与爆炸 …… 053
【必备知识】 …… 053
3.1.1 燃烧的基础知识 …… 053
3.1.2 爆炸的基础知识 …… 056
【任务实施】 …… 059
【考核评价】 …… 059
【直击工考】 …… 060

操纵 …… 067
3.3.3 防火与防爆安全装置 …… 068
【任务实施】 …… 072
【考核评价】 …… 073
【直击工考】 …… 073

任务3.4　灭火方法与灭火剂的选择 …… 074

任务3.2　制订火灾、爆炸的防护措施 …… 060

【必备知识】 …… 074
3.4.1 灭火方法及其原理 …… 074
3.4.2 灭火剂的种类及灭火原理 …… 075
【任务实施】 …… 079
【考核评价】 …… 080
【直击工考】 …… 081

【必备知识】 …… 061
3.2.1 生产和储存的火灾危险性分类 …… 061
3.2.2 爆炸性环境危险区域划分 …… 062
3.2.3 点火源的控制 …… 063
3.2.4 火灾爆炸危险物质的防护措施 …… 064
【任务实施】 …… 065
【考核评价】 …… 066
【直击工考】 …… 066

任务3.5　消防器材的正确使用 …… 081
【必备知识】 …… 082
3.5.1 消防设施 …… 082
3.5.2 灭火器材 …… 083
【任务实施】 …… 085
【考核评价】 …… 086
【直击工考】 …… 086

任务3.3　制订控制火灾及爆炸蔓延的措施 …… 067
【必备知识】 …… 067
3.3.1 正确选址与安全间距 …… 067
3.3.2 分区隔离、露天布置、远距离

任务3.6　初起火灾的消防应急处理 …… 087

【必备知识】 087
  3.6.1 生产装置初起火灾的扑救 087
  3.6.2 易燃、可燃液体贮罐初起火灾的扑救 088
  3.6.3 电气初起火灾的扑救 088
  3.6.4 人身着火的扑救 089
【任务实施】 089
【考核评价】 090
【直击工考】 091

单元4　工业防毒技术 / 092

任务4.1　认识工业毒物及其危害 093
【必备知识】 093
  4.1.1 工业毒物及其分类 093
  4.1.2 工业毒物的毒性及其影响因素 094
  4.1.3 工业毒物进入人体的途径 096
  4.1.4 职业中毒的类型及对人体系统及器官的损害 097
【任务实施】 098
【考核评价】 099
【直击工考】 099

任务4.2　制订工业毒物防护措施 100
【必备知识】 101
  4.2.1 防毒技术措施 101
  4.2.2 防毒管理教育措施 102
  4.2.3 个体防护措施 104
【任务实施】 104
【考核评价】 106
【直击工考】 106

任务4.3　规范使用呼吸防护用品 107
【必备知识】 108
  4.3.1 过滤式防毒呼吸器 108
  4.3.2 隔离式防毒呼吸器 110
【任务实施】 113
【考核评价】 113
【直击工考】 114

任务4.4　急性中毒的现场救护 115
【必备知识】 115
  4.4.1 救护者的个人防护 115
  4.4.2 切断毒物来源 115
  4.4.3 采取有效措施防止毒物继续侵入人体 116
  4.4.4 促进生命器官功能恢复 116
  4.4.5 及时解毒和促进毒物排出 116
【任务实施】 117
【考核评价】 118
【直击工考】 118

单元5　承压设备安全技术 / 119

任务5.1　认识压力容器 120
【必备知识】 120
  5.1.1 压力容器的定义 120
  5.1.2 压力容器的分类 120
  5.1.3 压力容器的安全附件 121
【任务实施】 124
【考核评价】 125
【直击工考】 125

任务5.2　压力容器的安全管理与使用 126
【必备知识】 126
  5.2.1 压力容器的安全管理 126
  5.2.2 压力容器的定期检验 128
  5.2.3 压力容器的安全使用 130

【任务实施】 131
【考核评价】 131
【直击工考】 132

任务5.3　气瓶的安全使用与管理 132
【必备知识】 133
  5.3.1 气瓶的分类与安全附件 133
  5.3.2 气瓶的颜色区别 134
  5.3.3 气瓶的安全管理 134
【任务实施】 136
【考核评价】 137
【直击工考】 138

任务5.4　制订工业锅炉事故处置措施 138
【必备知识】 139

5.4.1　锅炉的概念、分类和组成 …… 139
5.4.2　锅炉的安全使用与管理 …… 139
5.4.3　锅炉事故类别和处理 …… 141
【任务实施】 …… 143
【考核评价】 …… 143
【直击工考】 …… 144
任务5.5　制订压力管道泄漏处置措施 …… 145
【必备知识】 …… 145
5.5.1　压力管道安全装置 …… 145
5.5.2　压力管道安全管理 …… 147
【任务实施】 …… 148
【考核评价】 …… 148
【直击工考】 …… 149

单元6　电气安全与静电防护技术 / 150

任务6.1　认识触电危害及防护措施 …… 151
【必备知识】 …… 151
6.1.1　电气安全基本知识 …… 151
6.1.2　电气安全技术措施 …… 154
【任务实施】 …… 158
【考核评价】 …… 158
【直击工考】 …… 159
任务6.2　触电急救 …… 160
【必备知识】 …… 160
6.2.1　触电急救的要点与原则 …… 160
6.2.2　解救触电者脱离电源的方法 …… 161
6.2.3　脱离电源后的现场救护 …… 161
6.2.4　心肺复苏法 …… 162
【任务实施】 …… 164
【考核评价】 …… 165
【直击工考】 …… 165

任务6.3　认识静电危害及防护措施 …… 166
【必备知识】 …… 167
6.3.1　静电的危害及特性 …… 167
6.3.2　静电防护技术 …… 168
【任务实施】 …… 170
【考核评价】 …… 171
【直击工考】 …… 171
任务6.4　雷电安全管理与预防 …… 172
【必备知识】 …… 172
6.4.1　雷电的形成、分类及危害 …… 172
6.4.2　常用防雷装置的种类与作用 …… 173
6.4.3　建（构）筑物、化工设备及人体的防雷 …… 174
6.4.4　防雷装置的检查 …… 177
【任务实施】 …… 177
【考核评价】 …… 178
【直击工考】 …… 178

单元7　化工装置运行与检修安全技术 / 179

任务7.1　认识化工装置运行与安全 …… 180
【必备知识】 …… 180
7.1.1　化工装置的类型 …… 180
7.1.2　化工装置的使用安全 …… 181
【任务实施】 …… 183
【考核评价】 …… 184
【直击工考】 …… 185
任务7.2　制订化工装置检修前的方案 …… 185
【必备知识】 …… 186
7.2.1　检修前的准备 …… 186
7.2.2　装置停车的安全处理 …… 187
【任务实施】 …… 188
【考核评价】 …… 189
【直击工考】 …… 189
任务7.3　了解化工装置检修中的技术措施 …… 190
【必备知识】 …… 190
7.3.1　化工装置检修的特点 …… 190
7.3.2　化工装置检修分类 …… 191
7.3.3　检修安全管理技术 …… 191
7.3.4　特殊作业安全规范 …… 193
【任务实施】 …… 201
【考核评价】 …… 201

【直击工考】·············201
任务 7.4 制订化工装置检修后安全
　　　　 开车的防范措施·············202
【必备知识】·············202
　7.4.1 装置开车前的安全检查·············202

7.4.2 装置开车·············203
【任务实施】·············204
【考核评价】·············204
【直击工考】·············205

单元 8　职业危害防护技术 / 206

任务 8.1　认识职业健康及职业病······ 207
【必备知识】·············207
　8.1.1 职业危害因素·············207
　8.1.2 职业病及其特点·············208
　8.1.3 职业卫生的三级预防·············208
【任务实施】·············209
【考核评价】·············209
【直击工考】·············210
任务 8.2　灼伤及其防护·············210
【必备知识】·············211
　8.2.1 灼伤及其分类·············211
　8.2.2 化学灼伤的现场急救·············211
　8.2.3 化学灼伤的预防措施·············212
【任务实施】·············213
【考核评价】·············214
【直击工考】·············214
任务 8.3　工业噪声及其控制·············215

【必备知识】·············216
　8.3.1 噪声的强度·············216
　8.3.2 工业噪声的分类·············216
　8.3.3 噪声对人的危害·············216
　8.3.4 工业噪声职业接触限值·············217
　8.3.5 工业噪声的控制·············217
【任务实施】·············218
【考核评价】·············218
【直击工考】·············219
任务 8.4　电磁辐射及其防护·············220
【必备知识】·············221
　8.4.1 电离辐射及其防护·············221
　8.4.2 非电离辐射及其防护·············222
【任务实施】·············223
【考核评价】·············224
【直击工考】·············225

单元 9　化工危险与可操作性（HAZOP）分析 / 226

任务 9.1　认识 HAZOP 分析·············227
【必备知识】·············227
　9.1.1 HAZOP 分析的概念及相关术语
　　　　·············227
　9.1.2 过程安全管理·············230
　9.1.3 风险评估的基本观点·············231
【任务实施】·············234
【考核评价】·············234
【直击工考】·············235

任务 9.2　HAZOP 分析方法的应用
　　　　·············236
【必备知识】·············236
　9.2.1 HAZOP 分析基本流程·············236
　9.2.2 HAZOP 分析基本步骤·············237
　9.2.3 HAZOP 分析文档跟踪·············241
【任务实施】·············242
【考核评价】·············244
【直击工考】·············244

附录 / 246

参考文献 / 247

二维码目录

二维码编码	资源名称	资源类型	页码
1-1	化工生产事故类型	微课	009
1-2	生产过程危险和有害因素分类	拓展知识	009
1-3	危险源构成的三个要素	拓展知识	013
1-4	化工生产中的危险源	微课	013
1-5	危险化学品的临界量	拓展知识	014
2-1	危险化学品的分类及标志	微课	032
2-2	危险化学品的分类	拓展知识	033
2-3	危险化学品的储存要求	微课	038
2-4	危险化学品的运输要求	微课	045
2-5	隔热防护服	动画	049
2-6	阻燃防护服	动画	049
2-7	化学防护服	动画	049
3-1	热值和燃烧温度	拓展知识	053
3-2	认识燃烧	微课	053
3-3	认识爆炸	微课	056
3-4	爆炸性气体混合物、粉尘的分级	拓展知识	063
3-5	点火源的控制	微课	063
3-6	工艺参数安全控制	拓展知识	065
3-7	阻火器	动画	068
3-8	安全阀	动画	070
3-9	室内消火栓	动画	083
3-10	地上式室外消火栓	动画	083
3-11	二氧化碳灭火器	动画	084
3-12	干粉灭火器	动画	084
3-13	水基型灭火器	动画	084
3-14	推车式灭火器	动画	084
3-15	灭火器的正确使用	微课	085
3-16	消火栓的使用	微课	085
3-17	常见初起（期）火灾的扑救	微课	088
3-18	火灾中如何逃生与自救	微课	090
4-1	工业毒物的分类及毒性	微课	093
4-2	工业毒物的危害	微课	097
4-3	常见工业毒物及其危害	拓展知识	098
4-4	过滤式防毒面具	动画	109
4-5	全面罩的正确佩戴方法	微课	109
4-6	防尘口罩	动画	109
4-7	防毒口罩	动画	109

续表

二维码编码	资源名称	资源类型	页码
4-8	半面罩的正确佩戴方法	微课	109
4-9	自给式空气呼吸器	动画	111
4-10	正压式空气呼吸器的佩戴方法	拓展知识	113
4-11	佩戴正压式空气呼吸器	微课	113
4-12	中毒急救	微课	116
4-13	心肺复苏	微课	117
5-1	压力容器安全附件	微课	121
5-2	液面计	动画	124
5-3	压力容器异常现象判断与上报	拓展知识	128
5-4	压力容器的破坏形式	拓展知识	131
5-5	气瓶的安全使用	微课	134
5-6	锅炉的安全启动、运行和停炉	拓展知识	141
5-7	压力管道事故特点及应急措施	拓展知识	148
6-1	人体触电	微课	154
6-2	电压指示器	动画	154
6-3	漏电保护器	动画	155
6-4	电绝缘鞋	动画	157
6-5	验电笔	动画	158
6-6	静电的防护	微课	168
6-7	静电消除器	动画	169
6-8	防静电服	动画	170
7-1	手持电焊面罩	动画	194
7-2	头戴型电焊面具	动画	194
7-3	防砸鞋	动画	196
7-4	黄色安全帽	动画	199
7-5	安全带	动画	199
7-6	全身式安全带	动画	199
7-7	安全带的正确佩戴	微课	199
7-8	化工装置检修作业	微课	201
7-9	受限空间作业方案	拓展知识	201
8-1	职业病的分类	拓展知识	208
8-2	灼伤的分类和预防	微课	211
8-3	酸、碱灼伤的表现与急救方法	微课	212
8-4	噪声的危害与控制	微课	216
8-5	耳塞的使用	微课	218
9-1	常见的过程危害分析方法	拓展知识	230
9-2	某中试装置 HAZOP 分析案例	拓展知识	242
9-3	精馏塔压力高偏离分析流程	拓展知识	244
附录	相关法律法规及标准		246

课程导入

0.1.1 安全意识

安全意识在化工生产中尤为重要,化工行业涉及大量的化学反应和高度危险的物质,如原料、中间体和产品,这些物质可能具有易燃、易爆、有毒、有害等特性。因此,从业人员必须具备强烈的安全意识,以避免发生事故。在生产过程中,安全管理做得再好,也可能发生意想不到的安全事故,只能说预防工作做得越好越细,安全事故发生的概率及造成的损失越小。所有的从业人员必须高度重视安全生产工作,牢固树立安全生产红线意识、底线意识和担当意识。为了保障生产安全,减少或避免事故的发生,就必须认真贯彻落实安全工作方针:坚持"以人为本"的理念和"安全第一、预防为主、综合治理"的安全生产方针。

要具备一定的安全意识,就得多了解一些化学物质的性质、特征等。任何化学物质都具有一定的特点和特性,如酸类、碱类,具有腐蚀性,有的酸还有氧化的特性,如硫酸、硝酸;又如苯、乙醚、甲醇、乙醇等液体,具有易燃易爆性;硫化氢、氰化氢等物质具有一定的毒性。另外,处于化工过程中的物质会不断受到热的、机械的、化学的多种作用,而且是在不断地变化中。而有潜在危险性的物质耐受能力是有限的,超过某极限值就会发生事故。因此,了解参与化工生产过程的原料的理化性质是极其必要的,只有掌握它们的通性及特性,才能在实际生产中做好安全预防措施,否则有可能发生意想不到的后果。

0.1.2 安全管理

安全管理作为企业管理的组成部分,体现了管理的职能,在安全生产中有极其重要的地位。安全管理是为实现安全生产而组织和使用人力、物力、财力等各种物质资源的过程,利用计划、组织、指挥、协调、控制等管理机能,控制各种物的不安全因素和人的不安全行为,避免发生伤亡事故,保证劳动者的生命安全和健康,保证生产顺利进行。安全管理主要包括对人的安全管理和对物的安全管理两个方面,其中对人的安全管理占有特殊的位置,在事故致因中,人的不安全行为占有很大比重,对物的安全管理就是不断改善劳动条件,防止或控制物的不安全状态。

现代安全管理的第一个基本特征,就是强调以人为中心的安全管理,体现以人为本的科学的安全价值观,第二个基本特征是强调系统的安全管理,也就是要从企业的整体出发,实行全员、全过程、全方位的安全管理,使企业整体的安全生产水平持续提高。

工艺规程、安全技术规程、操作规程是化工企业安全管理的重要组成部分，在化工厂称其为"三大规程"，是指导生产、保障安全的必不可少的作业法则，具有科学性、严肃性、技术性、普遍性。这"三大规程"中的相关规定，是前人从生产实践中得来的，是用生命和血的代价编写出来的，具有其特殊性、真实性，在化工生产中人人不能违背。

化工企业应在生产作业前采取必要的安全措施，比如科学、合理地规范厂区布局，正确设置安全防护距离，采用成熟可靠的工艺技术和设备等。针对不同的生产过程要采取不同安全防范措施，如采取严格的工艺安全控制措施，设置专、兼职安全管理员，配备专用消防器材，架设安全护网护栏，悬挂安全警示标志，根据需要配置劳动保护用品等。

在事故处理方面，也应做到以下几点：

① 以人为本，减少危害。发生事故后要及时上报，第一时间启动应急预案，组织人员进行救援工作，确保人员的生命安全和身体健康。同时要立即采取措施制止事故的进一步扩大，如切断电源、关闭阀门、停止生产等，以降低事故对周围环境和设备的影响。

② 事故调查，追究责任。事故发生后，需要成立专门的调查组对事故原因进行调查和分析，找出问题所在，要及时形成具体的事故报告，为事故的防范和处理提供参考。对于造成事故的责任人，要依法进行追责，以起到警示作用。

③ 落实整改，恢复生产。根据事故原因和调查报告，制定相应的整改措施，对于问题进行解决，以防止同类事故的再次发生。尽快处理安全问题后遗症，恢复正常生产。

④ 安全培训，宣传警示。事故发生后，要对相关人员进行安全培训，提高员工的安全意识和应急处理能力，以增强对事故的预防和处理能力。通过对事故的宣传和警示，促使员工自觉遵守安全规章制度，减少事故的发生。

0.1.3　安全技术

安全技术对于实现化工安全生产，保护劳动者的安全和健康发挥着重要作用。生产过程中存在着一些危险或有害的因素，对劳动者的身体健康和生命安全造成不利影响，同时也会造成生产被动或发生各种事故。为了预防或消除对劳动者健康的有害影响和各类事故的发生，改善劳动条件，而采取的各种技术措施和组织措施，统称为安全技术。

安全技术是生产技术发展过程中形成的一个分支，它与生产技术水平紧密相关。随着化工生产的不断发展，化工安全技术也随之不断充实和提高。

安全技术的作用在于消除生产过程中的各种不安全因素，保护劳动者的安全和健康，预防伤亡事故和灾害性事故的发生。以防止工伤事故和其他各类生产事故为目的的技术措施包括：

① 直接安全技术措施，生产设备本身应具有本质安全性能，不出现任何事故和危害；

② 间接安全技术措施，如采用安全保护和保险装置等；

③ 提示性安全技术措施，如使用警报信号装置、安全标志等；

④ 特殊安全措施，如限制自由接触的技术设备等；

⑤ 其他安全技术措施，如预防性实验、作业场所的合理布局、个体防护设备等。

当安全技术措施与经济效益发生矛盾时，应优先考虑安全技术措施上的要求，并应按上述安全技术措施等级顺序选择安全技术措施。

0.1.4　本书的教学结构和内容

本书采取单元任务式的编写方式，全书一共分为9个单元，共包括37个任务，每个任务包括知识和技能讲解、任务实施、考核评价（可单独上交）、事故案例分析、直击工考等模块。具体的教学结构和内容如图0-1-1所示。

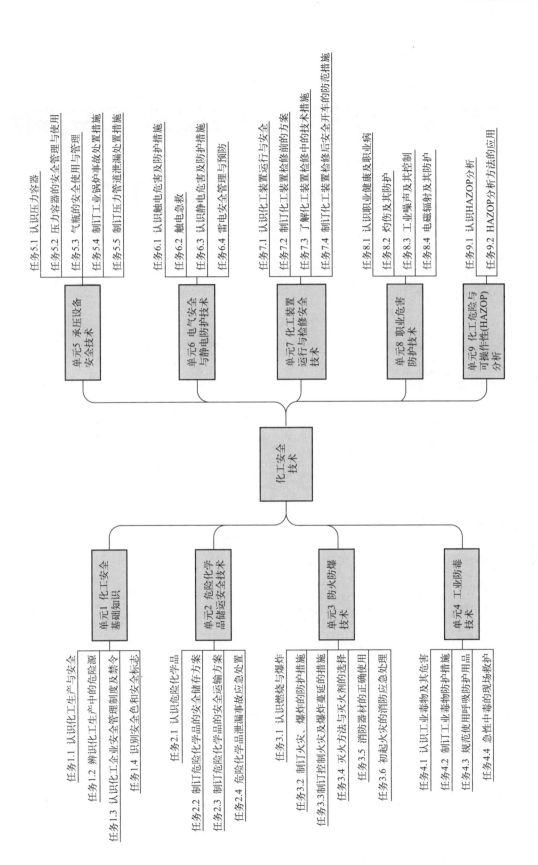

图 0-1-1 本书的教学结构和内容

0.1.5 本书的教学目标

本书的教学目标如表 0-1-1 所示。

表 0-1-1 本书的目标体系

名称	知识目标	能力目标	素质目标
单元1 化工安全基础知识	1. 掌握化工生产的特点及安全隐患。 2. 熟悉两类危险理论的基本观点。 3. 了解化工企业安全生产管理制度，掌握化工企业安全生产禁令。 4. 熟悉安全色和常见的安全标志	1. 初步具备运用两类危险源理论进行危险源辨识的能力。 2. 初步具备辨识危险化学品重大危险源的能力。 3. 能够按照安全管理规定及禁令约束自身行为。 4. 具备正确识读安全标志的能力	1. 深入体会化工安全的重要意义，明确个人安全生产目标。 2. 培养敬业精神，注重职业道德与责任担当
单元2 危险化学品储运安全技术	1. 掌握危险化学品的分类，熟悉影响危险性的主要因素。 2. 熟悉危险化学品储存的总体安全要求及分类储存的安全要求。 3. 了解危险化学品运输的安全要求。 4. 掌握应急处理的方法	1. 初步具备依据危险化学品的物理、化学性质进行危险性分析的能力。 2. 具备危险化学品泄漏处置能力	1. 强化危险化学品安全意识，提高责任感并能遵规守纪。 2. 培养环境保护和可持续发展的意识，积极参与绿色化工实践
单元3 防火防爆技术	1. 掌握燃烧与爆炸的基础知识。 2. 掌握火灾、爆炸的危害和防护措施。 3. 了解防火防爆的特点以及控制火灾爆炸蔓延的方法。 4. 熟悉正确使用灭火剂和灭火处置方法。 5. 熟悉消防器材的正确使用。 6. 熟悉初起火灾的消防应急处理	1. 具有预判火灾、爆炸的危害，制订和执行应急预案的能力。 2. 具备正确使用灭火剂和灭火处置方法的能力	1. 培养团队协作精神和严谨的纪律作风。 2. 树立不怕困难、敢于担当、舍己为人的职业精神
单元4 工业防毒技术	1. 掌握工业毒物的分类及毒性影响因素。 2. 掌握常见工业毒物的危害及其防护措施。 3. 熟悉综合防毒措施的基本内容。 4. 掌握呼吸防护用品的使用方法和步骤。 5. 掌握急性中毒现场救护的方法	1. 具有正确使用个体防护设施进行个人防护的能力。 2. 初步具有急性中毒现场急救的能力	1. 树立以人为本、生命至上的价值观，追求安全和健康发展。 2. 具备强烈的责任感和勇于担当、甘于奉献的职业精神。 3. 培养团队合作与应急处置能力
单元5 承压设备安全技术	1. 掌握承压设备的分类及安全附件的基本知识。 2. 了解承压设备的安全使用的基本知识。 3. 熟悉导致承压设备安全事故的因素及防止措施。 4. 熟悉气瓶的安全使用基本知识和使用规则。 5. 熟悉锅炉的基本知识和常见事故预防与处置。 6. 掌握压力管道安全装置的特点、管理要求以及处理方法	1. 具有正确使用承压设备的能力。 2. 具有预防承压设备安全事故的能力	1. 养成发现问题、思考问题、解决问题的学习习惯。 2. 强化规矩意识，培养遵守规范、爱岗敬业的精神

续表

名称	知识目标	能力目标	素质目标
单元6 电气安全与防静电技术	1. 掌握电气安全事故的基本类型及技术对策。 2. 掌握触电急救的基本方法。 3. 掌握静电危害及静电防护技术。 4. 了解雷电危害及防护技术	1. 初步具有实施触电急救的能力。 2. 初步具有静电防护的能力	1. 弘扬电气与静电安全领域科学家的爱国和奋斗精神，激发对科学的热爱和追求。 2. 尊重生命、互爱互助，具有奉献精神，具有社会责任感
单元7 化工装置运行与检修安全技术	1. 了解化工装置运行与安全。 2. 掌握化工装置检修前的准备工作。 3. 熟悉化工装置安全检修中的安全管理要求及技术措施。 4. 掌握化工装置检修后安全开车的技术要点及防范措施	1. 初步具有化工装置停车的安全处理能力。 2. 初步具有化工装置安全检修的能力	1. 树立干一行爱一行的职业操守和爱岗敬业的职业道德。 2. 树立严谨踏实的工作态度和钻研技术的决心
单元8 职业危害防护技术	1. 了解化学灼伤的分类，熟悉化学灼伤的预防措施及现场急救知识。 2. 了解噪声的分类及危害，熟悉噪声的控制措施。 3. 了解电离辐射和非电离辐射的危害及其防护的基本知识	1. 能使用洗眼器和紧急喷淋装置处理化学灼伤。 2. 初步具有个体防护的能力和化学灼伤现场急救的能力	1. 关注职业卫生保护权利，提升保障自身健康权益的能力。 2. 提高职业健康保护的认知和行动能力，具备职业健康素养
单元9 化工危险与可操作性（HAZOP）分析	1. 掌握危险与可操作性（HAZOP）分析的基本概念和相关术语。 2. 了解过程安全管理和风险评估的基本知识。 3. 熟悉HAZOP分析方法的基本步骤	1. 掌握HAZOP分析方法在化工安全中的应用。 2. 能够主持或参与HAZOP分析会议。 3. 能够记录HAZOP分析结果。 4. 初步具备编制HAZOP分析报告的能力	1. 主动关注安全问题，提升学生及时识别、分析和处理问题的能力。 2. 培养独立思考的能力，提升思辨能力和创新意识

单元1

化工安全基础知识

单元引入

作为国民经济的支柱产业之一,化学工业是运用化学方法从事产品生产的工业,与农业、轻工、纺织、食品、材料、建筑及国防等行业有着密切的联系,其产品已渗透到国民经济的各个领域。涉及的化工企业有石油化工厂、氯碱厂、化肥厂、染料厂、焦化厂、涂料厂等,物料介质有易燃易爆、有毒、腐蚀等危险性质,生产过程具有高温、高压、低温、毒性、腐蚀性、燃烧性、爆炸性、电伤害、机械伤害等危险性,在化工生产过程中必须坚持"安全第一、预防为主、综合治理"的安全生产方针,保障国民经济持续、稳定、快速发展。

单元目标

知识目标
1. 掌握化工生产的特点及安全隐患。
2. 熟悉两类危险源理论的基本观点。
3. 了解化工企业安全生产管理制度,掌握化工企业安全生产禁令。
4. 熟悉安全色和常见的安全标志。

能力目标
1. 初步具备运用两类危险源理论进行危险源辨识的能力。
2. 初步具备辨识危险化学品重大危险源的能力。
3. 能够按照安全管理规定及禁令约束自身行为。
4. 具备正确识读安全标志的能力。

素质目标
1. 深入体会化工安全的重要意义,明确个人安全生产目标。
2. 培养敬业精神,注重职业道德与责任担当。

单元解析

本单元主要介绍化工安全基础知识,包括认识化工生产与安全、辨识化工生产中的危险源、化工企业安全管理规定和安全标志识读等。**重点**:能够初步建立化工安全意识,培养基本职业素质和化工安全基本工作能力。**难点**:初步具备辨识重大危险源的能力。

任务1.1 认识化工生产与安全

【任务描述】

列举化工生产中存在的不安全因素。

【学习目标】

1. 能够描述化工生产的特点,列举其不安全因素。
2. 深入体会化工安全的重要意义,明确个人安全生产目标。

 案例导入

案例1:2017年7月26日,新疆某化工有限公司合成氨装置某造气车间,操作人员将造气炉炉顶煤仓中留存达3个多月的已经阴燃的煤放入造气炉,且违规将造气炉放煤通道的三道阀门同时打开,致使放煤落差达13m,在放煤过程中由于煤中含有大量的煤尘,形成达到爆炸浓度的煤尘云,阴燃的煤块与达到爆炸浓度的煤尘在富氧环境中发生煤尘燃爆,18时6分许,煤气气化炉发生燃爆事故,造成5人死亡、15人重伤、12人轻伤,直接经济损失3783.7万元。

案例2:2017年11月11日,湖北省某科技有限公司合成车间维修人员甲、乙在对脱硫装置进行检修作业过程中,甲到脱硫塔上部装填材料人孔处观望时未按规定佩戴防护面具,吸入塔内CO和H_2S等有毒气体,导致昏迷后坠入塔内。乙发现甲躺在塔内立刻大声向塔下呼救,丙未佩戴任何防护器具即爬进塔内施救,也昏倒在塔内。丁佩戴空气呼吸器入塔施救,进入塔内后丁试图将自己佩戴的空气呼吸器面罩给丙戴上,但很快就倒在塔内。事故中3人经医治无效死亡,直接经济损失322.5万元。

分析与讨论:针对上述案例描述,请判断这些事故的类别,并试着分析化工生产的特点,找出以上企业生产中存在的危险和有害因素有哪些?

【必备知识】

1.1.1 化工生产的特点

1.1.1.1 生产规模大型化,生产装置密集

化学工业对全球GDP贡献巨大,近年来国际上化工生产采用大型生产装置成为趋势。生产规模大型化可以显著提高生产效率,降低单位产品的生产成本和能耗,优化资源配置,提高产品质量。以乙烯为例,2022年我国乙烯产能达到4675万吨,已经超越美国,成为全球最大的乙烯生产国。化工行业的生产过程通常是在由多种设备连接而成的整套装置中进行的,整套装置包括主体反应设备、罐类、管路、阀件、泵类、仪表等元件。多数化工产品的生产流程较长,工序较多、较繁杂,因此,需要通过多组管路将单个设备紧凑有序地连接成整套的生产装置,并通过若干的化工单元操作,得到目标产品。由于装置规模大,使用的设备种类、规格和数量相当多,事故发生的危害程度也日益扩大。

1.1.1.2 工艺过程复杂，操作条件严苛

化工生产过程一般涉及多种不同类型的反应，多变的反应特性、精细的工艺条件，致使生产工艺影响因素繁多。有些化学反应在高温、高压下进行，有些则要在低温、高真空度下进行，对操作环境要求相当严苛。如：高压氯乙烯生产压力为300MPa；乙烯生产工艺中裂解炉温度高达1200℃；乙烯深冷分离温度须降到－167℃。鉴于这样的工艺条件，加上许多化学介质本身所具有的高度危险性，受压容器极易遭受破坏，进而发生燃烧或爆炸等危险事故。

1.1.1.3 生产过程自动化水平高，连续性强

现代化工企业的生产方式已经从过去的手工操作、间歇生产转变为高度自动化、连续化生产；生产设备由敞开式变为密闭式；生产装置由室内走向露天；生产操作由分散控制变为集中控制，同时也由人工手动操作和现场观测发展到由计算机遥测遥控。在生产过程中，一旦生产装置开车运行，系统将连续进行投料并随之连续输出产品，前后各个操作单元联系密切，互相关联，互相作用，任何一个工艺单元发生故障都将可能引起整个生产过程瘫痪，影响企业生产顺利推进。

1.1.1.4 物料危险性大，对环境有危害

在化工生产过程中，从原料采购、运输、仓储到生产的各个环节都涉及大量的化学品，其中大多是具有易燃、易爆、毒害、腐蚀等特性的危险化学品，其危险特性决定了在生产过程中如果防范不到位，就有可能导致火灾、爆炸、中毒窒息、化学灼伤等事故的发生。此外，化工过程涉及的化学反应复杂多样，人们对其认识还远远不够，常常会因为一些反应条件突变导致未知反应的发生引发事故。在生产过程中还会产生很多中间产物或是副产物，导致大量废气、废水、废渣的产生，如果这些"三废"物质处理处置不当，会对人身安全和生态环境造成严重的影响。因此，如何保证化工安全生产是化工行业安全、环保和可持续发展必须解决的首要问题。

1.1.2 化工安全事故特征

化工生产过程各种恶性事故频发，事故的特征主要由生产过程中所使用原材料的特性、操作规范程度、加工工艺方法以及生产规模的大小所决定，为了预防事故的发生、阻止事故发展、合理应对事故后果，必须对化工生产事故的特征进行深入了解。

1.1.2.1 火灾爆炸、中毒窒息事故频发且后果严重

火灾爆炸、中毒窒息等事故频发，主要源于化工原材料以及产物、副产物的易燃易爆性、毒性和活泼反应性。多数化学物质表现出对人体有毒有害的特性，属于危险化学品，如果在生产过程中储存密封不严，生产设施或运输管道破裂，或者在运输途中或者间歇操作过程中发生泄漏，极易造成工作人员的慢性或急性中毒。如 CO、CO_2、H_2S、SO_2、Cl_2、C_2H_3Cl、$BaCl_2$、$COCl_2$、N_2、P、NH_3、C_6H_6 等物质引发的中毒、窒息死亡人数约占中毒死亡总人数的90%。

1.1.2.2 正常生产过程中更容易发生危险事故

化工生产正常进行的过程是发生致死事故的高发阶段，此阶段因工致死人数占生产事故总死亡人数的66.7%，而非正常生产过程仅占12%左右。研究表明，不安全状态、不安全行为、不良环境是引发事故的三个主要原因，当操作人员自身素质或者人机工程设计欠佳时，系统便难以达到最佳安全状态，就会容易发生开错阀口、看错仪表这种低级错误。特别是随着生产过程自动化程度越来越高，操作人员大多是通过操作台进行远程控制，相比于实地操作更容易发生失误。化工生产往往伴随着很多原理不明的副反应，有些副反应甚至是在靠近危险边缘（着火点、爆炸极限）时进行的。如甲醇氧化制甲醛，一旦操作条件稍微发生波动就会引起恶性事故。其中间歇生产过程尤甚。

1.1.2.3 设备老化、年久失修等触发因素多

老企业的生产设施，大多老化严重、年久失修，日益暴露出它们的潜在危险性。由于化工生产条件的严苛性，化工企业生产所使用的设备常会受到高低温的影响，振动、压力造成的疲劳以及腐蚀介质的作用。在选择生产设施时，要同时考虑材质优良、符合设计、做工精致等因素，也要确保操作人员正确使用、及时保养，并对设施运行情况进行实时在线监测，以便出现问题及时检修。通过这些措施进行有效管理，来确保设备能够安全运行，降低事故发生率，提高企业生产效益。

1.1.2.4 事故的集中和多发

化工企业生产过程常会遇到故障集中和多发的情况，使生产过程无法顺利推进，这是设备已进入到寿命周期的故障频发阶段所导致的。在运转一定时间后，化工装置中的许多关键性设备常会出现集中或经常发生问题的情况。对待特定阶段所出现的集中、多发性事故必须提前采取措施，比如充实设备零部件，加强设备监护和检修，并及时更换即将到期的设备、设施，以保障设备使用年限和低故障率，达到高效、安全生产的目标。

此外，化工生产过程中的安全事故还具有危险因素多，事故扩散快、难控制，事故征兆不明显，事故后果性质恶劣，救援救助困难等特点。总之，掌握化工生产过程的薄弱环节并加以补救，在事故发生之前时刻保持警惕，采取适当安全预防措施，以排除危险源，能够有效避免危险事故的发生。当事故发生后，根据事故特征及时补救，能防止事故继续扩大，尽量将损失降到最低。

1.1.3 安全在化工生产中的重要性

安全是人民生产生活的基本需求，也是经济社会发展的重要保障。安全生产是党和国家一贯的方针政策，保护劳动者在生产劳动中的安全和健康，事关劳动者切身利益。我国安全生产工作基本方针是：安全第一、预防为主、综合治理。习近平总书记在关于安全生产的重要论述中强调"人命关天，发展决不能以牺牲人的生命为代价。这必须作为一条不可逾越的红线"。习近平总书记的重要指示，彰显了深厚的为民情怀，反映出党和国家对安全生产工作的重视，对广大劳动者的关心和保护，同时也充分体现出安全生产工作的重要性。

1-1 化工生产事故类型

化工生产具有易燃、易爆、易中毒、高温、高压、易腐蚀等特点，与其他行业相比，化工生产潜在的不安全因素更多，危险性和危害性更大，因此，化工生产的特点决定其对安全的要求更严格。随着我国社会的全面进步与发展，化学工业面临的安全生产、职业危害与环境保护等问题必然会引起人们越来越多的关注，这对从事化工生产的安全管理人员、技术管理人员及技术工人的安全素质提出了越来越高的要求。如何确保化工安全生产，使化学工业能够稳定持续地健康发展，是我国化学工业面临的一个亟待解决且必须解决的重大问题。

1.1.4 化工生产中存在的危险和有害因素

1.1.4.1 按照危险和有害因素的性质进行分类

根据 GB/T 13861—2022《生产过程危险和有害因素分类与代码》的规定，生产过程危险和有害因素按其性质可以分为：人的因素、物的因素、环境因素、管理因素。

1.1.4.2 参照事故类别和职业病类别进行分类

参照 GB 6441—1986《企业职工伤亡事故分类》，综合考虑起因物、引起事故的先发的诱导性原因、致害物、伤害方式等，将危险因素分为 20 类，包括：物体打击、车辆伤害、机械伤害、起重伤害、触电、淹溺、灼

1-2 生产过程危险和有害因素分类

烫、火灾、高处坠落、坍塌、冒顶片帮、透水、放炮、火药爆炸、瓦斯爆炸、锅炉爆炸、容器爆炸、其他爆炸、中毒和窒息、其他伤害。

【任务实施】

通过阅读案例，列举化工生产中存在的危险和有害因素，并按照人的不安全行为、物的不安全状态、环境的不安全条件、管理上的缺陷来进行分类归纳，表格样式可参考表1-1-1。

表1-1-1 化工生产中存在的危险和有害因素

人的不安全行为	物的不安全状态
⋮	⋮
环境的不安全条件	**管理上的缺陷**
⋮	⋮

关键与要点

1. 我国安全生产工作基本方针：安全第一、预防为主、综合治理。

2. 安全在化工生产中的重要性：安全生产是党和国家一贯的方针政策，是维护社会稳定和长治久安的根本需要，是企业生产发展的基本保证，是提高经济效益的重要条件，更是实现个人和家庭幸福的根本保障。与其他行业相比，化工生产潜在的不安全因素更多，危险性和危害性更大，对安全生产的要求也更加严格。

3. 化工生产中存在的危险因素：人的因素、物的因素、环境因素、管理因素，其中人的因素是造成事故最主要的因素。

【考核评价】

对各小组分析及讨论情况进行自我评价、小组评价和教师评价，具体内容见附表1-1。

事故案例分析

山东某石化公司液化石油气爆燃事故

2015年7月16日7点39分，山东某石化有限公司液化烃球罐在倒罐作业过程中，因违规采用注水倒罐置换的方法，而且在切水过程中无人现场值守，液化石油气在排完水后从排水口泄出。泄漏过程中产生的静电放电产生火花，引起爆燃。在事故救援过程中造成2名消防队员受轻伤，造成直接经济损失2812万元。

1. 请分析事故的成因。
2. 请给出事故的应对方案。

【直击工考】

一、单项选择题

1. 我国安全生产工作的基本方针是（　　）。
   A. 安全第一，以人为本　　　　　　B. 安全第一，预防为主，综合治理
   C. 安全生产重于泰山　　　　　　　D. 安全第一，人人有责

2. 根据《企业职工伤亡事故分类》（GB 6441—1986），企业机动车辆在行驶中引起的人体坠落和物体倒塌、下落、挤压伤亡事故，属于（　　）。
   A. 机械伤害　　　　　　　　　　　B. 起重伤害
   C. 车辆伤害　　　　　　　　　　　D. 物体打击

3. 某家具生产公司的施工机械有电刨、电钻、电锯等，还有小型轮式起重机、叉车、运输车辆等设备。主要的生产过程包括材料运输和装卸、木材烘干、型材加工、组装、喷漆等工序。依据《企业职工伤亡事故分类》（GB 6441—1986），该家具公司喷漆工序存在的危险、有害因素有（　　）。
   A. 火灾、中毒窒息、其他爆炸　　　B. 火灾、机械伤害、电离辐射
   C. 坍塌、放炮、灼烫　　　　　　　D. 坍塌、中毒窒息、淹溺

二、多项选择题

1. （　　）属于化工生产的特点。
   A. 化工生产涉及的危险品多　　　　B. 化工生产要求的工艺条件苛刻
   C. 生产规模大型化　　　　　　　　D. 生产方式日趋先进

2. 根据《生产过程危险和有害因素分类与代码》的规定，生产过程危险和有害因素可以分为（　　）。
   A. 人的因素　　　　　　　　　　　B. 物的因素
   C. 环境因素　　　　　　　　　　　D. 管理因素

3. 下列危险和有害因素中，属于人的不安全行为的有（　　）。
   A. 未紧开关　　　　　　　　　　　B. 作业场所狭窄
   C. 机器运转时维修　　　　　　　　D. 防护装置缺乏
   E. 拆除安全装置

三、判断题

1. 化工生产具有易燃、易爆、易中毒、高温、高压、有腐蚀性等特点。（　　）
2. 现代化企业的生产方式已经从过去的手工操作、间歇生产转变为高度自动化、连续化生产。（　　）

四、简答题

如何认识安全在化工生产中的重要性？

实践活动

1. 完成一篇关于化工生产安全的演讲稿，举办一次安全演讲比赛。
2. 参观化工企业，了解化工生产过程，了解产品应用和市场需求，熟悉生产工艺和物料性质及安全管理，编写一份化工生产认识实习报告。

任务1.2 辨识化工生产中的危险源

【任务描述】

根据创设的情境,辨识化工生产中存在的危险源,并运用两类危险源理论进行分类,完成危险化学品重大危险源辨识和分级。

【学习目标】

1. 能够阐述两类危险源理论的基本观点。
2. 能够运用两类危险源理论辨识化工生产过程中的常见危险源。
3. 能够进行危险化学品重大危险源辨识和分级。

案例导入

2020年8月4日下午6时左右,黎巴嫩首都贝鲁特港口区发生巨大爆炸,爆炸接连发生两次,导致多栋房屋受损,玻璃被震碎,天上升起红色烟雾。根据相关媒体报道,截至2020年8月30日,此次爆炸造成至少190人死亡、6500多人受伤、3人失踪。黎巴嫩最高国防委员会称,事故是由于易燃易爆品引燃了2750t硝酸铵,而这些硝酸铵自2014年起就已经存放在港口仓库中,却从未获得妥善处置。8月17日,黎巴嫩司法部门宣布了贝鲁特爆炸案的初步调查结果,贝鲁特港口12号仓库的管理存在严重疏忽,因为仓库内除了发生爆炸的2750t硝酸铵,还存放了大量的烟花和爆竹。事发不久前,工作人员在检查隔壁的另一个危化品仓库时,发现库门急需维护,于是在8月4日下午开始焊接存有爆炸物的库房门,期间焊接火花引燃了仓库中的爆炸物,引发了爆炸火灾。接下来,大火升温导致在隔壁库房中存放的硝酸铵爆炸。由于爆炸仓库所在的地区濒临贝鲁特繁华的中心城区,大量的购物中心和居住区坐落于此,爆炸威力甚至直接波及车流量繁忙的滨海快速道,稠密的人口加剧了爆炸导致的伤亡。这是此次爆炸造成如此巨大伤亡的原因。

分析与讨论:根据上述场景,请分析发生事故的贝鲁特港口区12号仓库中存在的危险源可能有哪些。这些危险源中哪些属于第一类危险源,哪些属于第二类危险源?请判断存放的2750t硝酸铵的仓库是否属于重大危险源。

【必备知识】

1.2.1 危险源的定义

在《职业健康安全管理体系 要求及使用指南》(GB/T 45001—2020/ISO 45001:2018)中,危险源指可能导致伤害和健康损害的来源,包括可能导致伤害或危险状态的来源,或可能因暴露而导致伤害和健康损害的环境。一般来说,危险源指可能导致人员伤害或疾病、物质财产损失、工作环境破坏或这些情况组合的根源或状态因素。

1.2.2 两类危险源理论

事故致因种类繁多，非常复杂，在事故发生发展过程中起的作用也不相同。根据危险源在事故发生中的作用，可以把危险源划分为两大类。

1.2.2.1 第一类危险源

根据能量意外释放理论，能量或危险物质的意外释放是伤亡事故发生的物理本质。于是，把生产过程中存在的，可能发生意外释放的能量（能源或能量载体）或危险物质称为第一类危险源。

1-3 危险源构成的三个要素

1.2.2.2 第二类危险源

正常情况下，生产过程中的能量或危险物质受到约束或限制，不会发生意外释放，即不会发生事故。但是，一旦这些约束或限制能量或危险物质的措施受到破坏或失效，则将发生事故，导致能量或危险物质约束或限制措施失效的各种因素称为第二类危险源。第二类危险源包括人、物、环境三个方面的问题，主要包括人的失误、物的因素和环境因素。

① 人的失误，即人的行为结果偏离了预定的标准。人的不安全行为是人失误的特例，人失误可能直接破坏第一类危险源控制措施，造成能量或危险物质的意外释放。

② 物的因素，即物的故障，物的不安全状态也是一种故障状态，也包括在物的故障之中。物的故障可能直接破坏对能量或危险物质的约束或限制措施。有时一种物的故障导致另一种物的故障，最终造成能量或危险物质的意外释放。

③ 环境因素，主要指系统的运行环境，包括温度、湿度、照明、粉尘、通风换气、噪声等物理因素。不良的环境会引起物的故障或人的失误。

1.2.2.3 两类危险源的相互关系

人的失误、物的因素等第二类危险源是第一类危险源失控的原因。第二类危险源出现得越频繁，发生事故的可能性则越高，故第二类危险源的出现情况决定事故发生的可能性。

两类危险源理论认为，一起伤亡事故的发生往往是两类危险源共同作用的结果。第一类危险源是伤亡事故发生的能量主体，是第二类危险源出现的前提，并决定事故后果的严重程度；第二类危险源是第一类危险源造成事故的必要条件，决定事故发生的可能性。两类危险源相互关联、相互依存。

根据两类危险源理论，第一类危险源是一些物理实体，第二类危险源是围绕着第一类危险源而出现的一些异常现象或状态。因此，危险源辨识的首要任务是辨识第一类危险源，然后围绕第一类危险源来辨识第二类危险源。

1.2.3 危险源辨识及危险化学品重大危险源辨识与分级

1.2.3.1 危险源辨识

危险源辨识是利用科学方法对生产过程中那些具有能量、物质的性质、类型、构成要素、触发因素或条件，以及后果进行分析与研究，做出科学判断，为控制事故发生提供必要的、可靠的依据。

1-4 化工生产中的危险源

1.2.3.2 危险化学品重大危险源

（1）危险化学品重大危险源的定义　在《危险化学品重大危险源辨识》（GB 18218—2018）中，危险化学品重大危险源定义为：长期地或临时地生产、储存、使用和经营危险化学品，且危险化学品的数量等于或超过临界量的单元。

其中，临界量指某种或某类危险化学品构成重大危险源所规定的最小数量。所谓单元指涉及危险化学品的生产、储存装置、设施或场所，分成生产单元和储存单元。生产单元指危险化学品的生产、加工及使用等的装置及设施,当装置及设施之间有切断阀时,以切断阀作为分隔界限划分为独立的单元。储存单元是用于储存危险化学品的储罐或仓库组成的相对独立的区域,储罐区以罐区防火堤为界限划分为独立的单元,仓库以独立库房(独立建筑物)为界限划分为独立的单元。

需要指出的是,不同国家和地区对重大危险源的定义及规定的临界量可能是不同的。对重大危险源的范围以及重大危险源临界量的确定,都是为了防止重大事故发生,是在综合考虑国家和地区的经济实力、人们对安全与健康的承受水平和安全监督管理的需要后给出的。随着社会总体水平的提高和防控事故能力的增强,对重大危险源的相关规定也会随之改变。

(2) 危险化学品重大危险源辨识　凡单元内存在危险化学品的数量等于或超过规定的临界量,即为重大危险源。单元内存在危险化学品的数量根据处理危险化学品种类的多少分为以下两种情况:

① 单元内存在的危险化学品为单一品种,则该危险化学品的数量即为单元内危险化学品的总量,若等于或超过相应的临界量,则定为重大危险源。

② 单元内存在的危险化学品为多品种时,则按式(1-2-1)计算,若满足式(1-2-1)的条件,则定为重大危险源。

$$\frac{q_1}{Q_1}+\frac{q_2}{Q_2}+\cdots+\frac{q_n}{Q_n} \geqslant 1 \qquad (1\text{-}2\text{-}1)$$

式中,$q_1,q_2,\cdots,q_n$ 为每种危险化学品实际存在量,t;$Q_1,Q_2,\cdots,Q_n$ 为与各危险化学品相对应的临界量,t,可通过查表得到。

1.2.3.3　危险化学品重大危险源分级

危险化学品重大危险源根据其危险程度,分为一级、二级、三级和四级,一级为最高级别。重大危险源分级方法如下。

(1) 分级指标　采用单元内各种危险化学品实际存在(在线)量与其在《危险化学品重大危险源辨识》(GB 18218—2018)中规定的临界量比值,经校正系数校正后的比值之和 R 作为分级指标。

1-5 危险化学品的临界量

(2) 分级指标 R 的计算方法

$$R=\alpha\left(\beta_1\frac{q_1}{Q_1}+\beta_2\frac{q_2}{Q_2}+\cdots+\beta_n\frac{q_n}{Q_n}\right) \qquad (1\text{-}2\text{-}2)$$

式中,$q_1,q_2,\cdots,q_n$ 为每种危险化学品实际存在(在线)量,t;$Q_1,Q_2,\cdots,Q_n$ 为与各危险化学品相对应的临界量,t;$\beta_1,\beta_2,\cdots,\beta_n$ 为与各危险化学品相对应的校正系数;α 为该危险化学品重大危险源厂区外暴露人员的校正系数。

(3) 校正系数 β 的取值　根据单元内危险化学品的类别不同,设定校正系数 β 值,见表1-2-1和表1-2-2。

表 1-2-1　毒性气体校正系数 β 取值

名称	一氧化碳	二氧化硫	氨	环氧乙烷	氯化氢	溴甲烷	氯	硫化氢	氟化氢	二氧化氮	氰化氢	碳酰氯	磷化氢	异氰酸甲酯
校正系数 β	2	2	2	2	3	3	4	5	5	10	10	20	20	20

表 1-2-2　未在表 1-2-1 中列举的危险化学品校正系数 β 取值

类别	符号	β 校正系数	类别	符号	β 校正系数
急性毒性	J1	4	易燃液体	W5.1	1.5
	J2	1		W5.2	1
	J3	2		W5.3	1
	J4	2		W5.4	1
	J5	1	自反应物质和混合物	W6.1	1.5
爆炸物	W1.1	2		W6.2	1
	W1.2	2	有机过氧化物	W7.1	1.5
	W1.3	2		W7.2	1
易燃气体	W2	1.5	自燃液体和自燃固体	W8	1
气溶胶	W3	1	氧化性固体和液体	W9.1	1
氧化性气体	W4	1		W9.2	1
易燃固体	W10	1	遇水放出易燃气体的物质和混合物	W11	1

（4）校正系数 α 的取值　根据重大危险源的厂区边界向外扩展 500m 范围内常住人口数量，设定厂区外暴露人员校正系数 α 值，见表 1-2-3。

表 1-2-3　暴露人员校正系数 α 取值

厂外可能暴露人员数量	100人以上	50～99人	30～49人	1～29人	0人
校正系数 α	2	1.5	1.2	1	0.5

（5）分级标准　根据计算出来的 R 值，按表 1-2-4 确定危险化学品重大危险源的级别。

表 1-2-4　重大危险源级别和 R 值的对应关系

重大危险源级别	R 值	重大危险源级别	R 值
一级	$R \geqslant 100$	三级	$50 > R \geqslant 10$
二级	$100 > R \geqslant 50$	四级	$R < 10$

【任务实施】

（1）危险源辨识　对以下漫画图片中的情境进行危险源（危险因素）分析，根据表 1-2-5 中所列项目填写分析结果，讨论辨识出的危险源中哪些属于第一类危险源，哪些属于第二类危险源？

表 1-2-5 危险源辨识记录

序号	作业活动	危险源	危险源类型	可能导致的后果
		……		

（2）危险化学品重大危险源辨识与分级　某氮肥厂合成氨单元拥有 2 台 $100m^3$ 液氨储罐，1 台 $5000m^3$ 煤气柜。厂区边界向外扩展 500m 范围有常住人口 100 人，试判断合成氨单元是危险化学品重大危险源吗？若属于，请分析重大危险源级别是多少？

关键与要点

1. 危险源的定义：可能导致人员伤害或疾病、物质财产损失、工作环境破坏或这些情况组合的根源或状态因素。

2. 两类危险源理论：把生产过程中存在的，可能发生意外释放的能量（能源或能量载体）或危险物质称为第一类危险源；导致能量或危险物质约束或限制措施失效的各种因素称为第二类危险源，一般主要包括人的失误、物的因素和环境因素。

3. 危险化学品重大危险源：长期地或临时地生产、储存、使用和经营危险化学品，且危险化学品的数量等于或超过临界量的单元。

4. 危险化学品重大危险源分级：危险化学品重大危险源根据其危险程度，分为一级、二级、三级和四级，一级为最高级别。

【考核评价】

对各小组分析及讨论情况进行自我评价、小组评价和教师评价，具体内容见附表1-2。

 事故案例分析

乌兰察布市某化工公司氯乙烯泄漏事故

2019年4月24日2时34分，位于乌兰察布市的某化工有限责任公司氯乙烯气柜泄漏扩散至电石冷却车间，遇火源发生燃爆，造成4人死亡、3人重伤、33人轻伤，直接经济损失4154万元。直接原因是事故发生当晚，当地风力达到7级，由于强大的风力，以及未按照规定进行全面检修，操作人员没有及时发现气柜卡顿，仍然按照常规操作方式调大压缩机回流，进入气柜的气量加大，加之调大过快，氯乙烯冲破环形水封泄漏，向低洼处扩散，遇火源发生燃爆。

1. 请分析事故的成因。
2. 请给出事故的应对方案。

【直击工考】

一、单项选择题

1. "可能造成人员伤亡或疾病、财产损失、工作环境破坏的根源或状态"是名词"（　　）"的解释。
   A. 风险　　　　　B. 危险源　　　　C. 隐患　　　　D. 不安全行为

2. （　　）属于第一类危险源。
   A. 有毒物质　　　　　　　　　B. 集聚性人群
   C. 高速公路上浓雾茫茫　　　　D. 安全保护装置失灵

3. 第二类危险源决定了事故发生的（　　）。
   A. 程度　　　　　B. 可能性　　　　C. 范围　　　　D. 影响力

4. 重大危险源指长期地或者临时地生产、搬运、使用或者储存危险物品，且危险物品的数量等于或者超过（　　）（包括场所和设施）。
   A. 安全规程的规定　　　　　　B. 临界量的单元
   C. 国家安全有关规定　　　　　D. 企业标准

5. 重大危险源辨识的依据是物质的（　　）及数量。
   A. 爆炸特性　　　B. 危险特性　　　C. 可燃特性　　　D. 理化特性

6. 下列对生产场所的液氨储罐危险有害因素的辨识，错误的是（　　）。
   A. 液氨储罐是危险源　　　　　　　　B. 液氨储罐接地装置断开是事故隐患
   C. 液氨储罐存在生物性危险有害因素　D. 液氨储罐存在化学性危险有害因素

7. 根据《危险化学品重大危险源辨识》（GB 18218—2018），某生产企业是危险化学品储存单位，主要危险化学品为液氨。液氨校正系数为$\beta=2$，该生产区域可能暴露人员数量为20人，因此人员暴露系数$\alpha=1$。已知液氨临界量为10t，该企业液氨实际储存量为25t，则由以上可知，该企业重大危险源的级别为（　　）。

A. 一级　　　　　B. 二级　　　　　C. 三级　　　　　D. 四级

二、判断题

1. 重大危险源是客观存在的，只要进行生产经营活动就有可能存在重大危险源。（　　）
2. 重大危险源的特点是储存物质一般为易燃、易爆、有毒、有害物质，且存储量较大。（　　）
3. 储存数量构成重大危险源的危险化学品储存设施（仓库）的选址，应当避开地震活动断层和容易发生洪灾、地质灾害的区域。（　　）

三、简答题

1. 化工生产中存在哪些不安全因素？
2. 如何进行危险化学品重大危险源辨识？

任务1.3　认识化工企业安全管理制度及禁令

【任务描述】

了解化工企业安全管理制度，学习化工企业安全生产四十一条禁令。

【学习目标】

1. 能够概括企业安全管理制度中的要点。
2. 能够复述化工企业安全生产禁令。
3. 能够按照安全管理规定及禁令约束自身行为。

 案例导入

2021年1月15日12时26分，广东省东莞市某高分子材料科技有限公司发生火灾。东莞市消防救援支队指挥中心接到报警后立即调派消防力量前往处置，现场火势于14时10分得到控制，未造成人员伤亡。经调查，起火原因为：该公司员工井某某在明知新生产的泡头高温危险的情况（泡头是泡棉发泡出来的最前一段，化学性质不稳定，会发热；正常情况下泡头生产出来后应拉到专用区域或室外空旷场地冷却）下，违反操作规程，未按要求将泡头放置在专用区域，随后离开现场去吃饭，粗心大意忘记处理好发热泡头，导致泡头无人看管，因温度过高发生自燃，引燃周边可燃物最终蔓延成灾。事故处理：认定该厂员工井某某，因未按照操作规程要求将"泡头"放置在专用区域引发火灾，涉嫌存在过失引发火灾的责任，依法给予井某某行政拘留15日处罚。

分析与讨论：针对此案例，请分析导致该起事故的主要责任人井某某做错了什么？这样做有可能造成怎样的后果，他今后应该如何改进？

安全规章制度是生产经营单位贯彻国家有关安全生产法律法规、国家和行业标准，贯彻国家安全生产方针政策的行动指南，是生产经营单位有效防范生产、经营过程安全生产风险，保障从业人员安全和健康，加强安全生产管理的重要措施。

【必备知识】

1.3.1 企业安全生产管理制度

1.3.1.1 安全生产责任制

《中华人民共和国安全生产法》第四条规定：生产经营单位必须遵守本法和其他有关安全生产的法律、法规，加强安全生产管理，建立健全全员安全生产责任制和安全生产规章制度，加大对安全生产资金、物资、技术、人员的投入保障力度，改善安全生产条件，加强安全生产标准化、信息化建设，构建安全风险分级管控和隐患排查治理双重预防机制，健全风险防范化解机制，提高安全生产水平，确保安全生产。

安全生产责任制是企业中最基本的一项安全制度，是企业安全生产管理规章制度的基础与核心。企业内各级各类部门、岗位均要制定安全生产责任制，做到职责明确，责任到人，通过明确责任来督促生产安全，提高有关人员的安全意识。

1.3.1.2 安全检查制度

安全检查是搞好企业安全生产的重要手段，其基本任务是：发现和查明各种危险的隐患，督促整改；监督各项安全规章制度的实施；制止违章指挥、违章作业。

《中华人民共和国安全生产法》对安全检查工作提出了明确要求和基本原则，其中第四十六条规定：生产经营单位的安全生产管理人员应当根据本单位的生产经营特点，对安全生产状况进行经常性检查；对检查中发现的安全问题，应当立即处理；不能处理的，应当及时报告本单位有关负责人，有关负责人应当及时处理。检查及处理情况应当如实记录在案。

因此必须建立由企业领导负责和有关职能人员参加的安全检查组织，做到"边检查，边整改"，及时总结和推广先进经验。

（1）安全检查的形式与内容　安全检查应贯彻领导与群众相结合的原则，除进行经常性的检查外，每年还应进行群众性的综合检查、专业检查、季节性检查和日常检查。

① 综合检查分厂、车间、班组三级，分别由主管厂长、车间主任、班组长组织有关科室、车间以及班组人员进行以查思想、查领导、查纪律、查制度、查隐患为中心内容的检查。厂级（包括节假日检查）每年不少于四次；车间级每月不少于一次；班组（工段）级每周一次。

② 专业检查应分别由各专业部门的主管领导组织本系统人员进行，每年至少进行两次，内容主要是对锅炉及压力容器、危险物品、电气装置、机械设备、厂房建筑、运输车辆、安全装置以及防火防爆、防尘防毒等进行专业检查。

③ 季节性检查分别由各业务部门的主管领导，根据当地的地理和气候特点组织本系统人员对防火防爆、防雨防洪、防雷电、防暑降温、防风及防冻保暖工作等进行预防性季节检查。

④ 日常检查分岗位工人检查和管理人员巡回检查。生产工人上岗应认真履行岗位安全生产责任制，进行交接班检查和班中巡回检查；各级管理人员应在各自的业务范围内进行检查。

各种安全检查均应编制相应的安全检查表，并按检查表的内容逐项检查。

（2）安全检查后的整改

① 各级检查组织和人员，对查出的隐患都要逐项分析研究，并落实整改措施。

② 对严重威胁安全生产但有整改条件的隐患项目，应下达隐患整改通知书，做到"三定""四不推"（即定项目、定时间、定人员，凡班组能整改的不推给工段、凡工段能整改的

不推给车间、凡车间能整改的不推给厂部、凡厂部能整改的不推给上级主管部门）限期整改。

③ 企业无力解决的重大事故隐患，除采取有效防范措施外，应书面向企业隶属的直接主管部门和当地政府报告，并抄报上一级行业主管部门。

④ 对物质技术条件暂时不具备整改的重大隐患，必须采取应急的防范措施，并纳入计划，限期解决或停产。

⑤ 各级检查组织和人员都应将检查出的隐患和整改情况报告上一级主管部门，重大隐患及整改情况应由安全技术部门汇总并存档。

1.3.1.3 生产安全事故的调查与处理制度

(1) 生产安全事故的等级划分　根据《生产安全事故报告和调查处理条例》（中华人民共和国国务院令第 493 号，自 2007 年 6 月 1 日起施行），生产安全事故一般分为以下等级：

① 特别重大事故：指造成 30 人以上死亡，或者 100 人以上重伤（包括急性工业中毒，下同），或者 1 亿元以上直接经济损失的事故。

② 重大事故：指造成 10 人以上 30 人以下死亡，或者 50 人以上 100 人以下重伤，或者 5000 万元以上 1 亿元以下直接经济损失的事故。

③ 较大事故：指造成 3 人以上 10 人以下死亡，或者 10 人以上 50 人以下重伤，或者 1000 万元以上 5000 万元以下直接经济损失的事故。

④ 一般事故：指造成 3 人以下死亡，或者 10 人以下重伤，或者 1000 万元以下直接经济损失的事故。

上述分级中所称的"以上"包括本数，所称的"以下"不包括本数。

(2) 事故报告　事故发生后，事故现场有关人员应当立即向本单位负责人报告，单位负责人接到报告后，应当于 1h 内向事故发生地县级以上人民政府安全生产监督管理部门和负有安全生产监督管理职责的有关部门报告。

情况紧急时，事故现场有关人员可以直接向事故发生地县级以上人民政府安全生产监督管理部门和负有安全生产监督管理职责的有关部门报告。

事故报告应当及时、准确、完整，任何单位和个人对事故不得迟报、漏报、谎报或者瞒报。

(3) 事故现场处理　事故发生后，有关单位和人员应当妥善保护事故现场以及相关证据，任何单位和个人不得破坏事故现场、毁灭相关证据。因抢救人员、防止事故扩大以及疏通交通等原因，需要移动事故现场物件的，应当做出标志，绘制现场简图并做出书面记录，妥善保存现场重要痕迹、物证。

(4) 事故报告与调查处理的相关法律责任　根据《生产安全事故报告和调查处理条例》第三十六条的规定：事故发生单位及其有关人员有下列行为之一的，对事故发生单位处 100 万元以上 500 万元以下的罚款；对主要负责人、直接负责的主管人员和其他直接责任人员处上一年年收入 60% 至 100% 的罚款；属于国家工作人员的，依法给予处分；构成违反治安管理行为的，由公安机关依法给予治安管理处罚；构成犯罪的，依法追究刑事责任。

构成犯罪的情况有：

① 谎报或者瞒报事故的。

② 伪造或者故意破坏事故现场的。

③ 转移、隐匿资金或财产，或者销毁有关证据、资料的。

④ 拒绝接受调查或者拒绝提供有关情况和资料的。

⑤ 在事故调查中作伪证或者指使他人作伪证的。

⑥ 事故发生后逃匿的。

1.3.1.4 安全生产教育培训制度

目前我国化工企业中开展的安全教育包括入厂安全教育（三级安全教育）、日常安全教育、特种作业人员安全教育和"五新"作业安全教育等形式。

(1) 入厂安全教育　新入厂人员（包括新工人、合同工、临时工、外包工和培训、实习、外单位调入本厂人员等），均须经过厂、车间（科）、班组（工段）三级安全教育。

① 厂级教育（一级）。由劳资部门组织，安全技术、工业卫生与防火（保卫）由部门负责，教育内容包括：党和国家有关安全生产的方针、政策、法规、制度及安全生产的重要意义，一般安全知识，本厂生产特点，重大事故案例，厂规厂纪以及入厂后的安全注意事项，工业卫生和职业病预防等知识，经考试合格，方准分配车间及单位。

② 车间（科）级教育（二级）。由车间主任负责，教育内容包括：车间生产特点、工艺及流程、主要设备的性能、安全技术规程和制度、事故教训、防尘防毒设施的使用及安全注意事项等，经考试合格，方准分配到工段、班组。

③ 班组（工段）级教育（三级）。由班组（工段）长负责，教育内容包括：岗位生产任务、特点、主要设备结构原理、操作注意事项、岗位责任制、岗位安全技术规程、事故安全及预防措施、安全装置和工（器）具、个人防护用品、防护器具和消防器材的使用方法等。

每一级的安全教育时间，均应按化学工业部颁发的《关于加强对新入厂职工进行三级安全教育的要求》中的规定执行。厂内调动（包括车间内调动）及脱岗半年以上的职工，必须对其再进行二级或三级安全教育，其后进行岗位培训，考试合格，成绩记入"安全作业证"内，方准上岗作业。

(2) 日常安全教育　安全教育不能一劳永逸，必须经常不断地进行。各级领导和各部门要对职工进行经常性的安全思想、安全技术和遵章守纪教育，增强职工的安全意识和法治观念。定期研究职工安全教育中的有关问题。

企业内的经常性安全教育可按下列形式实施：

① 可通过举办安全技术和工业卫生学习班，充分利用安全教育室，采用展览、宣传画、安全专栏、报纸杂志等多种形式，以及先进的电化教育手段，开展对职工的安全和工业卫生教育。

② 企业应定期开展安全活动，班组安全活动确保每周一次。

③ 在大修或重点项目检修，以及进行重大危险性作业（含重点施工项目）时，安全技术部门应督促指导各检修（施工）单位进行检修（施工）前的安全教育。

④ 总结发生事故的规律，有针对性地进行安全教育。

⑤ 对于违章及重大事故责任者和工伤复工人员，应由所属单位领导或安全技术部门进行安全教育。

(3) 特种作业人员安全教育　《特种作业人员安全技术培训考核管理规则》（自2010年7月1日起施行）规定，特种作业指容易发生事故，对操作者本人、他人的安全健康及设备、设施的安全可能造成重大危害的作业。共有11个作业类别，51个工种被纳入了特种作业目录；特种作业人员，指直接从事特种作业的从业人员。

11个特种作业类别包括：电工作业；焊接与热切割作业；高处作业；制冷与空调作业；煤矿安全作业；金属、非金属矿山安全作业；石油天然气安全作业；冶金（有色）生产安全作业；危险化学品安全作业；烟花爆竹安全作业；国家主管部门认定的其他行业。

从事特种作业的人员，必须进行安全教育和安全技术培训。经安全技术培训后，必须进行考核；经考核合格取得操作证者，方准独立作业。特种作业人员在进行作业时，必须随身携带"特种作业人员操作证"。

离开特种作业岗位6个月以上的特种作业人员,需重新进行实际操作考试,经确认合格后方可上岗作业。

"特种作业人员操作证"有效期为6年,在全国范围内有效。"特种作业人员操作证"由安全监管总局统一式样、标准及编号。

(4)"五新"作业安全教育 "五新"作业安全教育指凡采用新技术、新工艺、新材料、新产品、新设备(即进行"五新"作业)时,由于其未知因素多,变化较大,作业中极可能潜藏着不为人知的危险性,且操作者失误的可能性也要比通常进行作业时更大,因此,在作业前,应尽可能运用科学方法进行分析和预测,找出潜在或存在的危险,制定出可靠的安全操作规程,对操作者及有关人员就作业内容进行有针对性的安全操作知识和技能及应急措施的教育和培训,预防事故的发生,防止事故的扩大。

1.3.2 化工企业安全生产禁令

1.3.2.1 生产厂区十四个不准

① 加强明火管理,厂区内不准吸烟。
② 生产区内,未成年人不准进入。
③ 上班时间,不准睡觉、干私活、离岗和做与生产无关的事情。
④ 在班前、班上不准喝酒。
⑤ 不准使用汽油等易燃液体擦洗设备、用具和衣物。
⑥ 不按规定穿戴劳动保护用品不准进入生产岗位。
⑦ 安全装置不齐全的设备不准使用。
⑧ 不是自己分管的设备、工具,不准动用。
⑨ 检修设备时安全措施不落实,不准开始检修。
⑩ 停机检修后的设备,未经彻底检查,不准启用。
⑪ 未办理高处作业证,不系安全带,脚手架、跳板不牢,不准登高作业。
⑫ 不准违规使用压力容器等特种设备。
⑬ 未安装触电保安器的移动式电动工具不准使用。
⑭ 未取得安全作业证的职工不准独立作业;特殊工种职工未经取证不准作业。

1.3.2.2 操作工的六严格

① 严格执行交接班制。
② 严格进行巡回检查。
③ 严格控制工艺指标。
④ 严格执行操作法(票)。
⑤ 严格遵守劳动纪律。
⑥ 严格执行安全规定。

1.3.2.3 动火作业六大禁令

① 动火证未经批准,禁止动火。
② 不与生产系统可靠隔绝,禁止动火。
③ 不清洗,置换不合格,禁止动火。
④ 不消除周围易燃物,禁止动火。
⑤ 不按时作动火分析,禁止动火。
⑥ 没有消防措施,禁止动火。

1.3.2.4 进入容器、设备的八个必须
① 必须申请、办证，并取得批准。
② 必须进行安全隔绝。
③ 必须切断动力电源，并使用安全灯具。
④ 必须进行置换、通风。
⑤ 必须按时间要求进行安全分析。
⑥ 必须佩戴规定的防护用具。
⑦ 必须有人在器外监护，并坚守岗位。
⑧ 必须有抢救后备措施。

1.3.2.5 机动车辆七大禁令
① 严禁无证、无令开车。
② 严禁酒后开车。
③ 严禁超速行车和空挡溜车。
④ 严禁带病行车。
⑤ 严禁人货混载行车。
⑥ 严禁超标装载行车。
⑦ 严禁无阻火器车辆进入禁火区。

【任务实施】

违章作业分析：观察以下作业行为，图中的人员违反了哪些安全管理制度或安全禁令？这样做会导致怎样的后果？应该如何改进？完成表格1-3-1的相关内容。

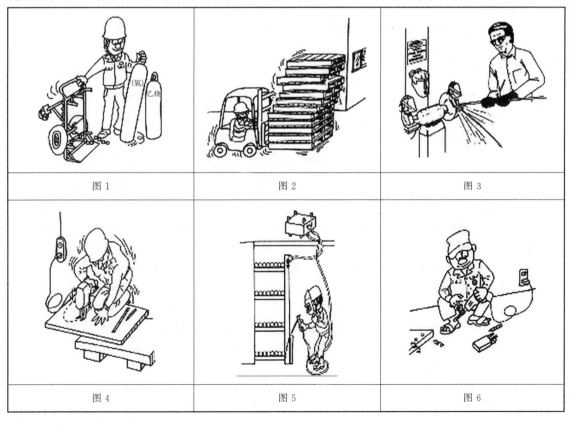

| 图1 | 图2 | 图3 |
| 图4 | 图5 | 图6 |

表 1-3-1 违章作业分析

序号	作业类型	违章行为	相应安全管理制度或安全禁令	导致后果	改进措施

关键与要点

1. 安全生产责任制：安全生产责任制是企业中最基本的一项安全制度，是企业安全生产管理规章制度的基础与核心。

2. 三级安全教育：指厂、车间（科）、班组（工段）三级安全教育。

3. 安全检查基本任务：发现和查明各种危险的隐患，督促整改；监督各项安全规章制度的实施；制止违章指挥、违章作业。

4. 生产安全事故的等级划分：特别重大事故、重大事故、较大事故、一般事故。

5. 化工企业安全生产四十一条禁令：生产厂区十四个不准，操作工的六严格，动火作业六大禁令，进入容器、设备的八个必须，机动车辆七大禁令。

【考核评价】

对各小组分析及讨论情况进行自我评价、小组评价和教师评价，具体内容见附表1-3。

事故案例分析

甘肃某公司二氧化碳窒息事故

2018年8月28日11时45分许，甘肃永登县某公司发生一起人员窒息较大事故，造成3人死亡，直接经济损失165万元。事故调查组经调查认定，该起事故是一起因非法违法建设调试生产导致的较大生产安全责任事故。经事故调查组查明，涉事石灰窑上部窑体石灰石分解反应区、煤粉燃烧区与窑底出料口为一体连接，在石灰石分解反应区分解反应生成的二氧化碳气体，由于事发时引风设备未开启，无有效通风，进入属于有限空间作业区域的窑底出料拱形隧道，导致二氧化碳沉积在窑底隧道严重超标。作业人员未严格遵守"先通风、再检测、后作业"的有限空间作业原则，未按照规定佩戴劳动防护用品违规进入有限空间，导致二氧化碳窒息死亡。施救人员未采取任何防护措施，盲目施救导致事故扩大，这是发生事故的主要原因。

1. 请分析事故的成因。
2. 请给出事故的应对方案。

【直击工考】

一、单项选择题

1. 根据《生产安全事故报告和调查处理条例》，造成 10 人以上 30 人以下死亡，或者 50 人以上 100 人以下重伤，或者 5000 万元以上 1 亿元以下直接经济损失的事故属于（　　）。

　　A. 特别重大事故　　　　B. 重大事故　　　　C. 一般事故　　　　D. 较大事故

2. "四不放过"原则指（　　）。

　　A. 事故直接原因未查明不放过、主要责任人未处理不放过、整改措施未落实不放过、遇难人员家属未得到抚恤不放过

　　B. 事故原因未查明不放过、责任人未处理不放过、整改措施未落实不放过、有关人员未受到教育不放过

　　C. 事故扩大的原因未查明不放过、主要责任人未处理不放过、整改资金未落实不放过、有关人员未受到教育不放过

　　D. 事故原因未查明不放过、直接责任人未处理不放过、整改措施未落实不放过、安全管理人员未受到教育不放过

3. 在安全生产工作中，通常所说的"三违"现象指（　　）。

　　A. 违反作业规程、违反操作规程、违反安全规程

　　B. 违章指挥、违章作业、违反劳动纪律

　　C. 违规进行安全培训、违规发放劳动防护用品、违规消减安全技措经费

　　D. 违反规定建设、违反规定生产、违反规定销售

4. "五新"作业安全教育指采用（　　）、新工艺、新材料、新产品、新设备时，于作业前对操作者及有关人员进行有针对性的安全生产教育培训。

　　A. 新生产现场　　　　B. 新员工　　　　C. 新产品　　　　D. 新技术

二、多项选择题

1. 提升新从业人员的安全技术素质，是遏制煤矿、非煤矿山、危险化学品、烟花爆竹等高风险行业事故多发势头的有效措施之一。新从业人员的三级安全教育中，班组级安全教育培训内容应包括（　　）。

　　A. 岗位安全操作规程

　　B. 相关事故案例

　　C. 本单位安全生产规章制度和劳动纪律

　　D. 岗位之间工作衔接配合的安全卫生事项

2. 操作工的六严格包括（　　）。

　　A. 严格执行交接班制　　　　　　　　B. 严格进行巡回检查
　　C. 严格控制工艺指标　　　　　　　　D. 严格执行操作指标
　　E. 严格例会制度　　　　　　　　　　F. 严格执行安全规定
　　G. 严格事故四不放过规定　　　　　　H. 严格遵守劳动纪律

三、简答题

1. 如何理解企业安全管理的重要性？
2. 如何理解安全生产责任制的内涵？
3. 谈谈如何落实化工企业安全生产四十一条禁令的要求。

任务1.4 识别安全色和安全标志

【任务描述】
识别安全色和安全标志的含义，根据生产场所的危险因素分析情况，正确设置安全标志。

【学习目标】
1. 能够正确识别安全色和安全标志的含义。
2. 能够根据安全标志采取必要的安全防护措施。
3. 培养敬业精神，注重职业道德与责任担当。

案例导入

某日，安徽某化工厂员工，在放料过程中发现釜内残存一些物料，遂通知班长，班长赶到现场，经过观察发现是因釜底阀堵塞导致。随后班长关闭搅拌开关，系好安全绳并佩戴好长管式呼吸器进入釜内。在疏通釜底阀过程中，该厂电工王某，在车间巡检时发现该釜搅拌开关呈关闭状态，也未悬挂禁止合闸标志，王某误认为开关是跳闸异常关闭，在没有核实的情况下，私自把该釜搅拌重新通电。釜内正在疏通釜底阀的班长发现搅拌翅突然转动，还未做出反应，就被搅拌翅打晕在釜内。电工王某听到叫声后立即关闭了釜内搅拌电源。事故导致该班班长晕迷并多处骨折。

分析与讨论：针对此案例，请分析导致该起事故的原因可能有哪些？为避免发生此类事故，应该采取哪些安全措施呢？

【必备知识】

1.4.1 安全色

安全色是传递安全信息含义的颜色，用以表达禁止、警告、指令、指示等。安全色具有广泛的用途，如用于安全标志、交通标志、防护栏杆、机器危险部件或禁止乱动的部位等，应用安全色能够使人们对威胁安全和健康的物体与环境尽快做出反应，以减少事故的发生。根据GB 2893—2008《安全色》中的定义，安全色包括红色、蓝色、黄色、绿色四种颜色。

红色传递禁止、停止、危险或提示消防设备、设施的信息；蓝色传递必须遵守规定的指令性信息；黄色传递注意、警告的信息；绿色传递安全的提示性信息。通常安全色用相应的对比色进行反衬使其更加醒目，包括黑、白两种颜色。

1.4.2 安全标志

安全标志是用以表达特定安全信息的标志，由图形符号、安全色、几何形状（边框）或文字构成。使用安全标志的目的是提醒人们注意不安全的因素，预防事故的发生，起到保障安全的作用。生产经营单位应当在有较大危险因素的生产经营场所和有关设施、设备上，设置明显的安全警示标志，安全警示标志必须符合国家标准，不准擅自移动和拆除。值得注意的是，安全标志本身不能消除任何危险，也不能取代预防事故的相应设施。

根据 GB 2894—2008《安全标志及其使用导则》规定，安全标志分为禁止标志、警告标志、指令标志和提示标志四大类型。

1.4.2.1 禁止标志

禁止标志是指禁止人们不安全行为的图形标志，有禁止吸烟、禁止烟火等 40 种。其基本形式是带斜杠的圆边框，如图 1-4-1 所示。（注：图形为黑色，禁止符号与文字底色为红色。）

图 1-4-1　禁止标志

1.4.2.2 警告标志

警告标志是指提醒人们对周围环境引起注意，以避免可能发生危险的图形标志，共 39 种。警告标志的基本形式是正三角形边框，如图 1-4-2 所示。（注：图形、警告符号及文字为黑色，图形底色为黄色。）

图 1-4-2　警告标志

1.4.2.3 指令标志

指令标志是指强制人们必须做出某种动作或采用防范措施的图形标志，共 16 种。指令标志的基本形式是圆形边框，如图 1-4-3 所示。（注：图形为白色，图形底色为蓝色。）

图 1-4-3　指令标志

1.4.2.4 提示标志

提示标志是指向人们提供某种信息（如标明安全设施或场所等）的图形标志，共 8 种。提示标志的基本形式是正方形边框，如图 1-4-4 所示。（注：图形和提示文字为白色，底色为绿色。）

提示标志在提示目标的位置时要加方向辅助标志。按实际需要指示左向或下向时，辅助标志应放在图形标志的左方，如图 1-4-5 所示；如指示右向时，则应放在图形标志的右方。

图 1-4-4　提示标志

图 1-4-5　方向辅助标志示例

1.4.2.5 文字辅助标志

文字辅助标志的基本形式是矩形边框，有横写和竖写两种形式。禁止标志、指令标志为白色字；警告标志为黑色字。禁止标志、指令标志衬底色为标志的颜色，警告标志衬底色为白色，如图 1-4-6 所示。

图 1-4-6　文字辅助标志

1.4.2.6　安全标志的设置规范及安装位置

(1) 安全标志的设置规范

① 安全标志应设置在与安全有关的明显地方，并保证人们有足够的时间注意其所表示的内容。

② 设立于某一特定位置的安全标志应被牢固地安装，保证其自身不会产生危险，所有的标志均应具有坚实的结构。

③ 当安全标志被置于墙壁或其他现存的结构上时，背景色应与标志上的主色形成对比色。

④ 对于那些所显示的信息已经无用的安全标志，应立即由设置处卸下，这对于警示特殊的临时性危险的标志尤其重要，否则会导致观察者对其他有用标志的忽视与干扰。

⑤ 多个标志牌在一起设置时，应按警告、禁止、指令、提示类型的顺序，先左后右、先上后下地排列。

(2) 安全标志的安装位置

① 防止危害性事故的发生。首先要考虑所有标志的安装位置都不可存在对人的危害。

② 可视性。标志安装位置的选择很重要，标志上显示的信息不仅要正确，而且对所有的观察者要清晰易读。

③ 安装高度。通常标志应安装于观察者水平视线稍高一点的位置，但有些情况置于其他水平位置则是适当的。

④ 危险和警告标志。危险和警告标志应设置在危险源前方足够远处，以保证观察者在首次看到标志及注意到此危险时有充足的时间，这一距离随不同情况而变化。例如，警告不要接触开关或其他电气设备的标志，应设置在它们近旁，而大厂区或运输道路上的标志，应设置于危险区域前方足够远的位置，以保证在到达危险区之前就可观察到此种警告，从而有所准备。

⑤ 安全标志不应设置于移动物体上，例如门，因为物体位置的任何变化都会造成对标志观察变得模糊不清。

⑥ 已安装好的标志不应被任意移动，除非位置的变化有益于标志的警示作用。

【任务实施】

(1) 某车间设置的安全标志如图 1-4-7 所示，应该分别用什么颜色表示？

图 1-4-7　某车间安全标志

　　(2) 安全标志的设置　某化工厂以无烟煤为原料生产合成氨，生产工艺如下：①造气，无烟煤中通入空气（氧气）和蒸汽，部分燃烧气化成为半水煤气（由氢气、氮气、二氧化碳、一氧化碳和少量硫化氢、氧气及粉尘组成）；②变换净化，原料气通过电除尘器除去粉尘进入压缩机加压，经脱硫（脱除硫化氢）、变换（将一氧化碳转化为氢和二氧化碳）、脱碳（吸收脱除二氧化碳）后，再次加压进入铜洗塔（用醋酸铜氨液）和碱洗塔（用苛性钠溶液）进一步除去原料气中的一氧化碳和二氧化碳，获得纯氢气和氮气混合气体；③合成，净化后的氢氮混合气经压缩机加压至 30～32MPa 进入合成塔，在铁催化剂的存在下高温合成为氨。

　　对以上案例进行危险因素分析，讨论生产车间应设置哪些安全标志？根据表 1-4-1 中所列项目填写分析结果。

表 1-4-1　安全标志设置

危险因素	安全标志名称	设置部位

关键与要点

　　1. 安全色：包括红色、蓝色、黄色、绿色四种颜色。红色表示禁止、停止；蓝色表示指令；黄色表示注意、警告；绿色表示安全、通行。

　　2. 安全标志分类：安全标志分禁止标志、警告标志、指令标志和提示标志四大类型。

　　3. 禁止标志：禁止人们不安全行为的图形标志。

　　4. 警告标志：提醒人们对周围环境引起注意，以避免可能发生危险的图形标志。

　　5. 指令标志：是强制人们必须做出某种动作或采用防范措施的图形标志。

　　6. 提示标志：向人们提供某种信息（如标明安全设施或场所等）的图形标志。

【考核评价】

对各小组分析及讨论情况进行自我评价、小组评价和教师评价，具体内容见附表1-4。

 事故案例分析

安全警示标牌设置不当引发伤人事故

某日，庐江的施女士骑电动车沿103省道行驶，不慎与安徽省某路桥公司因路面施工需要而放置的道路施工指示牌发生刮碰。事发后，施女士颅脑损伤。施女士认为，路桥公司放置的施工指示牌没有夜间反光标识，导致她与指示牌刮碰。事发后，她因特重型颅脑损伤，要求路桥公司赔偿医疗费损失21万余元。

根据庐江县交管大队的认定，施女士晚间骑车途经上述路段，遇到路面放置的道路施工指示牌时，处置不当造成刮碰，对事故的发生起同等作用。路桥公司在此处路段进行施工作业时，放置不符合标准要求的道路施工指示牌，没有设置明显的安全警示标志，对事故也起同等作用。法院确定，路桥公司承担60%的赔偿责任，其余40%的责任由施女士承担。

1. 请分析事故的成因。
2. 请给出事故的应对方案。

【直击工考】

一、单项选择题

1. 下列颜色中表示禁止含义的是（　　）。
A. 黄色　　　　B. 红色　　　　C. 绿色　　　　D. 蓝色
2. 安全色中的（　　）表示提示、安全状态及通行的规定。
A. 黄色　　　　B. 蓝色　　　　C. 绿色　　　　D. 红色
3. 化学品安全标签警示不包含（　　）。
A. 危险　　　　B. 警示　　　　C. 注意　　　　D. 小心
4. 安全标志类别不包含（　　）。
A. 禁止标志　　B. 警告标志　　C. 指令标志　　D. 广告标志
5. 多个标志牌在一起设置时，应该按照（　　）的顺序先左后右、先上后下地排序。
A. 警告、禁止、提示、指令
B. 禁止、警告、提示、指令
C. 警告、禁止、指令、提示
D. 禁止、警告、提示、指令

二、简答题

1. 化工生产场所设置安全标志的作用有哪些？
2. 安全标志缺失可能导致哪些后果？

单元2

危险化学品储运安全技术

单元引入

化学品是人类生产和生活不可缺少的物品。目前,全世界已有化学品多达700余万种,其中不少化学品具有易燃、易爆、有毒、有害等危险性。在这些危险化学品的生产、经营、存储、运输、使用以及废弃物处理过程中,如果管理、防护不当,将对人体、设施设备和环境造成严重危害。因此,如何保障危险化学品在生产、经营、存储、运输、使用以及废弃物处置过程中的安全性,降低其危险危害性,避免发生事故,已成为安全生产的重要课题和内容。

单元目标

知识目标　1. 掌握危险化学品的分类,熟悉影响危险性的主要因素。
　　　　　　2. 熟悉危险化学品储存的总体安全要求及分类储存的安全要求。
　　　　　　3. 了解危险化学品运输的安全要求。
　　　　　　4. 掌握应急处理的方法。

能力目标　1. 初步具备依据危险化学品的物理、化学性质进行危险性分析的能力。
　　　　　　2. 具备危险化学品泄漏处置能力。

素质目标　1. 强化危险化学品安全意识,提高责任感并能遵规守纪。
　　　　　　2. 培养环境保护和可持续发展的意识,积极参与绿色化工实践。

单元解析

本单元主要介绍了危险化学品的分类和特性,危险化学品储存和运输安全以及危险化学品泄漏处置等任务。掌握危险化学品的分类及影响危险性的主要因素。难点:在掌握危险化学品的分类及特性的基础上,进行危险化学品危险性能的分析和泄漏事故的处置。

任务 2.1　认识危险化学品

【任务描述】

通过观看视频，找出视频中的危险化学品，再至少列举 3 种危险化学品，并写出它们的危险特性。

【学习目标】

1. 能够表述危险化学品的基本概念，掌握危险化学品的分类。
2. 能够描述危险化学品造成事故的主要特性。
3. 能够阐述影响化学品危险性的主要因素。
4. 强化危险化学品安全意识，提高责任感并遵规守纪。

案例导入

某日，某塑料厂地下丙烯管道因违章施工造成大量气体泄漏，遇到明火引发大范围空间爆炸，同时在管道泄漏点引发大火，火柱高达 40 余米，周边形成 60 多处火点。冲击波造成厂区周边 100m 内的建筑全部倒塌，过往车辆被掀翻引燃，多人被埋压；周边 1500m 内建筑门窗玻璃被气浪震碎，车辆受损，大量人员受轻微伤，该区域通信和电力中断；5km 范围内有明显震感。据统计，此次事故共造成 8900 余户居民、1110 余家企业、1490 余家个体户受灾，当场烧毁、损坏机动车 230 余辆，22 人死亡，120 人住院治疗。

分析与讨论： 针对上述案例描述，请判别该事故的性质，试分析导致事故发生的危险化学品是什么？该危险化学品有哪些危险特性，应采取什么预防措施？

【必备知识】

2.1.1　危险化学品的定义及分类

2.1.1.1　危险化学品的定义

《危险化学品安全管理条例》（国务院令第 344 号）对危险化学品作了如下定义：具有毒害、腐蚀、爆炸、燃烧、助燃等性质，对人体、设施、环境具有危害的剧毒化学品和其他化学品。

2.1.1.2　危险化学品的分类

根据联合国《全球化学品统一分类和标签制度》（以下简称 GHS），我国制定了《化学品分类和标签规范》（GB 30000.2—2013～GB 30000.29—2013）系列标准，按照物理危险、健康危害、环境危害三大类别对化学品的危险性进行分类，确立了化学品危险性 28 类的分类体系。现行的《危险化学品目录（2015 版）》是从化学品 28 类 95 个危险类别中，选取了其中危险性较大的 81 个类别作为危险化学品的确定原则，常见类别如下：

（1）爆炸物　爆炸物质（或混合物）指固体或液体物质（或物质混合

2-1 危险化学品的分类及标志

物）自身能够通过化学反应产生气体，其温度、压力和速度能高到对周围造成破坏，如苦味酸、叠氮化钠、硝化甘油等。

（2）易燃气体　易燃气体是在20℃和101.3kPa标准时与空气混合有一定易燃范围的气体，如乙炔、氢气、甲烷、天然气、液化石油气等。

（3）气溶胶　气溶胶指悬浮在气体介质中的固态或液态颗粒所组成的气态分散系统。

（4）氧化性气体　氧化性气体指一般通过提供氧气，比空气更能导致或促使其他物质燃烧的气体，如压缩氧或液化氧。

（5）加压气体　加压气体指在20℃下，压力等于或大于200kPa（表压）下装入容器的气体，或是液化气体或冷冻液化气体，包括压缩气体、液化气体、溶解液体、冷冻液化气体。

（6）易燃液体　易燃液体指易于挥发和燃烧的液态物质。其闪点低于28.1℃的为一级易燃液体，极易燃烧和挥发，如汽油等；闪点为28.1～45℃的为二级易燃液体，容易燃烧和挥发，如煤油、松节油等。

（7）易燃固体　易燃固体指容易燃烧的固体，通过摩擦引燃或助燃的固体，它们在与点火源短暂接触后容易点燃且火焰蔓延迅速，如红磷、三硫化二磷、亚磷酸二氢铅等。

（8）自反应物质和混合物　自反应物质或混合物是即使没有氧气（空气）也容易发生激烈放热分解的热不稳定液态或固态物质或者混合物，不包括根据统一分类制度分类为爆炸物、有机过氧化物或氧化物质的物质和混合物。

（9）自燃液体　自燃液体是即使数量小也能在与空气接触后5min内着火的液体。

（10）自燃固体　自燃固体是即使数量小也能在与空气接触后5min内着火的固体，如白磷、三乙基铝、三氯化钛等。

（11）自热物质和混合物　自热物质是除自燃液体与自燃固体外，与空气反应不需要能量供应就能够自热的固态或液态物质或混合物。此类物质或混合物与自燃液体、自燃固体不同之处在于仅在大量（公斤级）并经过长时间（数小时或数天）才会发生自燃，如赛璐珞碎屑。

（12）遇水放出易燃气体的物质或混合物　遇水放出易燃气体的物质或混合物是通过与水作用，容易具有自燃性或放出危险数量的易燃气体的固态或液态物质或混合物，如钾、钠、电石等。

（13）氧化性液体　氧化性液体是本身未必燃烧，但通常因放出氧气可能引起或促使其他物质燃烧的液体，如硝酸、发烟硝酸、高氯酸等。

（14）氧化性固体　氧化性固体是本身未必燃烧，但通常因放出氧气可能引起或促使其他物质燃烧的固体，如硝酸钾、硝酸钠、氯酸钠等。

（15）有机过氧化物　有机过氧化物指含有二价—O—O—结构和可视为过氧化氢的一个或两个氢原子已被有机基团取代的衍生物的液态或固态有机物，还包括有机过氧化物配制物（混合物）。

（16）金属腐蚀物　金属腐蚀物指通过化学作用显著损坏或毁坏金属的物质或混合物，如磷酸、硝酸等酸性腐蚀品，氢氧化钠、硫化钾等碱性腐蚀品，以及甲醛溶液等其他腐蚀品。

2.1.2　危险化学品造成化学事故的主要特性

危险化学品之所以有危险性，能引起事故甚至灾难性事故，与其本身的特性有关。其主要特性如下。

2-2　危险化学品的分类

2.1.2.1 易燃易爆性

易燃易爆的化学品在常温常压下,经撞击、摩擦、热源、火花等火源的作用,能发生燃烧与爆炸。

燃烧爆炸的能力大小取决于这类物质的化学组成。化学组成决定着化学物质的燃点、闪点的高低、燃烧范围、爆炸极限、燃速、发热量等。

一般来说,气体比液体、固体易燃易爆,燃速更快。这是因为气体的分子间力小,化学键容易断裂,无需溶解、溶化和分解。

燃点较低的危险品易燃性强,如黄磷在常温下遇空气即发生燃烧。某些遇湿易燃的化学物质在受潮或遇水后会放出氧气引燃,如电石、五氧化二磷等。

2.1.2.2 扩散性

化学事故中化学物质溢出,可以向周围扩散,比空气轻的可燃气体可在空气中迅速扩散,与空气形成混合物,随风飘荡,致使燃烧、爆炸与毒害蔓延扩大。比空气重的物质多漂流于地表、沟、角落等处,若长时间积聚不散,会造成迟发性燃烧、爆炸和引起人员中毒。

2.1.2.3 突发性

化学物质引发的事故,多是突然爆发,在很短的时间内或瞬间即产生危害。一般的火灾要经过起火、蔓延扩大到猛烈燃烧几个阶段,需经历几分钟到几十分钟,而化学危险物品一旦起火,往往是轰然而起,迅速蔓延,燃烧、爆炸交替发生,加之有毒物质的弥散,迅速产生危害。许多化学事故是高压气体从容器、管道、塔、槽等设备泄漏,由于高压气体的性质,短时间内喷出大量气体,使大片地区迅速变成污染区。

2.1.2.4 毒害性

有毒的化学物质,无论是脂溶性的还是水溶性的,都有进入机体与损坏机体正常功能的能力。这些化学物质通过一种或多种途径进入机体达一定量时,便会引起机体结构的损伤,破坏正常的生理功能,引起中毒。

2.1.3 影响危险化学品危险性的主要因素

化学物质的物理、化学性质与状态可以说明其物理危险性和化学危险性。如:气体、蒸气的密度可以说明该物质可能沿地面流动还是上升到上层空间,加热、燃烧、聚合等可使某些化学物质发生化学反应引起爆炸或产生有毒气体。危险化学品的物理性质与危险性的关系如下。

① 沸点:在101.3kPa大气压下,物质由液态转变为气态的温度。沸点越低的物质,汽化越快,易迅速造成事故现场空气的高浓度污染,且越易达到爆炸极限。

② 熔点:物质在101.3kPa下的溶解温度或温度范围。熔点反映物质的纯度,可以推断出该物质在各种环境介质(水、土壤、空气)中的分布。熔点的高低与污染现场的洗消、污染物处理有关。

③ 液体相对密度:环境温度(20℃)下,物质密度与4℃时水密度的比值。当相对密度小于1的液体发生火灾时,用水灭火将是无效的,因为水会沉至燃烧着的液面下面,消防水的流动性可使火势蔓延。

④ 蒸气压:饱和蒸气压的简称,指化学物质在一定温度下与其液体或固体相互平衡时的饱和蒸气的压力。蒸气压是温度的函数,在一定温度下,每种物质的饱和蒸气压可认为是一个常数。发生事故时的气温越高,化学物质的蒸气压越高,其在空气中的浓度也会相应增高。

⑤ 蒸气相对密度:指在给定条件下,化学物质的蒸气密度与参比物质(空气)密度的比值。依据《爆炸危险环境电力装置设计规范》(GB 50058—2014),相对密度小于0.8的

气体或蒸气规定为轻于空气的气体或蒸气；相对密度大于1.2的气体或蒸气规定为重于空气的气体或蒸气。轻于空气的气体趋向天花板移动或自敞开的窗户逸出房间。常见气体的蒸气相对密度见表2-1-1。

表 2-1-1 常见气体的蒸气相对密度

气体	蒸气相对密度	气体	蒸气相对密度	气体	蒸气相对密度
乙炔	0.899	氢	0.07	氧	1.11
氨	0.589	氯化氢	1.26	臭氧	1.66
二氧化碳	1.52	氰化氢	0.938	丙烷	1.52
一氧化碳	0.969	硫化氢	1.18	二氧化碳	2.22
氯	2.46	甲烷	0.553		
氟	1.32	氮	0.969		

⑥ 蒸气/空气混合物的相对密度：指在与敞口空气相接触的液体或固体上方存在的蒸气与空气混合物相对于周围纯空气的密度。

⑦ 闪点：在大气压力（101.3kPa）下，一种液体表面上方释放出的可燃蒸气与空气完全混合后，可以闪燃5s的最低温度。闪点是判断可燃性液体蒸气由于外界明火而发生闪燃的依据。闪点越低的化学物质泄漏后，越易在空气中形成爆炸混合物，引起燃烧与爆炸。

⑧ 自燃温度：一种物质与空气接触发生起火或引起自燃的最低温度，并且在此温度下无火源（火焰或火花）时，物质可继续燃烧。自燃温度不仅取决于物质的化学性质，而且还与物料的大小、形状和性质等因素有关。

⑨ 爆炸极限：指一种可燃气体或蒸气与空气的混合物能着火或引燃爆炸的浓度范围。空气中含有可燃气体（如氢、一氧化碳、甲烷等）或蒸气（如乙醇蒸气、苯蒸气）时，在一定浓度范围内，遇到火花就会使火焰蔓延而发生爆炸。其最低浓度称为下限，最高浓度称为上限，浓度低于或高于这一范围，都不会发生爆炸。一般用可燃气体或蒸气在混合物中的体积分数表示。根据爆炸下限浓度，可燃气体可分成两级，如表2-1-2所示。

表 2-1-2 可燃气体分级

级别	爆炸下限（体积分数）	举例
一级	<10%	氢、甲烷、乙炔、环氧乙烷
二级	≥10%	氨、一氧化碳

⑩ 临界温度与临界压力：气体在加温加压下可变为液体，压入高压钢瓶或贮罐中，能够使气体液化的最高温度称为临界温度，在临界温度下使其液化所需的最低压力称为临界压力。

【任务实施】

（1）列举危险化学品的分类　收集和阅读危险化学品相关资料，列举出危险化学品的分类，表格样式可参考表2-1-3。

表 2-1-3 危险化学品的分类

序号	名称	类型	主要特性
	……		

（2）分析归纳影响危险化学品危险性的主要因素　从物质的物理性质出发，将影响危险化学品危险性的物理性质与危险性关系列举出来，表格样式可参考表 2-1-4。

表 2-1-4 物质物理性质与危险性关系

物理性质	危险性关系
……	

关键与要点

1. 危险化学品：指具有毒害、腐蚀、爆炸、燃烧、助燃等性质，对人体、设施、环境具有危害的剧毒化学品和其他化学品。

2. 危险化学品分类：按物理危险、健康危害、环境危害共分为 28 个小类。其中物理危险共 16 项，包含：爆炸物、易燃气体、气溶胶、氧化性气体、加压气体、易燃液体、易燃固体、自反应物质和混合物、自燃液体、自燃固体、自热物质和混合物、遇水放出易燃气体的物质和混合物、氧化性液体、氧化性固体、有机过氧化物、金属腐蚀物。

3. 危险化学品造成化学事故的主要特性：易燃易爆性、扩散性、突发性、毒害性。

4. 影响危险化学品危险性的主要因素：沸点、熔点、液体相对密度、蒸气压、蒸气相对密度、蒸气/空气混合物相对密度、闪点、自燃温度、爆炸极限、临界温度与临界压力；其他物理、化学危险性如强酸、强碱在与其他物质接触时常发生剧烈反应，产生侵蚀等作用。

【考核评价】

对各小组分析及讨论情况进行自我评价、小组评价和教师评价，具体内容见附表 2-1。

事故案例分析

在苯加氢车间实施污水储罐罐顶施工作业

某公司施工人员在苯加氢车间实施污水储罐罐顶施工作业后，清理施工工具时，产生火花致使污水储罐起火，导致包括该公司施工人员及其他公司人员在内的5名人员4人死亡、1人受伤。

事故的直接原因是：苯加氢车间溶盐污水中夹带有少量苯系有机物，在污水罐中积累并挥发到液面上部的气相空间；该公司动火作业管理不到位，作业人员在罐顶进行检维修作业时产生的点火源引起罐顶可燃气体着火，继而引发爆燃。

事故酸性污水储罐情况：罐内介质为来自加氢装置高压分离器下部排出的酸性污水，酸性污水中含有有机烃及硫化氢等物质。由于酸性污水暂存罐自投产以来已经使用三年多，使罐内残存有机烃物质逐渐增多，罐内有机烃及硫化氢等物质和空气混合后形成爆炸性气体。

1. 试分析引发该起事故的主要危险化学品有哪些？
2. 这些危险化学品存在哪些危险性？

【直击工考】

一、单项选择题

1. 浓硫酸属于（　　）化学品。
   A. 包装品　　　　　　B. 腐蚀品　　　　　　C. 易燃液体
2. 氢气泄漏时，易在屋（　　）聚集。
   A. 顶　　　　　　　　B. 中　　　　　　　　C. 底
3. 下列固体中，属于遇湿易燃物品的是（　　）。
   A. 硫磺　　　　　　　B. 红磷　　　　　　　C. 电石

二、判断题

1. 浓硫酸、浓碱可以用铁制品作容器，因此也可以用镀锌铁桶。（　　）
2. 只有危险化学品生产企业需要制订应急救援预案。（　　）
3. 工业生产中，酒精的危害主要是易燃性。（　　）
4. 易燃液体的蒸汽很容易被引燃。（　　）
5. 自燃点与闪点一样都是可燃物质的固有性质。（　　）

三、填空题

1. 危险化学品指具有_____、_____、_____、_____等物质，以及在生产、储存、装卸、运输等过程中易造成人身伤亡和财产损失的任何化学物质。
2. 闪点越_____的化学物质泄漏后，越容易在空气中形成爆炸混合物，引起燃烧与爆炸。
3. 沸点越低的物质，气化越_____，易迅速造成事故现场空气高浓度污染，且易达到爆炸极限。

四、简答题

1. 易燃气体的危险特性是什么？
2. 遇湿易燃物品不可以露天存放的原因是什么？

任务 2.2 制订危险化学品的安全储存方案

【任务描述】
    分析讨论案例中事故的原因，讨论对于危险化学品的储存要求。
【学习目标】
    1. 能够分析出案例中事故的原因，列举出危险化学品的储存要求。
    2. 能够分析、归纳、制订危险化学品储存方案。

 案例导入

    位于南方某市的某化工企业所处地理位置地势较低，生产过程中使用连二亚硫酸钠（俗称保险粉）作为主要原料，考虑到供应商在本地，且为降低成本，该企业要求供应商不要用铁桶包装保险粉，只用编织袋包装即可。该企业的保险粉仓库为单独设置，仓库内未设温度仪、湿度仪。2009年雨季来临之前，企业安全部门针对仓库专门组织了安全检查，提出应采取措施加高保险粉的存放地点。由于仓库主任的疏忽，未进行处理。几天后连续数日暴雨导致仓库进水，引起保险粉燃烧，造成保险粉仓库全部烧毁，三人出现中毒症状。
    分析与讨论：针对案例中的事故，请分析对于危险化学品的储存应该有什么要求？

    危险化学品仓库是储存易燃、易爆等危险化学品的场所，仓库选址必须适当，建筑物必须符合规范要求，做到科学管理，确保其储存、保管安全。故在危险化学品的储存保管中要把安全放在首位。

【必备知识】

2.2.1 危险化学品储存的安全要求

在危险化学品的储存、保管中要把安全放在首位，危险化学品仓库的规划选址、建设、安全设施应符合安全技术基本要求。根据危险化学品仓库储存通则（GB 15603—2022）的规定，其储存保管的安全要求如下：

① 危险化学品仓库应选择符合危险化学品的特性、防火要求及化学品安全技术说明书中储存要求的仓储设施，采用隔离储存、隔开储存、分离储存的方式对危险化学品进行储存。

② 危险化学品储存单位应根据危险化学品仓库的设计和经营许可要求，严格控制危险化学品的储存品种、数量。危险化学品储存应满足危险化学品分类、包装、储存方式及消防要求，禁忌物品不应同库储存。

③ 储存爆炸物、有毒气体或易燃气体、具有火灾危险性危险化学品的仓库，必须保持足够的外部安全防护距离。

2-3 危险化学品的储存要求

④ 剧毒化学品、监控化学品、易制毒化学品、易制爆危险化学品，应按规定将储存地点、储存数量、流向及管理人员的情况报相关部门备案。剧毒化学品以及构成重大危险源的危险化学品，应在专用仓库内单独存放，并实行"五双"管理（双人验收、双人保管、双人发货、双把锁、双本账）。

⑤ 危险化学品储存单位应建立危险化学品储存信息管理系统，系统中应包括化学品安全技术说明书中要求的灭火介质、应急、消防要求以及库存危险化学品品种、数量、分布、包装形式、来源等信息及危险化学品出入库记录，数据保存期限不少于 1 年，且应采用不同形式进行实时备份，做到实时可查。

2.2.2 危险化学品分类储存原则

剧毒化学品、易燃气体、氧化性气体、急性毒性气体、遇水放出易燃气体的物质和混合物、氯酸盐、高锰酸盐、亚硝酸盐、过氧化钠、过氧化氢、溴素应分离储存。

危险化学品分类储存原则如表 2-2-1 所示。

表 2-2-1 危险化学品分类储存原则

组别	物质名称	储存原则	附注
爆炸性物	叠氮化铅、雷酸汞、三硝基甲苯、硝化棉（含氮量在 12.5% 以上）、硝铵炸药等	不准与任何其他种类的物质共同储存，必须单独储存	
易燃和可燃气液体	汽油、苯、二硫化碳、丙酮、甲苯、乙醇、石油醚、乙醚、甲乙醚、环氧乙烷、甲酸甲酯、甲酸乙酯、乙酸乙酯、煤油、丁烯醇、乙醛、丁醛、氯苯、松节油、樟脑油等	不准与其他种类的物质共同储存	如数量很少，允许与固体易燃物质隔开后共存
压缩气体和液化气体	可燃气体：氢、甲烷、乙烯、丙烯、乙炔、丙烷、甲醛、氯乙烷、一氧化碳、硫化氢等	除不燃气体外，不准与其他种类的物质共同储存	氯兼有毒害性
	不燃气体：氮、二氧化碳、氖、氩、氟利昂等	除可燃气体、助燃气体、氧化剂和有毒物质外，不准与其他种类物质共同储存	
	助燃气体：氧、压缩空气、氯等	除不燃气体和有毒物质外，不准与其他种类的物质共同储存	
遇水或空气时能自燃的物质	钾、钠、磷化钙、锌粉、铝粉、黄磷、三乙基铝等	不准与其他种类的物质共同储存	钾、钠须浸入石油中，黄磷须浸入水中
易燃固体	赛璐珞、赤磷、萘、樟脑、硫黄、三硝基苯、二硝基甲苯、二硝基萘、三硝基苯酚等	不准与其他种类的物质共同储存	赛璐珞须单独储存
氧化剂	① 能形成爆炸性混合物的氧化剂：氯酸钾、氯酸钠、硝酸钾、硝酸钠、硝酸钡、次氯酸钙、亚硝酸钠、过氧化钠、过氧化钡、30% 的过氧化氢等 ② 能引起燃烧的氧化剂：溴、硝酸、硫酸、铬酸、高锰酸钾、重铬酸钾等	除惰性气体外，不准与其他种类的物质共同储存	过氧化物、有分解爆炸危险，应单独储存。过氧化氢应储存在阴凉处，表中的两类氧化剂应隔离储存
毒害物质	氯化苦、光气、五氧化二砷、氰化钾、氰化钠等	除不燃气体和助燃气体外，不准与其他种类的物质共同储存	

2.2.2.1 爆炸性物质储存的安全要求

① 爆炸性物质必须存放在专用仓库内。储存爆炸性物质的仓库禁止设在城镇、市区和居民聚居的地方，并且应当与周围建筑、交通要道、输电线路等保持一定的安全距离。

② 存放爆炸性物质的仓库，不得同时存放相抵触的爆炸物质，并不得超过规定的储存数量。如雷管不得与其他炸药混合储存。

③ 一切爆炸性物质不得与酸、碱、盐类以及某些金属、氧化剂等同库储存。

④ 为了通风、装卸和便于出入检查，爆炸性物质堆放时，堆垛不应过高过密。

⑤ 储存爆炸性物质的仓库，其温度、湿度应加强控制和调节。

2.2.2.2 压缩气体和液化气体储存的安全要求

① 压缩气体和液化气体不得与其他物质共同储存；易燃气体不得与助燃气体、剧毒气体共同储存；易燃气体和剧毒气体不得与腐蚀性物质混合储存；氧气不得与油脂混合储存。

② 液化石油气贮罐区的安全要求。液化石油气贮罐区，应布置在通风良好且远离明火或散发火花的露天地带。不宜与易燃、可燃液体贮罐同组布置，更不应设在一个土堤内。

③ 对气瓶储存的安全要求。储存气瓶的仓库应为单层建筑，设置易揭开的轻质屋顶，地坪可用沥青砂浆混凝土铺设，门窗都向外开启，玻璃涂以白色。库温不宜超过35℃，有通风降温措施。气瓶储存库应用防火墙分隔为若干单独分间，每一分间有安全出入口。气瓶仓库的最大储存量应按有关规定执行。

2.2.2.3 易燃液体储存的安全要求

① 易燃液体应储存于通风阴凉处，并与明火保持一定的距离，在一定区域内严禁烟火。

② 沸点低于或接近夏季气温的易燃液体，应储存于有降温设施的库房或贮罐内。盛装易燃液体的容器应保留不少于5%容积的空隙，夏季不可暴晒。易燃液体的包装应无渗漏，封口要严密。铁桶包装不宜堆放太高，防止发生碰撞、摩擦而产生火花。

③ 闪点较低的易燃液体，应注意控制库温。气温较低时容易凝结成块的易燃液体，受冻后易使容器胀裂，故应注意防冻。

④ 易燃、可燃液体贮罐分地上、半地上和地下三种类型。地上贮罐不应与地下或半地下贮罐布置在同一贮罐组内，且不宜与液化石油气贮罐布置在同一贮罐组内。贮罐组内贮罐的布置不应超过两排。在地上和半地下的易燃、可燃液体贮罐的四周应设置防火堤。

⑤ 贮罐高度超过17m时，应设置固定的冷却和灭火设备；低于17m时，可采用移动式灭火设备。

⑥ 闪点低、沸点低的易燃液体贮罐应设置安全阀并有冷却降温设施。

⑦ 贮罐的进料管应从罐体下部接入，以防止液体冲击飞溅产生静电火花引起爆炸。贮罐及其有关设施必须设有防雷击、防静电设施，并采用防爆电气设备。

⑧ 易燃、可燃液体桶装库应设计为单层仓库，可采用钢筋混凝土排架结构，设防火墙分隔数间，每间应有安全出口。桶装的易燃液体不宜露天堆放。

2.2.2.4 易燃固体储存的安全要求

① 储存易燃固体的仓库要求阴凉、干燥，要有隔热措施，忌阳光照射，易挥发、易燃固体应密封堆放，仓库要求严格防潮。

② 易燃固体多属于还原剂，应与氧和氧化剂分开储存。有很多易燃固体有毒，故储存中应注意防毒。

2.2.2.5 自燃物质储存的安全要求

① 自燃物质不能与易燃液体、易燃固体、遇水燃烧物质混放储存，也不能与腐蚀性物

质混放储存。

② 自燃物质在储存中，对温度、湿度的要求比较严格，必须储存于阴凉、通风干燥的仓库中，并注意做好防火、防毒工作。

2.2.2.6 遇水燃烧物质储存的安全要求

① 遇水燃烧物质的储存应选在地势较高的地方，在夏令暴雨季节保证不进水，堆垛时要用干燥的枕木或垫板。

② 储存遇水燃烧物质的库房要求干燥，要严防雨雪的侵袭。库房的门窗可以密封。库房的相对湿度一般保持在75%以下，最高不超过80%。

③ 钾、钠等应储存于不含水分的矿物油或石蜡油中。

2.2.2.7 氧化剂储存的安全要求

① 一级无机氧化剂与有机氧化剂不能混放储存；不能与其他弱氧化剂混放储存；不能与压缩气体、液化气体混放储存；氧化剂与有毒物质不得混放储存。有机氧化剂不能与溴、过氧化氢、硝酸等酸性物质混放储存。硝酸盐与硫酸、发烟硫酸、氯磺酸接触时都会发生化学反应，不能混放储存。

② 储存氧化剂应严格控制温度、湿度。可以采取整库密封、分垛密封与自然通风相结合的方法。在不能通风的情况下，可以采用吸潮和人工降温的方法。

2.2.2.8 有毒物质储存的安全要求

① 有毒物质应储存在阴凉通风的干燥场所，要避免露天存放，不能与酸类物质接触。

② 严禁与食品同存一库。

③ 包装封口必须严密，无论是瓶装、盒装、箱装或其他包装，外面均应贴（印）有明显名称和标志。

④ 工作人员应按规定穿戴防毒用具，禁止用手直接接触有毒物质。储存有毒物质的仓库应有中毒急救、清洗、中和、消毒用的药物等备用。

2.2.2.9 腐蚀性物质储存的安全要求

① 腐蚀性物质均须储存在冬暖夏凉的库房里，保持通风、干燥、防潮、防热。

② 腐蚀性物质不能与易燃物质混合储存，可用墙分隔同库储存不同的腐蚀性物质。

③ 采用相应的耐腐蚀容器盛装腐蚀性物质，且包装封口要严密。

④ 储存中应注意控制腐蚀性物质的储存温度，防止受热或受冻造成容器胀裂。

此外，放射性物质的储存，应设计专用仓库。

2.2.3 储存事故因素分析

① 在危险化学品储存过程中突遇如汽车排气管火星、烟头、烟囱飞火等明火或发生内部管理不善，如露天阳光暴晒、野蛮装卸，承受的化学能、机械能超标等均可能导致事故发生。

② 保管人员缺乏知识，化学品入库管理不健全或因为企业缺少储存场地而任意临时混存，当禁忌化学品因包装发生渗漏时可能发生火灾。

③ 危险化学品包装损坏，或者包装不符合安全要求，均会引发事故。

④ 储存场地条件差，不符合物品储存技术要求。如没有隔热措施使物品受热，仓库漏雨，危险化学品长期不用又不及时处理，往往因产品变质引发事故。

⑤ 搬运化学品时没有轻拿轻放；或者堆垛过高不稳而发生倒桩；或在库内拆包，使用明火等违反生产操作规程造成事故。

【任务实施】

请对表 2-2-2 中的危险化学品进行危险性分析并简单归纳它们的储存方法及要求。

表 2-2-2　危险化学品危险性分析及储存要求

品名	危险性分析	储存方案
乙醇		
氯气		
白磷		
双氧水		
三氧化二砷		

关键与要点

1. 对于爆炸品、易燃液体、易燃固体、氧化剂、有机过氧化物和有毒化学试剂等危险化学品，都要放置在阴凉通风干燥处，远离明火和热源，防止阳光直晒；严防撞击、摔、滚、摩擦。

2. 对于爆炸品，严禁与氧化剂、自燃物品、酸、碱、盐类、易燃物、金属粉末放在一起，并且要严格执行"双人保管、双本账、双把锁"的规定。

3. 对于压缩气体、液化气体、易燃固体、自燃物品、遇湿易燃物品，要轻拿轻放，严禁滚动、摩擦和碰撞，还要定期进行检查。

4. 对于氧化剂和有机过氧化物，应与有机物、易燃物、硫、磷、还原剂、酸类物质分开存放。轻拿轻放，不要误触皮肤，一旦误触，应立即用水冲洗。

5. 对于有毒化学物质，一般不与其他种类的物品（包括非危险品）共同放置，特别是不与酸类及氧化剂共放，尤其不能与食品放在一起；操作时，应穿戴防护服、口罩、手套。

【考核评价】

对各小组分析及讨论情况进行自我评价、小组评价和教师评价，具体内容见附表 2-2。

事故案例分析

违章混储过硫酸铵、硫化钠等危险化学品

某公司危险品仓库 4 号仓因违章将过硫酸铵、硫化钠等危险化学品混储，引起化学反应而发生火灾和爆炸，火灾蔓延导致连续爆炸，爆炸又促进火势蔓延，共发生 2 次大爆炸和 7 次小爆炸，有 18 处起火。为扑救火灾，共调动 9 个城市 132 辆各类消防车，100 多名消防人员才完全扑灭残火。事故造成 18 人死亡，136 人受伤，直接损失 2.5 亿元。

1. 本事故中涉及哪些危险化学品，试分析导致事故的原因。
2. 为了避免事故的发生，本案例中的危险化学品应当如何储存？

【直击工考】

一、单项选择题

1. 黄磷在储存时应始终浸没在（　　）中。
   A. 二硫化碳　　　　　　B. 水　　　　　　C. 煤油

2. 氧气瓶及强氧化剂气瓶瓶体及瓶阀处，必须杜绝沾有（　　）。
   A. 油污　　　　　　　　B. 水珠　　　　　C. 漆色

3. 在可燃物质（气体、蒸气、粉尘）可能泄漏的区域设（　　），是监测空气中易爆物质含量的重要措施。
   A. 监督岗　　　　　　　B. 报警仪　　　　C. 巡检人员

4. 爆炸物品、一级易燃物品、遇湿燃烧物品、剧毒物品（　　）露天堆放。
   A. 允许　　　　　　　　B. 可以　　　　　C. 不得

5. 剧毒化学品以及储存构成重大危险源的其他危险化学品必须在专用仓库内单独存放，实行（　　）收发、（　　）保管制度。
   A. 双人　一人　　　　　　　　　　　　　B. 一人　双人
   C. 双人　双人　　　　　　　　　　　　　D. 多人　多人

二、多项选择题

1. 危险化学品的储存应根据物品危险性设置相应的（　　）措施。
   A. 防火　　　　　　　　　　　　　　　　B. 防爆
   C. 泄压　　　　　　　　　　　　　　　　D. 通风

2. 下列危险化学品储存的安全要求正确的是（　　）。
   A. 化学物质的储存数量不需要当地主管部门与公安部门规定
   B. 危险化学品露天存放时应符合防火、防爆要求
   C. 必须加强出入库验收，采取"五双制"方法加以管理
   D. 储存危险化学品应充分考虑对周围居民区的影响

3. （　　）等爆炸性物质不准与任何其他种类的物质共同储存，必须单独储存。
   A. 硝化棉　　　　　　　　　　　　　　　B. 硝铵炸药
   C. 汽油　　　　　　　　　　　　　　　　D. 乙醛

三、判断题

1. 燃点越低的物品越安全。（　　）
2. 化学性质相抵触或灭火方法不同的两类危险化学品，不得混合储存。（　　）
3. 气瓶使用到最后应留有余气。（　　）
4. 如果储存容器合适的情况下，硫酸、硝酸、盐酸及烧碱都可储存于一般货棚内。（　　）

四、简答题

1. 易燃易爆品储存过程中的安全操作应注意哪些问题？
2. 剧毒品储存过程中应执行的"五双"制度的具体内容是什么？

任务2.3 制订危险化学品的安全运输方案

【任务描述】
依据危险化学品的安全运输的要求，根据具体案例，制订相应的危险化学品的安全运输的方案。

【学习目标】
1. 能够分析出案例中事故的原因，归纳总结出危险化学品的运输要求。
2. 能够掌握危险化学品公路、铁路、水路运输的安全事项。

案例导入

案例1：某日下午，某液化气公司一辆装载丙烯的罐车在某市境内穿行路桥涵洞时，罐车上部的安全阀与涵洞顶部挤撞，造成泄漏，导致易燃、易爆丙烯气体外泄，致使一高速路中断交通28h，紧急疏散周边居民7000余人。

案例2：某日，某物流公司的一辆货车（一般运输资质，无危险货物运输资质）装载了3套耐火泥、200套茶具和2套机械设备后，又从某化工厂装载了8t H型发泡剂（属危险化学品，易燃固体，受撞击、摩擦、遇明火或其他点火源极易爆炸）后运往另一城市。

第二日下午，该货车将上述货物运至物流公司在某市的货物托运部，11时起开始卸货，14时左右所有货物卸完，然后驶离。卸下的混装货物堆积在托运部营业室门口，仅留60cm左右宽的通道进出。15时30分左右，堆积的H型发泡剂起火，火势迅速扩大并发生爆燃，造成正在该货物托运部营业室内领取工资、提货和收款的18人死亡，另有10人受伤。

分析与讨论：针对案例中的事故，对于危险化学品的安全运输有哪些要求？

危险化学品由于自身的危险性，在运输时是一种动态危险源，运输中若发生交通事故或泄漏事故，不仅会引发燃烧、爆炸、腐蚀、毒害等严重的灾害事故，而且危及公共安全和人民群众的生命财产安全，还会导致环境污染。为了加强对危险化学品的安全管理，保障人民生命、财产安全，保护环境，需要掌握危险化学品安全运输的相关知识及技能。

【必备知识】

2.3.1 危险化学品运输的配装及包装要求

2.3.1.1 配装原则

危险化学品的危险性各不相同，性质相抵触的物品相遇后往往会发生燃烧爆炸事故，发生火灾时，使用的灭火剂和扑救方法也不完全一样，因此为保证装运中的安全，应遵守有关配装原则。

① 有毒、有害液体的装卸应采用密闭操作技术，并加强作业现场的通风，配置局部通风和净化系统以及残液回收系统。

② 包装要符合要求，运输应佩戴相应的劳动保护用品和配备必要的紧急处理工具。搬运时必须轻装轻卸，严禁撞击、震动和倒置。

2.3.1.2 包装要求

危险化学品包装的作用：首先是防止包装物因接触雨、雾、阳光、潮湿空气和杂质，使物品变质或发生剧烈的化学反应而导致事故；其次是减少物品撞击、摩擦和挤压等外部作用，使其在包装保护下处于相对稳定和完好状态；再次是防止挥发以及性质相抵触的物品直接接触发生火灾、爆炸事故；最后是便于装卸、搬运和储存管理。

因此，为适应危险化学品的运输，包装必须坚固、完整、严密不漏、外表面清洁，不黏附有害的危险物质，并应符合如下要求：

① 包装的材质、规格等与所装危险货物的性质相适应。
② 包装应具有足够的强度。
③ 包装的封口和衬垫材料好。

2.3.2 危险化学品运输过程中的安全因素分析

① 危险化学品运输设施、设备条件差，缺乏消防设施。有些城市对从事危险化学品的码头、车站和库房缺乏通盘考虑，布局凌乱。在危险化学品消防方面，公共消防力量薄弱，特别是水上消防能力差，不能有效应对特大恶性事故的发生。

② 有些运输企业和管理部门不重视员工培训工作。从业人员素质低，对危险化学品性质、特点不了解，一旦发生危险，不能采取正确措施应对，导致各种危险货物泄漏、污染、燃烧、爆炸等事故频频发生。

2.3.3 危险化学品运输方式的选择

危险化学品的运输方式主要有水路运输和陆路运输两种方式，陆路运输包括公路运输和铁路运输。

2.3.3.1 水路运输

水路运输是化学品运输的一种重要途径。目前，已知的经过水路运输的危险化学品达3000余种。水路危险化学品的运输形式一般分为包装危险化学品运输，固体散装危险化学品运输和使用散装液态化学品船、散装液化气体船及油轮等专用船舶运输。因为水路运输的特殊性，对安全的要求更高。

2.3.3.2 陆路运输

（1）公路运输　汽车装运不仅可以运输固体物料，还可以运输液体和气体物质。运输过程中，不仅危险化学品移动容易发生事故，而且装卸也非常危险。公路运输是化学品运输中出现事故最多的一种运输方式。

（2）铁路运输　铁路是运输化工原料和产品的主要工具，通常对易燃、可燃液体采用槽车运输，装运其他危险货物使用专用危险品货车。

2.3.4 危险化学品的运输要求

危险化学品的运输，区别于其他物品的运输，一旦出现事故，具有影响大、危害大、伤亡人数多的特点。随着城市发展和人民生活水平不断提高，对危险化学品需求越来越大，因此出事故的概率也越来越高，危险化学品的运输管理具有重要意义。

2-4 危险化学品的运输要求

2.3.4.1 危险化学品运输安全技术与基本要求

化学品在运输中发生事故比较常见，全面了解化学品的安全运输，掌握有关化学品的安全运输规定，对降低运输事故具有重要意义。

① 国家对危险化学品的运输实行资质认定制度，未经资质认定，不得运输危险化学品。
② 托运危险物品必须出示有关证明，在指定的铁路、交通、航运等部门办理手续。托

运物品必须与托运单上所列的品名相符，托运未列入国家品名表内的危险物品，应附交上级主管部门审查同意的技术鉴定书。

③ 危险物品的装卸人员，应按装运危险物品的性质，佩戴相应的防护用品，装卸时必须轻装、轻卸，严禁摔拖、重压和摩擦，不得损毁包装容器，并注意标志，堆放稳妥。

④ 危险物品装卸前，应对车（船）搬运工具进行必要的通风和清扫，不得留有残渣，对装有剧毒物品的车（船），卸车后必须洗刷干净。

⑤ 装运爆炸、剧毒、放射性、易燃液体、可燃气体等物品必须使用符合安全要求的运输工具，禁止用电瓶车、翻斗车、铲车、自行车等运输爆炸物品。

⑥ 运输爆炸、剧毒和放射性物品，应指派专人押运，押运人员不得少于2人。

⑦ 运输危险物品的车辆，必须保持安全车速，保持车距，严禁超车、超速和强行会车。运输危险物品的行车路线，必须事先经当地公安交通管理部门批准，按指定的路线和时间运输，不可在繁华街道行驶和停留。

⑧ 运输易燃、易爆物品的机动车，其排气管应装阻火器，并悬挂"危险品"标志。

⑨ 运输散装固体危险物品，应根据性质，采取防火、防爆、防水、防粉尘飞扬和遮阳等措施。

⑩ 禁止利用内河以及其他封闭水域运输剧毒化学品。通过公路运输剧毒化学品的，托运人应当向目的地的县级人民政府公安部门申请办理剧毒化学品公路运输通行证。办理剧毒化学品公路运输通行证时，托运人应当向公安部门提交有关危险化学品的品名、数量、运输始发地和目的地、运输路线、运输单位、驾驶人员、押运人员、经营单位和购买单位资质情况的材料。

⑪ 运输危险化学品需要添加抑制剂或者稳定剂的，托运人交付托运时应当添加抑制剂或者稳定剂，并告知承运人。

⑫ 危险化学品运输企业，应当对其驾驶员、船员、装卸管理人员、押运人员进行有关安全知识培训。

2.3.4.2 事故应急处置

运输危险化学品因为交通事故或其他原因，发生泄漏，驾驶员、押运员或周围的人要尽快设法报警，报告当地公安消防部门或地方公安机关，可能的情况下尽可能采取应急措施，或将危险情况告知周围群众，尽量减少损失。

2.3.4.3 加强对现场外泄化学品监测

危险化学品泄漏处置过程中，还应特别注意对现场物品泄漏情况进行监测。特别是剧毒或易燃易爆化学品的泄漏更应该加强监测，向有关部门报告监测结果，为安全处置决策提供可靠的数据依据。

【任务实施】

某厂需要1t液氨从甲地运送至乙地，请根据液氨特性及所学的运输危险化学品安全相关知识，制订出运输方案，保证运输安全，具体内容见表2-3-1。

表2-3-1 液氨运输方案

液氨的性质	危险性因素	运输方案
无色液体，有强烈刺激性气味，易溶于水。蒸气与空气混合物爆炸极限16%~25%（最易引燃浓度17%）	不能与下列物质共存：乙醛、丙烯醛、硼、卤素、环氧乙烷、次氯酸、硝酸、汞、氯化银、硫、锑、双氧水。消防措施：消防人员必须穿戴全身防护服，切断气源，用水保持火场中容器冷却，用水喷淋保护切断气源的人员	

各小组将完成的成果进行展示，每组派1名同学进行汇报讲解，完成后进行小组自评和互评。

关键与要点

1. 公路运输时，应悬挂运送危险货物的标志，行驶和停车时要与其他车辆和人口稠密区、重点文物保护区保持一定的安全距离，严禁超车、超速、超重，车上应设置相应的安全防护设施。

2. 铁路运输时，栈台应为非燃烧材料，电气设备应为防爆型，槽车不应漏油，装卸油管也不易过快，防止静电火花，雷雨天不应进行装卸作业。

3. 水路运输时，在装运易燃易爆物品时应悬挂危险货物标志，严禁在船上动用明火。装卸易燃液体时，应将岸上输油管与船上输油管连接紧密；装卸油时，应先接导线，后接管装卸，装卸完毕后，先卸油管，后拆导线。

4. 运输危险化学品由于货物自身的危害性，应配置明显的符合标准的"危险品"标志。运输时应配备相应劳动保护用品和紧急处理工具等。

【考核评价】

对各小组分析及讨论情况进行自我评价、小组评价和教师评价，具体内容见附表2-3。

事故案例分析

沈海高速温岭段"6·13"液化石油气运输槽罐车重大爆炸事故

2020年6月13日16时41分许，位于台州温岭市的沈海高速公路温岭段温州方向温岭西出口下匝道发生一起液化石油气运输槽罐车重大爆炸事故，造成20人死亡，175人入院治疗，其中24人重伤，直接经济损失9477.815万元。事故调查组认定，这是一起液化石油气运输槽罐车超速行经高速匝道引起侧翻、碰撞、泄出，进而引发爆炸的重大生产安全责任事故。

1. 试分析本起事故的原因。
2. 针对本起事故，列举液化石油气运输中的安全事项。

【直击工考】

一、单项选择题

1. 搬运剧毒化学品后应该（　　　）。
A. 用流动的水洗手　　B. 吃东西补充体力　　C. 休息

2. 进行腐蚀品的装卸时应该戴（　　　）手套。
A. 帆布　　　　　　　B. 橡胶　　　　　　　C. 棉布

3. 受日光照射能发生化学反应引起燃烧、爆炸、分解、化合或能产生有毒气体的危险品包装应采取（　　　）措施。
A. 避光　　　　　　　B. 防潮湿　　　　　　C. 防火

4. 生产危险化学品的企业，应附有与危险化学品完全一致的化学品安全技术说明书，并在包装上加贴或者拴挂与包装内危险化学品（　　）的化学品安全标签。

A. 完全一致　　　　B. 主要内容相同　　　　C. 相符

5. 在《常用危险化学品的分类及标志》中规定了常用危险化学品的包装标志有（　　）种。

A. 27　　　　　　　B. 29　　　　　　　　C. 30

二、判断题

1. 只有危险化学品生产企业需要制订应急救援预案。（　　）

2. 危险化学品性质或消防方法相互抵触，以及配装号或类项不同的危险化学品不能装在同一车、船内运输。（　　）

3. 《易制毒化学品管理条例》规定，进口、出口或者过境、转运、通运易制毒化学品的，应当如实向海关申报，并提交进口或者出口许可证。海关凭许可证办理通关手续。（　　）

4. 装卸毒害品人员应具有操作毒害品的一般知识。操作时轻拿轻放，不得碰撞、倒置，防止包装破损商品外溢。作业人员应佩戴手套和相应的防毒口罩或面具，穿防护服。（　　）

5. 易燃固体在储存、运输、装卸过程中，应当注意轻拿轻放，避免摩擦撞击等外力作用。（　　）

任务 2.4　危险化学品泄漏事故应急处置

【任务描述】

　　分析讨论案例中事故的原因，制订泄漏应急救护措施，归纳成条款或图表，以小组为单位进行汇报。

【学习目标】

1. 能够分析出案例中事故的原因。
2. 能够归纳出泄漏时应采取的措施。
3. 培养环境保护和可持续发展的意识，积极参与绿色化工实践。

　案例导入

　　某日，某高速公路一辆满载 15t 苯运输车翻车，大量甲苯泄漏，随时可能爆炸，严重威胁杭甬高速公路的交通和附近村民的生命财产安全，杭州特勤大队官兵经过 39 个小时连续奋战，成功减少了这起恶性事故危险。

　　分析与讨论：针对案例中的事故，请分析危险化学品泄漏时，应该怎样处理呢？

在化学品的生产、储存和使用过程中，盛装化学品的容器常常发生一些意外的破裂、洒漏等事故，造成化学危险品的外漏，因此需要采取简单、有效的安全技术措施来消除或减少泄漏危险。下面介绍一下化学品泄漏必须采取的应急处理措施。

【必备知识】

2.4.1 疏散与隔离

在化学品生产、储存和使用过程中一旦发生泄漏，首先要疏散无关人员，隔离泄漏污染区。如果是易燃易爆化学品大量泄漏，这时一定要打119报警，请求消防专业人员救援，同时要保护、控制好现场。

2.4.2 泄漏源控制

① 如果在生产、使用过程中发生泄漏，要在统一指挥下，通过关闭有关阀门，切断与之相连的设备、管线，停止作业，或改变工艺流程等方法来控制化学品的泄漏。

② 对容器壁、管道壁堵漏，可使用专用的橡胶封堵物（圆锥状、楔子等形状的塞子）、木塞子、胶泥、棉纱和肥皂封堵，对于较大的孔洞，还可用湿棉絮封堵、捆扎。

③ 对不能立即止漏而继续外泄的有毒有害物质，可根据其性质，与水或相应的溶液混合，使其迅速解毒或稀释。

④ 泄漏物正在燃烧时，只要是稳定型燃烧，一般不要急于灭火，而应首先用水枪对泄漏燃烧的容器、管道及其周围的容器、管道、阀门等设备以及受到火焰、高温威胁的建筑物进行冷却保护，在充分准备并确有把握处置事故的情况下，才能灭火。

⑤ 切断火源对化学品的泄漏处理特别重要，如果泄漏物品是易燃品，必须立即消除泄漏污染区域的各种火源。

2.4.3 泄漏物处理

① 围堤堵截：如果化学品为液体，泄漏到地面上时会四处蔓延扩散，难以收集处理。为此需要筑堤堵截或者引流到安全地点。对于储罐区发生液体泄漏时，要及时关闭雨水阀，防止物料沿明沟外流。

② 稀释与覆盖：向有害物蒸气云喷射雾状水，加速气体向高空扩散。对于可燃物，也可以在现场施放大量水蒸气或氮气，破坏燃烧条件。对于液体泄漏，为降低物料向大气中的蒸发速度，可用泡沫或其他覆盖物品覆盖外泄的物料，在其表面形成覆盖层，抑制其蒸发。

2-5 隔热防护服

③ 收容（集）：对于大型泄漏，可选择用隔膜泵将泄漏出的物料抽入容器或槽车内；当泄漏量小时，可用沙子、吸附材料、中和材料等吸收中和。

④ 冲洗及运至废物处理场所：将收集的泄漏物运至废物处理场所处置。用消防水冲洗剩下的少量物料，冲洗水排入污水系统处理。

2-6 阻燃防护服

2.4.4 个人防护

进入泄漏现场进行处理时，应注意安全防护，进入现场救援人员必须配备必要的个人防护器具。

参加泄漏处理人员应对泄漏品的化学性质和反应特征有充分的了解，要于高处和上风处进行处理，严禁单独行动，要有监护人。必要时要用水枪（雾状水）掩护。要根据泄漏品的性质和毒物接触形式，选择适当的防护用品，防止事故处理过程中发生伤亡、中毒事故。

如果泄漏物是有毒的，应使用专用防护服、隔绝式空气面具，立即在事故中心区边界设置警戒线，根据事故情况和事故发展，确定事故波及区

2-7 化学防护服

域人员的撤离。为了在现场能正确使用和适应个人防护用具,平时应进行严格的适应性训练。

【任务实施】

(1) 案例基本信息分析　从本任务的案例导入中可以看出:本事故是由于在危险化学品运输过程中,装载苯的车辆在高速公路上翻车,造成苯大量泄漏。

首先,分析案例包含的基本信息,归纳信息包含的理论知识和相关技能,具体内容见表2-4-1。

表 2-4-1　案例中包含主要信息

事故类型	苯运输车辆侧翻造成苯泄漏
苯的理化特性	无色透明的易燃液体,有特殊芳香气味,不溶于水,易溶于乙醇、乙醚等有机溶剂。闪点为-11℃,易挥发,燃烧时带有浓烟,爆炸极限为1.2%~8%,与氯混合会发生剧烈反应。易产生和积聚静电,具有麻醉性、毒性及致癌性
危险特性	苯蒸气比空气重,易积聚在低洼处,遇火源会爆炸 储罐受热,会急剧膨胀而爆炸,爆炸产物有毒害性 直接接触苯蒸气,会对眼、鼻、咽喉和肺造成强烈刺激,出现头晕、恶心等症状,高浓度苯蒸气会导致肺出血,皮肤红肿、起泡,甚至损伤中枢神经
防护要求	穿着防静电衣服、隔绝式防化服和无钉鞋,佩戴空气呼吸器或防毒面具
应急处置原则	1. 应急救援时,应贯彻"以人为本"的原则 2. 应急救援人员必须采取可靠的安全防护措施后方可进入现场,参加应急救援行动 3. 险情排除后,组织相关人员对现场进行认真的检查,防止遗漏,再次造成事故 4. 保护好现场,以便查清事故原因,吸取教训,制订防范措施 5. 征得有关部门同意后,对现场进行彻底清洗处理,人员、设备、现场卫生,全面到位,然后报生产部门检查

(2) 制订苯泄漏应急处置措施　泄漏事故的应急救护基本内容如下。

① 疏散与隔离。疏散无关人员,隔离泄漏污染区。

② 泄漏源控制:

a. 关闭有关阀门,停止作业。

b. 对设备进行堵漏。

c. 对不能立即止漏而外泄的物质,迅速解毒或稀释。

d. 泄漏物处理采用围堤堵截、稀释与覆盖、收集等方法。

③ 切断火源。

④ 个人防护。佩戴必要的个人防护器具。

【考核评价】

对各小组分析及讨论情况进行自我评价、小组评价和教师评价,具体内容见附表2-4。

事故案例分析

消防救援人员对满载液化气的槽车刹车失灵侧翻在地的紧急处理

某日,一辆满载10t液化气的槽车,刹车失灵侧翻在地。槽车油箱已破裂,柴油流了一地,情况非常危急。闻讯赶到的消防救援人员,一边用砂土掩埋流出来的柴油,一边用高压水枪对罐体冷却降温,并将液化气转移到另一辆车上。从事故发生至交通恢复顺畅,104国道被堵了6小时。

1. 请分析事故的成因。
2. 归纳该案例中危险品泄漏时的应急处置措施。

【直击工考】

一、单项选择题

1. 某地一化工建材公司主要经营丙烯酸、稀释剂、二甲苯、氧化铁等化工原料。2006年6月19日,店内储存的二甲苯溶剂泄漏,形成的爆炸混合气体与员工取暖使用煤炉处的明火接触,发生爆燃引发火灾。过火面积$60m^2$。根据上述情况,该单位的(　　)是本单位的消防安全责任人。

　　A. 主要负责人　　　B. 项目负责人　　　C. 安全管理人员　　　D. 技术负责人

2. 某地一化工建材公司主要经营丙烯酸、稀释剂、二甲苯、氧化铁等化工原料。2006年6月19日,店内储存的二甲苯溶剂泄漏,形成的爆炸混合气体与员工取暖使用煤炉处的明火接触,发生爆燃引发火灾。过火面积$60m^2$。根据上述情况,该企业对建筑消防设施每(　　)至少进行一次全面检测,确保完好有效,检测记录应当完整准确,存档备查。

　　A. 半年　　　　　　B. 一年　　　　　　C. 两年　　　　　　D. 三年

3. 气体泄漏后遇着火源已形成稳定燃烧时,其发生爆炸或再次爆炸的危险性与可燃气体泄漏未燃时相比要(　　)。

　　A. 低得多　　　　　B. 高得多　　　　　C. 同样　　　　　　D. 有时高有时低

二、判断题

1. 泄漏或渗漏危险化学品的包装容器应迅速移至安全区域。(　　)

2. 某化工厂准备开展一次应急响应功能演习,演习计划将盛有丙烯腈的储罐运到这片空地,但是为了防止演习发生意外事故,储罐只剩余约1/5体积的丙烯腈。根据上述情况,该厂演习有毒有害气体泄漏事故时,可以使用真正的有毒化学品。(　　)

3. 某化工厂准备开展一次应急响应功能演习,为增强演习的效果,演习前开展了培训。重新复习了工厂的应急预案,让所有人员了解在紧急情况下自身的责任,并且知道自己在演习过程中应该向谁汇报、对谁负责。此外还针对演习的程序、内容和场景开展了全员培训。某日进行演习,当天天气情况是晴,最高气温17℃,最低气温6℃,风向北风3~5级。根据上述描述,该厂演习有毒有害气体泄漏事故时,事故指挥中心应该设在事故现场的下风向。(　　)

4. 某公司1号催化装置稳定单元发生闪爆事故,事故造成3人死亡、4人轻伤,事故未造成环境污染。事故的直接原因为重油催化装置稳定单元重沸器壳程下部入口管线上的低点排凝阀,因固定阀杆螺母压盖的焊点开裂,阀门闸板失去固定,阀门失效,脱乙烷汽油泄漏挥发,与空气形成爆炸性混合物,因喷射产生静电发生爆炸。根据上述事实,石油化工装置可能存在的点火源除了静电外,还包括明火、电火花、高温表面等。(　　)

单元3

防火防爆技术

单元引入

化工生产中使用的原料、中间体和产品很多都是易燃、易爆的物质,而化工生产过程又多为高温、高压,若工艺与设备设计不合理、设备制造不合格、操作不当或管理不善,极易发生火灾爆炸事故,造成人员伤亡及财产损失。因此,防火防爆对于化工生产的安全运行是十分重要的。

单元目标

知识目标
1. 掌握燃烧与爆炸的基础知识。
2. 掌握火灾、爆炸的危害和防护措施。
3. 了解防火防爆的特点以及控制火灾爆炸蔓延的方法。
4. 熟悉正确使用灭火剂和灭火处置方法。
5. 熟悉消防器材的正确使用。
6. 熟悉初起火灾的消防应急处理。

能力目标
1. 具有预判火灾、爆炸的危害,制订和执行应急预案的能力。
2. 具备正确使用灭火剂和灭火处置方法的能力。

素质目标
1. 培养团队协作精神和严谨的纪律作风。
2. 树立不怕困难、敢于担当、舍己为人的职业精神。

单元解析

本单元主要介绍物质燃烧的概念、燃烧过程、燃烧的类型,为掌握防火技术提供理论指导。重点:掌握火灾、爆炸的危害和防护措施。难点:熟悉正确使用灭火剂和灭火处置方法。

任务 3.1 认识燃烧与爆炸

【任务描述】
　　列举出燃烧与爆炸的分类，归纳常见的火灾和爆炸的危害及预防措施。
【学习目标】
　　1. 能够表述燃烧、爆炸、爆炸极限等概念，列举爆炸的分类。
　　2. 掌握火灾、爆炸的危害和防护措施。

案例导入

　　2016 年 4 月 9 日，河北省兴隆县某公司发生火灾事故，造成 4 人死亡、3 人烧伤。事故的直接原因是：化二车间水解釜因加热过快，釜内物料突沸后压力增大，导致水解釜物理爆炸，含有甲醇的物料从水解釜泄出引发火灾。
　　分析与讨论：通过案例分析出引发火灾的燃烧物是什么？为什么会发生火灾？通过独立思考和阅读资料找到问题答案。

【必备知识】

3.1.1　燃烧的基础知识

　　燃烧是一种复杂的物理化学过程。燃烧过程具有发光、发热、生成新物质的三个特征。

3.1.1.1　燃烧条件

　　燃烧是有条件的，它必须同时具备可燃物质、助燃物质和点火源三个条件时才能发生。

3-1 热值和燃烧温度

　　(1) 可燃物质　凡能与空气、氧气或其他氧化剂发生剧烈氧化反应的物质，都可称为可燃物质。可燃物质种类繁多，按物理状态可分为气态、液态和固态。化工生产中使用的原料、生产中的中间体和产品很多都是可燃物质。气态如氢气、一氧化碳、液化石油气等；液态如汽油、甲醇、酒精等；固态如煤、木炭等。

3-2 认识燃烧

　　(2) 助燃物质　凡是具有较强的氧化能力，能与可燃物质发生化学反应并引起燃烧的物质均称为助燃物质。例如，空气、氧气、氯气、氟和溴等物质。
　　(3) 点火源　凡是能引起可燃物质燃烧的能源均可称为点火源。常见的点火源有明火、电火花、炽热物体等。
　　燃烧的三要素是可燃物质、助燃物质和点火源。它们必须同时存在且满足特定要求才能实现燃烧。改变这些要素的数值会影响燃烧速度甚至导致熄灭。例如，空气中氧的含量降到 14%~16% 时，木柴的燃烧立即停止。减少可燃气体比例也会减慢或停止燃烧。点火源需要一定温度和热量才能引发燃烧。消除或减少任何一个要素将导致燃烧停止，这是灭火的基本原理。

3.1.1.2 燃烧过程

可燃物质的燃烧过程与其状态有关。气体最容易燃烧,只需达到其氧化分解所需的热量即可迅速燃烧。可燃液体在燃烧之前会先蒸发成蒸气,然后与空气混合而燃烧。对于可燃固体,简单物质如硫、磷和石蜡等在受热后经过熔化、蒸发,并与空气混合而燃烧。而复杂物质如煤、沥青和木材等则在受热时分解出可燃气体和蒸气,然后与空气混合而燃烧,留下一些固体残渣。大多数可燃物质的燃烧是在气态下进行的,并产生火焰。然而,某些可燃固体如焦炭无法转化为气态物质,在燃烧时呈炽热状态,而没有明显的火焰。各种可燃物质的燃烧过程如图 3-1-1 所示。

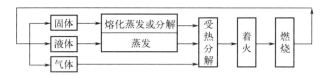

图 3-1-1 可燃物质的燃烧过程

综上所述,根据燃烧时可燃物质的状态,燃烧可以分为气相和固相两种情况。气相燃烧指燃烧反应中可燃物质和助燃物质均为气体。这种燃烧的特点是产生火焰,是最基本的燃烧形式。固相燃烧指燃烧反应中可燃物质处于固态。它也被称为表面燃烧,其特征是在燃烧时没有明显的火焰产生,只有光和热释放,如焦炭的燃烧。一些物质的燃烧既包括气相燃烧又包括固相燃烧,例如煤的燃烧过程。

3.1.1.3 燃烧类型

根据燃烧的起因不同,燃烧可分为闪燃、着火和自燃三类。

(1) 闪燃和闪点 可燃液体的蒸气(包括可升华固体的蒸气)与空气混合后,遇到明火而引起瞬间(延续时间少于 5s)燃烧,称为闪燃。液体能发生闪燃的最低温度,称为该液体的闪点。闪燃往往是着火先兆,可燃液体的闪点越低,越易着火,火灾危险性越大。某些可燃液体的闪点见表 3-1-1。

表 3-1-1 某些可燃液体的闪点

液体名称	闪点/℃	液体名称	闪点/℃	液体名称	闪点/℃
戊烷	<-40	乙醚	-45	乙酸甲酯	-10
己烷	-21.7	苯	-11.1	乙酸乙酯	-4.4
庚烷	-4	甲苯	4.4	氯苯	28
甲醇	11	二甲苯	30	二氯苯	66
乙醇	11.1	丁醇	29	二硫化碳	-30
丙醇	15	乙酸	40	氰化氢	-17.8
乙酸丁酯	22	乙酸酐	49	汽油	-42.8
丙酮	-19	甲酸甲酯	<-20	煤油	>40

应当指出,可燃液体之所以会发生一闪即灭的闪燃现象,是因为它在闪点温度下蒸发速率较慢,所蒸发出来的蒸气仅能维持短时间的燃烧,而来不及提供足够的蒸气补充维持稳定的燃烧。

除了可燃液体以外,某些能蒸发出蒸气的固体,如石蜡、樟脑、萘等,其表面上所产生的蒸气可以达到一定的浓度,与空气混合而成为可燃的气体混合物,若与明火接触,也能出现闪燃现象。

(2) 着火与燃点　可燃物质在有足够助燃物质(如充足的空气、氧气)的情况下,由点火源作用引起的持续燃烧现象,称为着火。使可燃物质发生持续燃烧的最低温度,称为燃点或着火点。燃点越低,越容易着火。一些可燃物质的燃点见表3-1-2。

表3-1-2　一些可燃物质的燃点

物质名称	燃点/℃	物质名称	燃点/℃	物质名称	燃点/℃
赤磷	160	聚丙烯	400	吡啶	482
石蜡	158~195	醋酸纤维	482	有机玻璃	260
硝酸纤维	180	聚乙烯	400	松香	216
硫黄	255	聚氯乙烯	400	樟脑	70

可燃液体的闪点与燃点的区别是,在燃点时燃烧的不仅是蒸气,还有液体(即液体已达到燃烧温度,可提供保持稳定燃烧的蒸气)。另外,在闪点时移去火源后闪燃即熄灭,而在燃点时移去火源后则能继续燃烧。

控制可燃物质的温度在燃点以下是预防发生火灾的措施之一。在火场上,如果有两种燃点不同的物质处在相同的条件下,受到火源作用时,燃点低的物质首先着火。用冷却法灭火,其原理就是将燃烧物质的温度降到燃点以下,使燃烧停止。

(3) 自燃和自燃点　可燃物质受热升温而不需明火作用就能自行着火燃烧的现象,称为自燃。可燃物质发生自燃的最低温度,称为自燃点。自燃点越低,则火灾危险性越大。一些可燃物质的自燃点见表3-1-3。化工生产中,由于可燃物质靠近蒸气管道,加热或烘烤过度,化学反应的局部过热,在密闭容器中加热温度高于自燃点的可燃物一旦泄漏,均可发生可燃物质自燃。

表3-1-3　一些可燃物质的自燃点

物质名称	自燃点/℃	物质名称	自燃点/℃	物质名称	自燃点/℃
二硫化碳	102	苯	555	甲烷	537
乙醚	107	甲苯	535	乙烷	515
甲醇	455	乙苯	430	丙烷	466
乙醇	422	二甲苯	465	丁烷	365
丙醇	405	氯苯	590	水煤气	550~650
丁醇	340	黄磷	30	天然气	550~650
乙酸	485	萘	540	一氧化碳	605
乙酸酐	315	汽油	280	硫化氢	260
乙酸甲酯	475	煤油	380~425	焦炉气	640
乙酸戊酯	375	重油	380~420	氨	630
丙酮	537	原油	380~530	半水煤气	700
甲胺	430	乌洛托品	685	煤	320

3.1.2 爆炸的基础知识

爆炸是物质在瞬间以机械功的形式释放出大量气体和能量的现象。由于物质状态的急剧变化,爆炸发生时会使压力猛烈增高并产生巨大的声响。其主要特征是压力的急剧升高。

3-3 认识爆炸

上述所谓"瞬间",就是说爆炸发生于极短的时间内。例如乙炔罐里的乙炔与氧气混合发生爆炸时,大约是在0.01s内完成下列化学反应:

$$2C_2H_2 + 5O_2 = 4CO_2 + 2H_2O + Q$$

反应同时释放出大量热量和二氧化碳、水蒸气等气体,使罐内压力升高10~13倍,其爆炸威力可以使罐体升空20~30m。这种克服地心引力将重物举高一段距离,就是所说的机械功。

在化工生产中,一旦发生爆炸,就会酿成伤亡事故,造成人身和财产的巨大损失,使生产受到严重影响。

3.1.2.1 爆炸的分类

根据爆炸能量来源的不同,可将爆炸分为以下两种情况:

① 物理性爆炸,由物理因素(如温度、体积、压力等)变化引起,物质的化学成分不发生改变;例如锅炉过热导致水迅速蒸发,超过容器承受能力而爆炸。

② 化学性爆炸,物质在短时间内完成化学反应,产生大量气体和能量,物质的性质和化学成分发生根本变化;例如硝化棉在爆炸时放出大量热量和气体,引起剧烈破坏。

根据瞬时燃烧速度的不同,可将爆炸分为以下三种类型:

① 轻爆,燃烧速度每秒数米,爆炸威力较小,声响也不大;例如无烟火药在空气中的快速燃烧。

② 爆炸,燃烧速度每秒十几米至数百米,爆炸点引起压力激增,具有较大破坏力和震耳声响;例如多数可燃气体混合物的爆炸以及被压火药遇火源引起的爆炸。

③ 爆轰,燃烧速度为1000~7000m/s,突然引起极高压力和超声速冲击波;在极短时间内发生的燃烧产物急剧膨胀并产生冲击波,其能量支持冲击波的传播,并可触发其他爆炸性气体混合物(火炸药)的爆炸,导致殉爆现象的发生。

3.1.2.2 化学性爆炸物质

根据爆炸时所进行的化学反应,化学性爆炸物质可分为以下几种。

(1) 简单分解的爆炸物 乙炔铜、乙炔银、碘化氮、叠氮化铅等这类容易分解的不稳定物质,受摩擦、撞击,甚至轻微振动即可能发生爆炸。乙炔铜分解爆炸的化学反应如下:

$$Cu_2C_2 \longrightarrow 2Cu + 2C$$

(2) 复杂分解的爆炸物 各类含氧炸药,其危险性较简单分解的爆炸物稍低,含氧炸药在发生爆炸时伴有燃烧反应,燃烧所需的氧由物质本身分解供给。如苦味酸、三硝基甲苯、硝化棉等都属于此类。

(3) 可燃性混合物 可燃性混合物指由可燃物质与助燃物质组成的爆炸物质。所有可燃气体、蒸气和可燃粉尘与空气(或氧气)组成的混合物均属此类。如一氧化碳与空气混合的爆炸反应:

$$2CO + O_2 + 3.76N_2 = 2CO_2 + 3.76N_2 + Q$$

3.1.2.3 爆炸极限

(1) 爆炸极限的概念 可燃性气体、蒸气或粉尘与空气组成的混合物,并不是在任何浓度下都会发生燃烧或爆炸,而是必须在一定的浓度比例范围内才能发生燃烧和爆炸。而且混合的比例不同，其爆炸的危险程度亦不同。例如，由 CO 与空气构成的混合物在火源作用下的燃爆试验情况如表 3-1-4 所示。

表 3-1-4 由 CO 与空气构成的混合物在火源作用下的燃爆试验情况

CO 在混合气中所占体积/%	<12.5	12.5	12.5～30	30	30～80	>80
燃爆情况	不燃不爆	轻度燃爆	燃爆逐步加强	燃爆最强烈	燃爆逐渐减弱	不燃不爆

上述试验情况说明：可燃性混合物有一个发生燃烧和爆炸的含量范围，即有一个最低含量和最高含量。混合物中的可燃物只有在这两个含量之间，才会有燃爆危险。通常将最低含量称为爆炸下限，最高含量称为爆炸上限。混合物含量低于爆炸下限时，由于混合物含量不够及过量空气的冷却作用，阻止了火焰的蔓延；混合物含量高于爆炸上限时，则由于氧气不足，使火焰不能蔓延。可燃性混合物的爆炸下限越低、爆炸极限范围越宽，其爆炸的危险性越大。

必须指出，含量在爆炸上限以上的混合物绝不能认为是安全的，因为一旦补充进空气就具有危险性了。一些气体和液体蒸气的爆炸极限见表 3-1-5。

表 3-1-5 一些气体和液体蒸气的爆炸极限

物质名称	爆炸极限（体积分数）/%		物质名称	热值	
	下限	上限		下限	上限
天然气	4.5	13.5	丙醇	1.7	48.0
城市煤气	5.3	32.0	丁醇	1.4	10.0
氢气	4.0	75.6	甲烷	5.0	15.0
氨	15.0	28.0	乙烷	3.0	15.5
一氧化碳	12.5	74.0	丙烷	2.1	9.5
二硫化碳	1.0	60.0	丁烷	1.5	8.5
乙炔	1.5	82.0	甲醛	7.0	73.0
氰化氢	5.6	41.0	乙醚	1.7	48.0
乙烯	2.7	34.0	丙酮	2.5	13.0
苯	1.2	8.0	汽油	1.4	7.6
甲苯	1.2	7.0	煤油	0.7	5.0
邻二甲苯	1.0	7.6	乙酸	4.0	17.0
氯苯	1.3	11.0	乙酸乙酯	2.1	11.5
甲醇	5.5	36.0	乙酸正丁酯	1.2	7.6
乙醇	3.5	19.0	硫化氢	4.3	45.0

(2) 可燃气体、蒸气爆炸极限的影响因素 爆炸极限受许多因素的影响，爆炸极限数值对应的条件是常温常压。当温度、压力及其他因素发生变化时，爆炸极限也会发生变化。

① 温度。一般情况下爆炸性混合物的原始温度越高，爆炸极限范围也越大。因此温度

升高会使爆炸的危险性增大。

② 压力。一般情况下压力越高，爆炸极限范围越大，尤其是爆炸上限显著提高。因此，减压操作有利于减小爆炸的危险性。

③ 惰性介质及杂物。一般情况下惰性介质的加入可以缩小爆炸极限范围，当其浓度高到一定数值时可使混合物不发生爆炸。杂物的存在对爆炸极限的影响较为复杂，如少量硫化氢的存在会降低水煤气在空气混合物中的燃点，使其更易爆炸。

④ 容器。容器直径越小，火焰在其中越难于蔓延，混合物的爆炸极限范围则越小。当容器直径或火焰通道小到一定数值时，火焰不能蔓延，可消除爆炸危险，这个直径称为临界直径或最大灭火间距。如甲烷的临界直径为 0.4~0.5mm，氢和乙炔为 0.1~0.2mm。

⑤ 氧含量。混合物中含氧量增加，爆炸极限范围扩大，尤其是爆炸上限显著提高。可燃气体在空气中和纯氧中的爆炸极限范围的比较见表 3-1-6。

表 3-1-6 可燃气体在空气中和纯氧中的爆炸极限范围

物质名称	在空气中的爆炸极限/%	在纯氧中的爆炸极限/%	物质名称	在空气中的爆炸极限/%	在纯氧中的爆炸极限/%
甲烷	5.0~15.0	5.0~61.0	乙炔	1.5~82.0	2.8~93.0
乙烷	3.0~15.5	3.0~66.0	氢	4.0~75.6	4.0~95.0
丙烷	2.1~9.5	2.3~55.0	氨	15.0~28.0	13.5~79.0
丁烷	1.5~8.5	1.8~49.0	一氧化碳	12.5~74.0	15.5~94.0
乙烯	2.7~34.0	3.0~80.0			

⑥ 点火源。点火源的能量、热表面的面积、点火源与混合物的作用时间等均对爆炸极限有影响。各种爆炸性混合物都有一个最低引爆能量，即点火能量。它是混合物爆炸危险性的一项重要参数。爆炸性混合物的点火能量越小，其燃爆危险性就越大。

3.1.2.4 粉尘爆炸

(1) 粉尘爆炸的含义　粉尘爆炸是粉尘粒子表面和氧作用的结果。当粉尘表面达到一定温度时，由于热分解或干馏作用，粉尘表面会释放出可燃性气体，这些气体与空气形成爆炸性混合物，而发生粉尘爆炸。因此，粉尘爆炸的实质是气体爆炸。常见的例子如煤矿里的煤尘爆炸，磨粉厂、谷仓里的粉尘爆炸，镁粉、碳化钙粉尘等与水接触后引起的自燃或爆炸等。

(2) 粉尘爆炸的影响因素

① 物理化学性质。燃烧热越大的粉尘越易引起爆炸，例如煤尘、碳、硫等；氧化速率越大的粉尘越易引起爆炸，如煤、燃料等；越易带静电的粉尘越易引起爆炸；粉尘所含的挥发分越大越易引起爆炸，如当煤粉中的挥发分低于10%时不会发生爆炸。

② 粉尘颗粒大小。粉尘的颗粒越小，其比表面积越大（比表面积指单位质量或单位体积的粉尘所具有的总表面积），化学活性越强，燃点越低，粉尘的爆炸下限越小，爆炸的危险性越大。爆炸粉尘的粒径范围一般为 0.1~100μm。

③ 粉尘的悬浮性。粉尘在空气中停留的时间越长，其爆炸的危险性越大。粉尘的悬浮性与粉尘的颗粒大小、粉尘的密度、粉尘的形状等因素有关。

④ 空气中粉尘的浓度。粉尘的浓度通常用单位体积中粉尘的质量来表示，其单位为 mg/m^3。空气中粉尘只有达到一定的浓度，才可能会发生爆炸。因此粉尘爆炸也有一定

的浓度范围,即有爆炸下限和爆炸上限。由于通常情况下,粉尘的浓度均低于爆炸浓度下限,因此粉尘的爆炸上限浓度很少使用。表 3-1-7 列出了一些粉尘的爆炸下限。

表 3-1-7 一些粉尘的爆炸下限

粉尘名称	云状粉尘的引燃温度/℃	云状粉尘的爆炸下限/(g/m³)	粉尘名称	云状粉尘的引燃温度/℃	云状粉尘的爆炸下限/(g/m³)
铝	590	37～50	聚丙烯酸酯	505	35～55
铁粉	430	153～240	聚氯乙烯	595	63～86
镁	470	44～59	酚醛树脂	520	36～49
炭黑	>690	36～45	硬质橡胶	360	36～49
锌	530	212～284	天然树脂	370	38～52
萘	575	28～38	砂糖粉	360	77～99
萘酚染料	415	133～184	褐煤粉	—	49～68
聚苯乙烯	475	27～37	有烟煤粉	595	41～57
聚乙烯醇	450	42～55	煤焦炭粉	>750	37～50

【任务实施】

收集和阅读燃烧和爆炸物品的相关案例资料,试分析事故的成因和危险,并填于表 3-1-8 中。

表 3-1-8 燃烧和爆炸危害的分类

序号	事故名称	类型	事故成因	事故危害
	……			

关键与要点

1. 燃烧三要素:可燃物质、助燃物质和点火源。
2. 闪点、燃点、自燃点越低,越易着火,火灾危险性越大。
3. 爆炸主要特征是压力的急剧升高。
4. 可燃性混合物的爆炸下限越低、爆炸极限范围越宽,其爆炸的危险性越大。

【考核评价】

对各小组分析及讨论情况进行自我评价、小组评价和教师评价,具体内容见附表 3-1。

事故案例分析

重新启动粉碎机造成的瞬间燃爆

2017年4月2日13时许,安徽省安庆市大观经济开发区某有限公司组织8名工人,在烘干粉碎分装车间的东第二间粉碎分装一黑色物料。17时许,在重新启动粉碎机时,粉碎机下部突发爆燃,瞬间引燃操作面物料,火势迅速蔓延,引燃化工原料库物料,造成5人死亡、3人受伤。事故原因为企业非法出租给不具备安全生产条件的公司,非法组织生产。

1. 请分析事故的成因。
2. 请给出事故的应对方案。

【直击工考】

一、单项选择题
1. 以下燃烧定义正确的是物质的（　　）。
   A. 氧化反应　　　　　　　　B. 放热的氧化反应
   C. 氧化还原反应　　　　　　D. 同时放热发光的氧化反应
2. 可燃物质的自燃点越高,发生着火爆炸的危害性（　　）。
   A. 越小　　　B. 越大　　　C. 无关　　　D. 无规律
3. 在火灾中,由于中毒造成人员死亡的罪魁祸首是（　　）,火灾中约有一半的人员死亡是由它造成的。
   A. 二氧化碳　　B. 一氧化碳　　C. 硫化氢　　D. 恶烟

二、判断题
1. 粉尘对人体有很大的危害,但不会引起火灾。(　　)
2. 可燃物的爆炸下限越小,其爆炸危险性越大,是因为爆炸极限越宽。(　　)

三、简答题
1. 燃烧与爆炸的区别是什么?
2. 氢气着火应采用哪些措施处理?

任务3.2　制订火灾、爆炸的防护措施

【任务描述】

分析讨论案例中事故的原因,制订火灾、防爆措施,归纳成条款或图表,以小组为单位进行汇报。

此任务是要深入分析导致案例事故发生的原因和形成火灾、爆炸的主要条件。要完成此任务,应该认真分析案例中包含的基本信息,归纳信息的具体内容,并能根据具体事故的危害情况,制订相应的安全防护措施。

【学习目标】

1. 能够分析出案例中事故的原因,列举出对应的控制技术指标。
2. 能够归纳出预防火灾、爆炸的措施。

案例导入

某化工有限公司发生特别重大爆炸事故,造成78人死亡、76人重伤,640人住院治疗,直接经济损失19.86亿元。事故直接原因是:该公司旧固废库内长期违法贮存的硝化废料持续积热升温导致自燃,燃烧引发硝化废料爆炸。

分析与讨论:针对案例中的事故,请分析应该采取什么措施才能避免事故发生?

在开展预防火灾、爆炸的防护措施前,须了解生产和储存的火灾危险性物质,有针对性地开展防护措施。

【必备知识】

3.2.1 生产和储存的火灾危险性分类

为防止火灾和爆炸事故,首先必须了解生产或储存的物质的火灾危险性,发生火灾爆炸事故后火势蔓延扩大的条件等,这是采取行之有效的防火、防爆措施的重要依据。

生产和储存物品的火灾危险性分类见表3-2-1。分类的依据是生产和储存中物质的理化性质。

表3-2-1 生产和储存物品的火灾危险性分类

生产物品的火灾危险性类别	使用或产生下列物品或物质的火灾危险性特征	储存物品的火灾危险性类别	储存物品的火灾危险性特征
甲	① 闪点小于28℃的液体 ② 爆炸下限小于10%的气体 ③ 常温下能自行分解或在空气中氧化能迅速自燃或爆炸的物质 ④ 常温下受到水或空气中水蒸气的作用,能引起燃烧或爆炸的物质 ⑤ 遇酸、受热、撞击、摩擦、催化以及遇有机物或硫黄等易燃无机物,极易引起燃烧或爆炸的强氧化剂 ⑥ 受撞击、摩擦或与氧化剂、有机物接触时能引起燃烧或爆炸的物质 ⑦ 在密闭设备内操作温度不小于物质本身自燃点的生产	甲	① 闪点小于28℃的液体 ② 爆炸下限小于10%的气体,受到水或空气中的水蒸气的作用能产生爆炸下限小于10%的气体的固体物质 ③ 常温下能自行分解或在空气中氧化能迅速自燃或爆炸的物质 ④ 常温下受到水或空气中水蒸气的作用,能产生可燃气体并能引起燃烧或爆炸的物质 ⑤ 遇酸、受热、撞击、摩擦以及遇有机物或硫黄等易燃无机物,极易引起燃烧或爆炸的强氧化剂 ⑥ 受撞击、摩擦或与氧化剂、有机物接触时能引起燃烧或爆炸的物质
乙	① 闪点不小于28℃,但小于60℃的液体 ② 爆炸下限不小于10%的气体 ③ 不属于甲类的氧化剂 ④ 不属于甲类的易燃固体 ⑤ 助燃气体 ⑥ 能与空气形成爆炸性混合物的浮游状态的粉尘、纤维及闪点不小于60℃的液体雾滴	乙	① 闪点为28~60℃的液体 ② 爆炸下限不小于10%的气体 ③ 不属于甲类的氧化剂 ④ 不属于甲类的易燃固体 ⑤ 助燃气体 ⑥ 常温下与空气接触能缓慢氧化,积热不散引起自燃的物品

续表

生产物品的火灾危险性类别	使用或产生下列物品或物质的火灾危险性特征	储存物品的火灾危险性类别	储存物品的火灾危险性特征
丙	① 闪点不小于60℃的液体 ② 可燃固体	丙	① 闪点不小于60℃的液体 ② 可燃固体
丁	① 对不燃烧物质进行加工,并在高温或熔化状态下经常产生强辐射热、火花或火焰的生产 ② 利用气体、液体、固体作为燃料或将气体、液体进行燃烧作其他用的生产 ③ 常温下使用或加工难燃烧物质的生产	丁	难燃烧物品
戊	常温下使用或加工不燃烧物质的生产	戊	不燃烧物品

生产和储存物品的火灾危险性分类是确定建(构)筑物的耐火等级、布置工艺装置、选择电气设备类型以及采取防火防爆措施的重要依据。

3.2.2 爆炸性环境危险区域划分

爆炸性环境包括爆炸性气体环境和爆炸性粉尘环境。爆炸性气体环境指可燃性物质以气体或蒸气的形式与空气形成的混合物,被点燃后,能够保持燃烧自行传播的环境。爆炸性粉尘环境指在大气条件下,可燃性物质以粉尘、纤维或飞絮的形式与空气形成的混合物,被点燃后,能够保持燃烧自行传播的环境。爆炸性环境危险区域划分见表3-2-2。

表3-2-2 爆炸性环境危险区域划分

类别	分级	特征
爆炸性气体环境	0区	连续出现或长期出现爆炸性气体混合物的环境
	1区	在正常运行时可能出现爆炸性气体混合物的环境
	2区	在正常运行时不太可能出现爆炸性气体混合物的环境,或即使出现也仅是短暂存在的爆炸性气体混合物的环境
爆炸性粉尘环境	20区	空气中的可燃性粉尘云持续地或长期地或频繁地出现于爆炸环境中的区域
	21区	在正常运行时,空气中的可燃性粉尘很可能偶尔出现于爆炸环境中的区域
	22区	在正常运行时,空气中的可燃性粉尘一般不可能出现于爆炸性粉尘环境中的区域,即使出现,持续时间也是短暂的

爆炸性气体环境危险区域的划分应根据爆炸性气体混合物出现的频繁程度及通风条件确定。符合下列条件之一时,可划为非气体爆炸性环境危险区域:

① 没有可燃物质释放源且不可能有可燃物质侵入的区域;
② 可燃物质可能出现的最高浓度不超过爆炸下限值的10%的区域;
③ 在生产过程中使用明火的设备附近区域,或炽热部件的表面温度超过区域内可燃物

质引燃温度的设备附近区域；

④ 在生产装置区外，露天或开敞设置的输送可燃物质的架空管道地带，但其阀门处区域按具体情况确定。

爆炸性粉尘环境危险区域的划分应按爆炸性粉尘的量、爆炸极限和通风条件确定。符合下列条件之一时，可划为非粉尘爆炸性环境危险区域：

① 装有良好的除尘效果的除尘装置，当该除尘装置停车时，工艺机组能联锁停车；

② 设有为爆炸性粉尘环境服务，并用墙隔绝的送风机室，其通向爆炸性粉尘环境的风道设有能防止爆炸性粉尘混合物侵入的安全装置；

③ 区域内使用爆炸性粉尘的量不大，且在排风柜内或风罩下进行操作。

3.2.3 点火源的控制

点火源的控制是防止燃烧和爆炸的重要环节。在化工生产中引发着火的点火源主要有明火、高温表面、电气火花、静电火花、冲击与摩擦、化学反应热、光线及射线等。采取科学合理的措施，及时发现和控制点火源，是阻止火灾和爆炸的关键之一。

3-4 爆炸性气体混合物、粉尘的分级

3.2.3.1 明火

化工生产中的明火主要指加热用火、维修用火和其他火源。为控制加热用火，应尽量避免使用明火，而采用替代方式如蒸汽、过热水、中间载热体或电热。若必须使用明火，需设备严密密闭并进行定期检查，同时远离可能泄漏可燃气体或蒸汽的设备和贮罐区域。对于维修用火，如焊割、喷灯等作业，在有火灾爆炸危险的场所应避免，否则应严格执行动火安全规定，并确保清理可燃物。此外，需要监控和管理烟囱飞火、机动车排气管喷火等火源，特别是对进入生产厂区的机动车辆，应加装阻火器。

3-5 点火源的控制

3.2.3.2 高温表面

在化工生产中，加热装置、高温物料输送管线及机泵等，其表面温度均较高，要防止可燃物落在上面，引燃着火。可燃物的排放要远离高温表面。如果高温管线及设备与可燃物装置较接近，高温表面应有隔热措施。加热温度高于物料自燃点的工艺过程，应严防物料外泄或空气进入系统。此外，照明灯具的外壳或表面都有很高的温度。高压汞灯的表面温度和白炽灯相差不多，为150～200℃；1000W卤钨灯管表面温度可达500～800℃。灯泡表面的高温可点燃附近的可燃物品，因此在易燃易爆场所，严禁使用这类灯具。

3.2.3.3 电火花及电弧

电火花是电极间的击穿放电，电弧则是大量的电火花汇集的结果。一般电火花的温度均很高，特别是电弧，温度可达3600～6000℃。电火花和电弧不仅能引起绝缘材料燃烧，而且可以引起金属熔化飞溅，构成危险的火源。

电火花分为工作火花和事故火花。工作火花指电气设备正常工作时或正常操作过程中产生的火花。如直流电机电刷与整流片接触处的火花，开关或继电器分合时的火花，短路、熔丝熔断时产生的火花等。

除上述电火花外，电动机转子和定子发生摩擦或风扇叶轮与其他部件碰撞会产生机械性质的火花；灯泡破碎时露出温度高达2000～3000℃的灯丝，都可能成为引发电气火灾的火源。

在爆炸性环境中，必须防止设备的电火花成为点燃源，因此须采用爆炸性环境用电气设备。依据设备保护级别和电气设备的防爆类型来确定防爆电气设备。具体可参考GB/T 3836.1—2021《爆炸性环境　第1部分：设备　通用要求》和GB/T 3836.15—2017《爆炸

性环境 第15部分：电气装置的设计、选型和安装》。

3.2.3.4 静电

化工生产中，物料、装置、器材、构筑物以及人体所产生的静电积累，对安全已构成严重威胁。静电能够引起火灾爆炸的根本原因，在于静电放电火花具有点火能量。许多爆炸性蒸气、气体和空气混合物点燃的最小能量约为 0.009～7mJ。当放电能量小于爆炸性混合物最小点燃能量的四分之一时，则认为是安全的。

静电防护主要是设法消除或控制静电的产生和积累的条件，主要有工艺控制法、泄漏法和中和法。工艺控制法就是采取选用适当材料，改进设备和系统的结构，限制流体的速度以及净化输送物料，防止混入杂质等措施，控制静电产生和积累的条件，使其不会达到危险程度。泄漏法就是采取增湿、导体接地，采用抗静电添加剂和导电性地面等措施，促使静电电荷从绝缘体上自行消散。中和法是在静电电荷密集的地方设法产生带电离子，使该处静电电荷被中和，从而消除绝缘体上的静电。为防止静电放电火花引起的燃烧爆炸，可根据生产过程中的具体情况采取相应的防静电措施。

3.2.3.5 摩擦与撞击

化工生产中，摩擦与撞击也是导致火灾爆炸的原因之一。如机器上轴承等转动部件因润滑不均或未及时润滑而引起的摩擦发热起火、金属之间的撞击而产生的火花等。因此在生产过程中，特别要注意以下几个方面的问题。

① 设备应保持良好的润滑，并严格保持一定的油位；
② 搬运盛装可燃气体或易燃液体的金属容器时，严禁抛掷、拖拉、振动，防止因摩擦与撞击而产生火花；
③ 防止铁器等落入粉碎机、反应器等设备内因撞击而产生火花；
④ 防爆生产场所禁止穿带铁钉的鞋；
⑤ 禁止使用铁制工具。

3.2.4 火灾爆炸危险物质的防护措施

化工生产中存在火灾爆炸危险物质时，可考虑采取以下措施。

3.2.4.1 用难燃或不燃物质代替可燃物质

在化工生产中，通过改进生产工艺或使用不燃的替代品，可以大大降低火灾和爆炸的风险。沸点和蒸气压有助于评估液体的挥发性和汽化程度，进而判断液体在存储、运输和使用过程中可能带来的危险性。

3.2.4.2 根据物质的危险特性采取措施

对于有自燃能力或遇空气、水燃烧爆炸的物质，应采取隔绝空气、防水、防潮或通风、散热、降温等措施，以防止物质自燃或发生爆炸。性质相抵触的物质不能混存，遇酸、碱有分解爆炸的物质应防止与酸、碱接触，遇光易分解的物质，应存放于金属桶或暗色的玻璃瓶中。对机械作用比较敏感的物质要轻拿轻放。易燃、可燃气体和液体蒸气要根据它们的密度采取相应的排污方法。根据物质的沸点、饱和蒸气压考虑设备的耐压强度、贮存温度、保温降温措施等。根据它们的闪点、爆炸范围、扩散性等采取相应的防火防爆措施。

3.2.4.3 密闭与通风措施

为防止易燃气体、蒸气和可燃性粉尘与空气构成爆炸性混合物，应设法使设备密闭。对于有压设备更须保证其密闭性，以防气体或粉尘逸出。在负压下操作的设备，应防止进入空气。对于存在可燃物质泄漏的场所，还要借助于通风措施来降低车间空气中可燃物的含量。

3.2.4.4 惰性介质保护

化工生产中常用的惰性介质有氮气、二氧化碳、水蒸气及烟道气等。这些气体常用于以下几个方面：

① 易燃固体物质的粉碎、研磨、筛分、混合以及粉状物料输送时，可用惰性介质保护；

② 可燃气体混合物在处理过程中可加入惰性介质保护；

③ 具有着火爆炸危险的工艺装置、贮罐、管线等配备惰性介质，以备在发生危险时使用，可燃气体的排气系统尾部用氮封；

④ 采用惰性介质（氮气）压送易燃液体；

⑤ 爆炸性危险场所中，非防爆电器、仪表等的充氮保护以及防腐蚀等；

⑥ 有着火危险的设备的停车检修处理；

⑦ 危险物料泄漏时用惰性介质稀释。

使用惰性介质时，要有固定贮存输送装置。根据生产情况、物料危险特性，采用不同的惰性介质和不同的装置。例如，氢气的充填系统最好备有高压氮气，地下苯贮罐周围应配有高压蒸气管线等。

此外，按工艺要求严格控制温度、压力、流量、物料配比等工艺参数在安全限度以内，是实现化工安全生产的基本保证。

3-6 工艺参数安全控制

【任务实施】

（1）案例基本信息分析　阅读江苏响水"3·21"特别重大爆炸事故案例，分析案例包含的基本信息，归纳信息填至表 3-2-3 中。

表 3-2-3　案例中包含的主要信息

事故类型	硝化废料自燃
事故起因	
物质特性	
引发危害	
防护措施	

（2）火灾、爆炸原因分析　分析事故原因，并制定相应的整改措施。

（3）制订防护措施　制订预防该类事故措施要考虑以下几项：

① 全面辨识工艺风险，开展反应风险评估。硝化企业应按照《关于加强精细化工反应安全风险评估工作的指导意见》（安监总管三〔2017〕1号），高质量完成反应风险评估，根据工艺危险度等级和评估建议，设置相应的安全设施，完善风险管控措施，确保安全设施满足工艺安全要求。

② 依据《危险化学品生产装置和储存设施风险基准》（GB 36894—2018）和《危险化学品生产装置和储存设施外部安全防护距离确定方法》（GB/T 37243—2019）等标准，评估确定硝化企业外部安全防护距离，不符合要求的一律停产整改。

③ 提升自动控制水平，配备安全仪表系统。硝化装置涉及反应区域、精馏区域、硝化废料贮存场所及危险化学品重大危险源储存单元，应设置远程视频监控系统和人员定位系统，做到视频监控无盲区，全天候监控硝化装置人员出入、工艺操作和检维修作业情况。硝化装置和配套槽区现场应设置声光报警装置，确保现场人员接收到异常信息时能及时撤离。

④ 严格控制硝化装置内临时存放物料数量；硝化废物贮存场所不得超过设计量储存，

尽可能减少储存量，防止安全风险外溢。

【考核评价】

对各小组分析及讨论情况进行自我评价、小组评价和教师评价，具体内容见附表 3-2。

事故案例分析

尼波洛公司己内酰胺装置发生爆炸

某年 6 月，英国尼波洛公司在弗利克斯波洛的年产 70 千吨己内酰胺装置发生爆炸。爆炸发生在环己烷空气氧化工段，爆炸威力相当于 45t 梯恩梯（TNT）。死亡 28 人，重伤 36 人，轻伤数百人，厂区及周围遭到重大破坏。经调查，该事故是由一根破裂管道中泄漏天然气引起燃烧而造成的。

1. 请分析事故的成因。
2. 请给出事故的应对方案。

【直击工考】

一、单项选择题

1. 爆炸性气体环境指可燃性物质以（　　）的形式与空气形成的混合物，被点燃后，能够保持燃烧自行传播的环境。
   A. 气体或蒸气　　　B. 粉尘　　　C. 水　　　D. 固体

2. 爆炸性粉尘环境危险区域的划分应按爆炸性粉尘的量、爆炸极限和通风条件确定。下列选项中，可划为非粉尘爆炸性环境危险区域的是（　　）。
   A. 装有良好的除尘效果的除尘装置，当该除尘装置停车时，工艺机组不能联锁停车
   B. 设有为爆炸性粉尘环境服务，并用墙隔绝的送风机室，其通向爆炸性粉尘环境的风道设有能防止爆炸性粉尘混合物侵入的安全装置
   C. 区域内使用爆炸性粉尘的量大，未安装排风装置
   D. 面粉生产车间

二、填空题

1. 应急救援人员穿戴防护服以防护＿＿＿＿＿、＿＿＿＿＿、＿＿＿＿＿危害。
2. 化工生产中常用的惰性介质有＿＿＿＿＿、＿＿＿＿＿、＿＿＿＿＿等。

三、多项选择题

1. （　　）单位应当建立单位专职消防队，承担本单位的火灾扑救工作。
   A. 生产易燃易爆危险品的大型企业　　　B. 储存易燃易爆危险品的大型企业
   C. 大型炼油公司　　　D. 储备可燃的重要物资的大型仓库、基地

2. 某市造漆厂仓库存放的硝化棉自燃引起火灾，你认为下列物品能发生自燃的有（　　）。
   A. 硝化棉　　　B. 白磷　　　C. 褐煤　　　D. 硫酸

3. 在氯化工艺中，容易发生的危险因素有（　　）。
   A. 燃烧爆炸　　　　　　　　B. 有毒物质泄漏
   C. 高温高压危险　　　　　　D. 失控反应危险

任务 3.3 制订控制火灾及爆炸蔓延的措施

【任务描述】
　　掌握控制火灾及爆炸蔓延的具体方法，使用科学合理的防火与防爆装置。
　　此任务是通过设计合理的厂房和工艺装置的布局结构，正确选择防火和防爆的安全装置。要完成此任务，应该认真识别分析任务中所具有的基本信息，重点在于预防，考虑将安全与投入统筹兼顾，达到将事故风险降至最低的目的。

【学习目标】
1. 了解厂址的选择和工艺装置的安全布局。
2. 会归纳总结防火与防爆安全装置的特点和应用范围。
3. 能制订火灾及爆炸的蔓延措施。

 案例导入

　　2019 年 9 月 29 日，某日用品有限公司发生重大火灾事故，造成 19 人死亡，3 人受伤（其中 2 人重伤、1 人轻伤），过火总面积约 1100 m^2，直接经济损失约 2380.4 万元。该起火灾发生初期的视频显示，发生火灾后，灭火器就在旁边，员工却不知使用，竟用嘴吹、纸板扑打、覆盖塑料桶等方法灭火，最终小火酿大火，造成 19 人死亡！事故直接原因是该公司孙某将加热后的异构烷烃混合物倒入塑料桶，因静电放电引起可燃蒸气起火并蔓延成灾。
　　分析与讨论：针对此案例，请分析应该如何阻止火灾扩大？

　　安全生产首先应当强调防患于未然，把预防放在首位。对于厂区选址、工艺装置的布局设计、建筑结构及防火区域的划分，在设计阶段就应重点考虑，不仅要有利于工艺要求、运行管理，而且要符合事故控制要求，以便把事故控制在局部范围内。

【必备知识】

3.3.1　正确选址与安全间距

　　为了限制火灾蔓延及减少爆炸损失，厂址选择及防爆厂房的布局和结构应按照相关要求建设，如根据所在地区主导风的风向，把火源置于易燃物质可能释放点的上风侧；为人员、物料和车辆流动提供充分的通道；厂址应靠近水量充足、水质优良的水源等。化工企业应根据我国《建筑设计防火规范（2018 年版）》（GB 50016—2014），建设相应等级的厂房；采用防火墙、防火门、防火堤对易燃易爆的危险场所进行防火分离，并确保防火间距。

3.3.2　分区隔离、露天布置、远距离操纵

　　化工生产中，因某些设备与装置危险性较大，应采取分区隔离、露天布置和远距离操纵等措施。

3.3.2.1 分区隔离

在总体设计时,应慎重考虑危险车间的布置位置。按照国家的有关规定,危险车间与其他车间或装置应保持一定的间距,充分估计相邻车间建(构)筑物可能引起的相互影响。对个别危险性大的设备,可采用隔离操作和防护屏的方法使操作人员与生产设备隔离。例如,合成氨生产中,合成车间压缩岗位的布置。

在同一车间的各个工段,应视其生产性质和危险程度而予以隔离,各种原料成品、半成品的贮藏,亦应按其性质、贮量不同而进行隔离。

3.3.2.2 露天布置

为了便于有害气体的散发,减少因设备泄漏而造成易燃气体在厂房内积聚的危险性,宜将这类设备和装置布置在露天或半露天场所。如氮肥厂的煤气发生炉及其附属设备,加热炉、炼焦炉、气柜、精馏塔等。石油化工生产中的大多数设备都是露天放置的。在露天场所,应注意气象条件对生产设备、工艺参数和工作人员的影响,如应有合理的夜间照明,夏季防晒防潮气腐蚀,冬季防冻等措施。

3.3.2.3 远距离操纵

在化工生产中,大多数的连续生产过程,主要是根据反应进行情况和程度来调节各种阀门,而某些阀门操纵人员难以接近,开闭又较费力,或要求迅速启闭,上述情况都应进行远距离操纵。操纵人员只需在操纵室进行操作,记录有关数据。对于热辐射高的设备及危险性大的反应装置,也应采取远距离操纵。远距离操纵的方法有机械传动、气压传动、液压传动和电动操纵。

3.3.3 防火与防爆安全装置

3.3.3.1 阻火装置

阻火装置的作用是防止外部火焰窜入有火灾爆炸危险的设备、管道、容器,或阻止火焰在设备或管道间蔓延。阻火装置主要包括阻火器、安全液封、单向阀、阻火闸门等。

(1) 阻火器 阻火器的工作原理是使火焰在管中蔓延的速度随着管径的减小而减小,最后可以达到一个火焰不蔓延的临界直径。

阻火器常用在容易引起火灾爆炸的高热设备和输送可燃气体、易燃液体蒸气的管道之间,以及可燃气体、易燃液体蒸气的排气管上。

阻火器有金属网、砾石和波纹金属片等形式。

① 金属网阻火器。其结构如图3-3-1所示,是用若干具有一定孔径的金属网把空间分隔成许多小孔隙。对一般有机溶剂采用4层金属网即可阻止火焰蔓延,通常采用6~12层。

② 砾石阻火器。其结构如图3-3-2所示,是用砂粒、卵石、玻璃球等作为填料,这些阻火介质使阻火器内的空间被分隔成许多非直线性小孔隙,当可燃气体发生燃烧时,这些非直线性微孔能有效地阻止火焰的蔓延,其阻火效果比金属网阻火器更好。阻火介质的直径一般为3~4mm。

③ 波纹金属片阻火器。其结构如图3-3-3所示,壳体由铝合金铸造而成,阻火层由0.1~0.2mm厚的不锈钢带压制成波纹形。两波纹带之间加一层同厚度的平带缠绕成圆形阻火层,

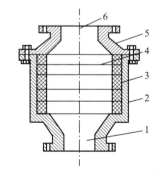

图 3-3-1 金属网阻火器
1—进口;2—壳体;3—垫圈;
4—金属网;5—上盖;6—出口

3-7 阻火器

阻火层上形成许多三角形孔隙，孔隙尺寸为 0.45～1.5mm，其尺寸大小由火焰速度的大小决定，三角形孔隙有利于阻止火焰通过，阻火层厚度一般不大于 50mm。

（2）安全液封　安全液封的阻火原理是液体封在进出口之间，一旦液封的一侧着火，火焰都将在液封处被熄灭，从而阻止火焰蔓延。安全液封一般安装在气体管道与生产设备或气柜之间。一般用水作为阻火介质。

安全液封的结构形式常用的有敞开式和封闭式两种，其结构如图 3-3-4 所示。

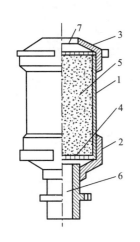
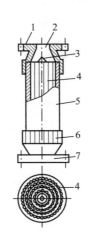
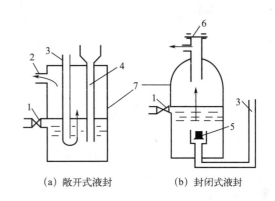

图 3-3-2　砾石阻火器　　图 3-3-3　波纹金属片阻火器　　图 3-3-4　安全液封的结构示意图
1—壳体；2—下盖；　　1—上盖；2—出口；3—轴芯；　　1—验水栓；2—气体出口；3—进气管；
3—上盖；4—网格；　　4—波纹金属片；5—外壳；　　　4—安全管；5—单向阀；
5—砂粒；6—进口；7—出口　　6—下盖；7—进口　　　　　　6—爆破片；7—外壳

水封井是安全液封的一种，设置在有可燃气体、易燃液体蒸气或油污的污水管网上，以防止燃烧或爆炸沿管网蔓延，水封井的结构如图 3-3-5 所示。

安全水封的使用安全要求如下。

① 使用安全水封时，应随时注意水位不得低于水位阀门所标定的位置。但水位也不应过高，否则除了可燃气体通过困难外，水还可能随可燃气体一道进入出气管。每次发生火焰倒燃后，应随时检查水位并补足。安全水封应保持垂直位置。

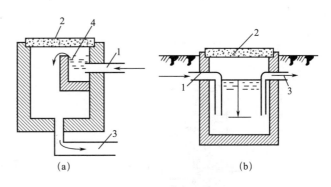

图 3-3-5　水封井的结构示意图
1—污水进口；2—井盖；3—污水出口；4—溢水槽

② 冬季使用安全水封时，在工作完毕后应把水全部排出、洗净，以免冻结。如发现冻结现象，只能用热水或蒸汽加热解冻，严禁用明火烘烤。为了防冻，可在水中加少量食盐以降低冰点。

③ 使用封闭式安全水封时，由于可燃气体中可能带有黏性杂质，使用一段时间后容易黏附在阀和阀座等处，所以需要经常检查逆止阀的气密性。

（3）单向阀　单向阀又称止逆阀、止回阀，其作用是仅允许流体向一定方向流动，遇有回流即自动关闭。常用于防止高压物料窜入低压系统,也可用作防止回火的安全装置。如液化石油气瓶上的调压阀就是单向阀的一种。

生产中用的单向阀有升降式、摇板式、球式等,参见图3-3-6～图3-3-8。

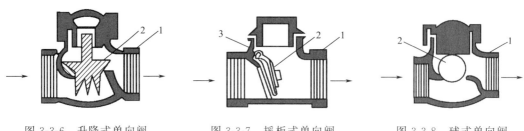

图 3-3-6　升降式单向阀　　　　图 3-3-7　摇板式单向阀　　　　图 3-3-8　球式单向阀
1—壳体；2—升降阀　　　　1—壳体；2—摇板；3—摇板支点　　　　1—壳体；2—球阀

（4）阻火闸门　阻火闸门是为防止火焰沿通风管道蔓延而设置的阻火装置。图3-3-9所示为跌落式自动阻火闸门。

正常情况下,阻火闸门受易熔合金元件控制处于开启状态,一旦着火,温度高,会使易熔金属熔化,此时闸门失去控制,受重力作用自动关闭。也有的阻火闸门是手动的,在遇火警时由人迅速关闭。

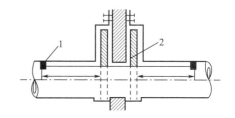

图 3-3-9　跌落式自动阻火闸门
1—易熔合金元件；2—阻火闸门

3.3.3.2　防爆泄压装置

防爆泄压装置包括安全阀、防爆片、防爆门和放空管等。系统内一旦发生爆炸或压力骤增时,可以通过这些设施释放能量,以减小巨大压力对设备的破坏或避免爆炸事故的发生。

（1）安全阀　安全阀是为了防止设备或容器内非正常压力过高引起物理性爆炸而设置的。当设备或容器内压力升高超过一定限度时安全阀能自动开启,排放部分气体,当压力降至安全范围内再自行关闭,从而实现设备和容器内压力的自动控制,防止设备和容器的破裂爆炸。

常用的安全阀有弹簧式、杠杆式,其结构如图3-3-10、图3-3-11所示。

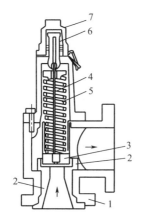
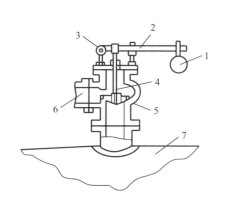

3-8 安全阀

图 3-3-10　弹簧式安全阀　　　　图 3-3-11　杠杆式安全阀
1—阀体；2—阀座；3—阀芯；4—阀杆；　　1—重锤；2—杠杆；3—杠杆支点；4—阀芯；
5—弹簧；6—螺帽；7—阀盖　　　　5—阀座；6—排出管；7—容器或设备

工作温度高而压力不高的设备宜选杠杆式，高压设备宜选弹簧式。一般多用弹簧式安全阀。
设置安全阀时应注意以下几点。

① 压力容器的安全阀直接安装在容器本体上。容器内有气、液两相物料时，安全阀应装于气相部分，防止排出液相物料而发生事故。

② 一般安全阀可就地放空，放空口应高出操作人员 1m 以上且不应朝向 15m 以内的明火或易燃物。室内设备、容器的安全阀放空口应引出房顶，并高出房顶 2m 以上。

③ 安全阀用于泄放可燃及有毒液体时，应将排泄管接入事故贮槽、污油罐或其他容器；用于泄放与空气混合能自燃的气体时，应接入密闭的放空塔或火炬。

④ 当安全阀的入口处装有隔断阀时，隔断阀应为常开状态。

⑤ 安全阀的选型、规格、排放压力的设定应合理。

（2）防爆片（又称防爆膜、爆破片）　防爆片通过法兰装在受压设备或容器上。当设备或容器内因化学爆炸或其他原因产生过高压力时，防爆片作为人为设计的薄弱环节自行破裂，高压流体即通过防爆片从放空管排出，使爆炸压力难以继续升高，从而保护设备或容器的主体免遭更大的损坏，使在场的人员不致遭受致命的伤害。

防爆片一般应用在以下几种场合。

① 存在爆燃危险或异常反应使压力骤然增加的场合，这种情况下弹簧安全阀由于惯性而不适应。

② 不允许介质有任何泄漏的场合。

③ 内部物料易因沉淀、结晶、聚合等形成黏附物，妨碍安全阀正常动作的场合。

凡有重大爆炸危险性的设备、容器及管道，例如气体氧化塔、进焦煤炉的气体管道、乙炔发生器等，都应安装防爆片。

防爆片的安全可靠性取决于防爆片的材料、厚度和泄压面积。

正常生产时压力很小或没有压力的设备，可用石棉板、塑料片、橡胶或玻璃片等作为防爆片；微负压生产情况的可采用 2～3cm 厚的橡胶板作为防爆片；操作压力较高的设备可采用铝板、铜板。铁片破裂时能产生火花，存在燃爆性气体时不宜采用。

防爆片的爆破压力一般不超过系统操作压力的 1.25 倍。若防爆片在低于操作压力时破裂，就不能维持正常生产；若操作压力过高而防爆片不破裂，则不能保证安全。

（3）防爆门　防爆门一般设置在燃油、燃气或燃烧煤粉的燃烧室外壁上，以防止燃烧爆炸时，设备遭到破坏。防爆门的总面积一般按燃烧室内部净容积 1m³ 不少于 250cm³ 计算。为了防止燃烧气体喷出时将人烧伤，防爆门应设置在人们不常到的地方，高度不低于 2m。图 3-3-12、图 3-3-13 为两种不同类型的防爆门。

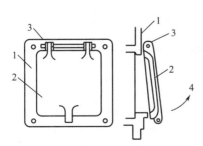

图 3-3-12　向上翻开的防爆门
1—防爆门的门框；2—防爆门；
3—转轴；4—防爆门动作方向

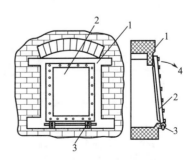

图 3-3-13　向下翻开的防爆门
1—燃烧室外壁；2—防爆门；
3—转轴；4—防爆门动作方向

（4）放空管　在某些极其危险的设备上，为防止可能出现的超温、超压而引起爆炸的恶性事故的发生，可设置自动或手控的放空管以紧急排放危险物料。

【任务实施】

案例：某日19时30分，某厂TNT生产线硝化车间发生特大的爆炸事故，造成了严重的人员伤亡和巨大的财产损失。

事故的原因是硝酸浓度过高使硝化反应激烈，硝化机内未充分反应的物质被提升到分离器内继续反应，而分离器内既无冷却蛇管，又无搅拌装置；高温、高浓度的混酸（硝酸和硫酸）液面上升接触到上盖之间的不符合工艺要求的石棉绳（含大量可燃纤维和油脂）填料而发生强烈反应，冒出大量黄烟，温度升到150℃。因温度过高，引起硝化物分解、着火。分离器起火后通过硝烟排烟管和低矮的木屋面板传火，使火势蔓延扩大。

由着火转化为爆炸，主要原因是没有紧急的安全放料措施。按规定，硝化机应有遥控、自动、手动3套安全放料装置，以备万一着火的紧急情况下能及时打开安全放料装置，将物料放入安全水池。但因该厂工艺落后，设备陈旧，厂房低矮，生产自动化程度低，安全条件差，硝化机上没有安装自动安全放料装置，着火后操作工和班长也没有及时进行手动放料，致使着火转化为爆炸。另外，厂房建筑不符合防爆要求，发生事故的硝化车间为3个实际相连的钢筋混凝土3层建筑，爆炸飞散物——残墙断壁和设备碎块使事故扩大。

（1）分析案例基本信息　此案例是TNT生产线硝化车间发生的特大爆炸事故，首先分析案例中包含的基本信息，填在表3-3-1中。

表3-3-1　案例包含的主要信息

火灾爆炸类型	硝化物爆炸
发生火灾原因	
发生爆炸原因	
使火灾蔓延原因	
使爆炸蔓延原因	

（2）制订整改措施　从案例中可以看出，该企业在设施和技术、生产和安全管理方面存在许多问题，针对这些问题，从改善设施技术和安全管理的角度考虑，制订预防此类事故发生的具体措施。

关键与要点

防火与防爆安全装置适用原则如下：

（1）根据输送设备和输送介质的性质，判定是否需要使用阻火装置。

（2）根据阻火对象的不同，选择合适的阻火装置，如高温设备和输送可燃气体管道之间以及可燃气、易燃液体蒸气的排气管上一般选择阻火器、单向阀、阻火阀门，气体管道与生产设备或气柜之间使用安全液封方法。

（3）根据防爆对象的不同，选择合理的防爆装置，如安全阀主要用于防止设备超压引起爆裂；爆破片主要用于防止有突然超压或发生瞬时分解爆炸危险物料的反应设备的爆炸；在加热炉上安设防爆门和防爆球阀主要用于防止加热炉发生爆炸；放空管主要用来紧急排泄有超温、超压、爆聚和分解爆炸的物料。有的化学反应设备除应设置紧急排放管外，还应设置相应安全阀、爆破片或事故储槽等。

【考核评价】

对各小组分析及讨论情况进行自我评价、小组评价和教师评价，具体内容见附表3-3。

事故案例分析

日本新越化学工业公司化工厂氯乙烯单体生产装置发生重大爆炸火灾事故

某年10月，日本新越化学工业公司直津江化工厂氯乙烯单体生产装置发生了一起重大爆炸火灾事故。伤亡24人，其中死亡1人。建筑物被毁$7200m^2$，损坏各种设备1200台，烧掉氯乙烯等各种气体170t。由于燃烧产生氯化氢气体，造成农作物受害面积约$160000m^2$。

当时生产装置正处于检修状态，要检修氯乙烯单体过滤器，但引入口阀门关闭不严，单体由储罐流入过滤器，无法进行检修，又用扳手去关阀门，因用力过大，阀门支撑筋被拧断。阀门杆被液体氯乙烯单体顶起呈全开状态，4t氯乙烯单体从储罐经过过滤器开口处全部喷出，弥漫$12000m^2$厂区。值班班长在切断电源时产生火花引起爆炸。

1. 请分析事故的成因。
2. 请给出事故的应对方案。

【直击工考】

一、多项选择题

1. 常见的阻火器有（　　）。
   A. 金属网阻火器　　　　　　　　B. 砾石阻火器
   C. 波纹金属阻火器　　　　　　　D. 石墨网阻火器
2. 常见的防爆泄压装置有（　　）。
   A. 安全阀　　　　　　　　　　　B. 防爆片
   C. 放空管　　　　　　　　　　　D. 防爆门
3. 常用的安全液封方式有（　　）。
   A. 敞开式　　　　B. 封闭式　　　　C. 半敞开式

二、判断题

1. 安全液封使用在散开可燃气体和易燃液体蒸气等油污的污水管网上，以防止燃烧或爆炸沿污水管网蔓延，水封井的水封液柱高度不宜小于250mm。（　　）
2. 凡有重大爆炸危险性的设备、容器及管道，都应该安装爆破片。（　　）

任务 3.4　灭火方法与灭火剂的选择

【任务描述】

利用现有实训基地模拟火灾事故，制订应急预案，模拟推演。此任务是模拟组织一次突发火灾事故应急演练。要完成此任务，首先要根据设定火灾事故背景制订应急预案，对参与演练人员进行合理分工，进行演练前的培训和安全教育，以小组为单位进行应急方案制订和推演，并留存相关记录。

【学习目标】

1. 掌握扑灭火灾的方法和原理。
2. 能在不同场景下正确选择并使用灭火剂。
3. 会思考和制订消防应急预案。

案例导入

2013 年 10 月 21 日，山东省垦利县某有限公司发生火灾事故，造成 4 人死亡、1 人受伤。事故的直接原因是：紧靠维生素 B2 车间（已停产 1 个月）西墙外侧的导热油管线破裂，泄漏的高温导热油引燃包装材料和成品，并产生大量烟气，致使正在四层平台实施保温施工的 5 名人员受困，造成 4 人死亡，1 人受伤。

分析与讨论：针对案例中的事故，应该如何正确处置才能避免事故的发生？

【必备知识】

3.4.1　灭火方法及其原理

灭火方法主要包括窒息灭火法、冷却灭火法、隔离灭火法和化学抑制灭火法。

3.4.1.1　窒息灭火法

窒息灭火法即阻止空气进入燃烧区或用惰性气体稀释空气，使燃烧因得不到足够的氧气而熄灭的灭火方法。

3.4.1.2　冷却灭火法

冷却灭火法即将灭火剂直接喷洒在燃烧着的物体上，将可燃物质的温度降到燃点以下，终止燃烧的灭火方法。也可将灭火剂喷洒在火场附近未燃的易燃物上起冷却作用，防止其受辐射热作用而起火。冷却灭火法是一种常用的灭火方法。

3.4.1.3　隔离灭火法

隔离灭火法即将燃烧物质与附近未燃的可燃物质隔离或疏散开，使燃烧因缺少可燃物质而停止。隔离灭火法也是一种常用的灭火方法。这种灭火方法适用于扑救各种固体、液体和气体火灾。

隔离灭火法常用的具体措施有：

① 将可燃、易燃、易爆物质和氧化剂从燃烧区移出至安全地点；

② 关闭阀门，阻止可燃气体、液体流入燃烧区；

③ 用泡沫覆盖已燃烧的易燃液体表面，把燃烧区与液面隔开，阻止可燃蒸气进入燃烧区；

④ 拆除与燃烧物相连的易燃、可燃建筑物；

⑤ 用水流或用爆炸等方法封闭井口，扑救油气井喷火灾。

3.4.1.4 化学抑制灭火法

化学抑制灭火法是使灭火剂参与到燃烧反应中去，起到抑制反应的作用。具体而言就是使燃烧反应中产生的自由基与灭火剂中的卤素离子相结合，形成稳定分子或低活性的自由基，从而切断氢自由基与氧自由基的连锁反应链，使燃烧停止。

需要指出的是，窒息、冷却、隔离灭火法，在灭火过程中，灭火剂不参与燃烧反应，因而属于物理灭火方法。而化学抑制灭火法则属于化学灭火方法。

还需指出：上述四种灭火方法所对应的具体灭火措施是多种多样的；在灭火过程中，应根据可燃物的性质、燃烧特点、火灾大小、火场的具体条件以及消防技术装备的性能等实际情况，选择一种或几种灭火方法。一般情况下，综合运用几种灭火法效果较好。

3.4.2 灭火剂的种类及灭火原理

灭火剂是能够有效地破坏燃烧条件，终止燃烧的物质。选择灭火剂的基本要求是灭火效能高、使用方便、来源丰富、成本低廉、对人和物基本无害。灭火剂的种类很多，主要可分为水和水系灭火剂、泡沫灭火剂、干粉灭火剂、气体灭火剂（二氧化碳、七氟丙烷等），下面介绍常见的几种。

3.4.2.1 水和水系灭火剂

水的来源丰富，取用方便，价格便宜，是最常用的天然灭火剂。它可以单独使用，也可与不同的化学剂组成混合液使用。水系灭火剂是由水、渗透剂、阻燃剂以及其他添加剂组成，一般以液滴和泡沫混合的形式灭火的液体灭火剂。水系灭火剂具有无毒、无污染、灭火效率高、阻燃和抗风性能较好等优点，也是目前被广泛适用的灭火剂。

(1) 水的灭火原理　主要包括冷却作用、窒息作用和隔离作用。

① 冷却作用。水的比热容较大，当常温水与炽热的燃烧物接触时，在被加热和汽化过程中，就会大量吸收燃烧物的热量，使燃烧物的温度降低而灭火。

② 窒息作用。在密闭的房间或设备中，此作用比较明显。水汽化成水蒸气，体积能扩大 1700 倍，可稀释燃烧区中的可燃气与氧气，使它们的浓度下降，从而使可燃物因"缺氧"而停止燃烧。

③ 隔离作用。在密集水流的机械冲击作用下，将可燃物与火源分隔开而灭火。此外水对水溶性的可燃气体（蒸气）还有吸收作用，这对灭火也有意义。

(2) 灭火用水的几种形式

① 普通无压力水。用容器盛装，人工浇到燃烧物上。

② 加压的密集水流。采用专用设备喷射，灭火效果比普通无压力水好。

③ 雾化水。采用专用设备喷射，因水呈雾滴状，吸热量大，灭火效果更好。

(3) 水系灭火剂的分类　水系灭火剂按性能分为以下两类：一是非抗醇性水系灭火剂（S），适用于扑灭 A 类火灾和 B 类（水溶性和非水溶性液体燃料）火灾；二是抗醇性水系灭火剂（S/AR），适用于扑灭 A 类火灾或 A、B 类（非水溶性液体燃料）火灾。

(4) 水和水系灭火剂的优缺点

优点：

① 与其他灭火剂相比，水的比热容及汽化潜热较大，冷却作用明显。水系灭火剂喷射

后，蒸发火场大量的热量，降温迅速，抑制热辐射活性剂在可燃物表面迅速形成一水膜隔离，氧气降温隔离双重作用，从根本上达到快速灭火的效果。

② 直流水价格便宜，易于远距离输送。

③ 水在化学上呈中性，对人无毒、无害。使用水系灭火剂不易导致二次复燃，防窒息，易清理，不会产生粉尘，安全环保。

缺点：

① 水在0℃下会结冰，当泵暂时停止供水时会在管道中形成冰冻造成堵塞。

② 水对很多物品如档案、图书、珍贵物品等，有破坏作用。

③ 用水扑救橡胶粉、煤粉等火灾时，由于水不能或很难浸透燃烧介质，因而灭火效率很低。必须向水中添加润湿剂才能弥补以上不足。

④ 水系灭火剂不能扑灭C类火灾，比传统的干粉灭火剂价格要贵。

(5) 水灭火剂的适用范围

① 用直流水或开花水可扑救一般固体物质的表面火灾及闪点在120℃以上的重油火灾。

② 用雾状水可扑救阴燃物质火灾、可燃粉尘火灾、电气设备火灾。

③ 用水蒸气可以扑救封闭空间内（如船舱）的火灾。

④ 不能用水进行扑救的情况如下：

a. 忌水性物质，如轻金属、电石等不能用水扑救。因为它们能与水发生化学反应，生成可燃性气体并放热，会扩大火势甚至导致爆炸。

b. 不溶于水，且密度比水小的易燃液体。如汽油、煤油等着火时不能用水扑救。但原油、重油等可用雾状水扑救。

c. 密集水流不能扑救带电设备火灾，也不能扑救可燃性粉尘聚集处的火灾。

d. 不能用密集水流扑救贮存大量浓硫酸、浓硝酸场所的火灾，因为水流能引起酸的飞溅、流散，遇可燃物质后，又有引起燃烧的危险。

e. 高温设备着火不宜用水扑救，因为这会使金属机械强度受到影响。

f. 精密仪器设备、贵重文物档案、图书着火，不宜用水扑救。

3.4.2.2 泡沫灭火剂

凡能与水相溶，并可通过化学反应或机械方法产生灭火泡沫的灭火药剂称为泡沫灭火剂。

(1) 泡沫灭火剂分类　根据泡沫生成机理，泡沫灭火剂可以分为化学泡沫灭火剂和空气泡沫灭火剂。

① 化学泡沫是由酸性或碱性物质及泡沫稳定剂相互作用而生成的膜状气泡群，气泡内主要是二氧化碳气体。化学泡沫虽然具有良好的灭火性能，但由于化学泡沫设备较为复杂、投资大、维护费用高，近年来多采用灭火简单、操作方便的空气（机械）泡沫。

② 空气泡沫又称机械泡沫，是由一定比例的泡沫液、水和空气在泡沫生成器中进行机械混合搅拌而生成的膜状气泡群，泡内一般为空气。

空气泡沫灭火剂按泡沫的发泡倍数，又可分为低倍数泡沫（发泡倍数小于20倍）、中倍数泡沫（发泡倍数在20～200倍）和高倍数泡沫（发泡倍数在200～1000倍）三类。

(2) 泡沫灭火原理

① 由于泡沫中充填大量气体，相对密度小（0.001～0.5），可漂浮于液体的表面或附着于一般可燃固体表面，形成一个泡沫覆盖层，使燃烧物表面与空气隔绝，同时阻断了火焰的热辐射，阻止燃烧物本身或附近可燃物质的蒸发，起到隔离和窒息作用。

② 泡沫析出的水和其他液体有冷却作用。

③ 泡沫受热蒸发产生的水蒸气可降低燃烧物附近的氧浓度。

(3) 泡沫灭火剂适用范围　泡沫灭火剂主要用于扑救不溶于水的可燃、易燃液体，如石油产品等的火灾；也可用于扑救木材、纤维、橡胶等固体物的火灾；高倍数泡沫可有特殊用途，如消除放射性污染等；由于泡沫灭火剂中含有一定量的水，所以不能用来扑救带电设备及忌水性物质引起的火灾。

3.4.2.3　干粉灭火剂

干粉灭火剂是一种干燥的、易于流动的微细固体粉末，由能灭火的基料和防潮剂、流动促进剂、结块防止剂等添加剂组成。灭火时，干粉在气体压力的作用下从容器中喷出，以粉雾的形式灭火。

(1) 干粉灭火剂分类　干粉灭火剂及适用范围，主要分为普通和多用两大类。

普通干粉灭火剂主要是适用于扑救可燃液体、可燃气体及带电设备的火灾。目前，它的品种最多，生产、使用量最大。共包括：

① 以碳酸氢钠为基料的小苏打干粉（钠盐干粉）；
② 以碳酸氢钠为基料，又添加增效基料的改性钠盐干粉；
③ 以碳酸氢钾为基料的钾盐干粉；
④ 以硫酸钾为基料的钾盐干粉；
⑤ 以氯化钾为基料的钾盐干粉；
⑥ 以尿素和以碳酸氢钾或以碳酸氢钠反应产物为基料的氨基干粉。

多用类型的干粉灭火剂不仅适用于扑救可燃液体、可燃气体及带电设备的火灾，还适用于扑救一般固体火灾。它包括：

① 以磷酸盐为基料的干粉；
② 以硫酸铵与磷酸铵盐的混合物为基料的干粉；
③ 以聚磷酸铵为基料的干粉。

(2) 干粉灭火原理　主要包括化学抑制作用、隔离作用、冷却与窒息作用。

① 化学抑制作用。当粉粒与火焰中产生的自由基接触时，自由基被瞬时吸附在粉粒表面，并发生如下反应。

$$M(粉粒) + OH \cdot \longrightarrow MOH$$
$$MOH + H \cdot \longrightarrow M + H_2O$$

由反应式可以看出，借助粉粒的作用，消耗了燃烧反应中的自由基（$OH \cdot$ 和 $H \cdot$），使自由基的数量急剧减少而导致燃烧反应中断，使火焰熄灭。

② 隔离作用。喷出的粉末覆盖在燃烧物表面上，能构成阻碍燃烧的隔离层。

③ 冷却与窒息作用。粉末在高温下，将放出结晶水或发生分解，这些都属于吸热反应，而分解生成的不活泼气体又可稀释燃烧区内的氧气浓度，起到冷却与窒息的作用。

(3) 干粉灭火的优缺点与适用范围

优点：

① 干粉灭火剂综合了泡沫、二氧化碳、卤代烷等灭火剂的特点，灭火效率高；
② 化学干粉的物理化学性质稳定，无毒性，不腐蚀、不导电，易于长期贮存；
③ 干粉适用温度范围广，能在 $-50 \sim 60 ℃$ 温度条件下贮存与使用；
④ 干粉雾能防止热辐射，因而在大型火灾中，即使不穿隔热服也能进行灭火；
⑤ 干粉可用管道进行输送。

由于干粉具有上述优点，它除了适用于扑救易燃液体、忌水性物质火灾外，也适用于扑救油类、油漆、电气设备的火灾。

缺点：

① 在密闭房间中，使用干粉时会形成强烈的粉雾，且灭火后留有残渣，因而不适于扑救精密仪器设备、旋转电机等的火灾。

② 干粉的冷却作用较弱，不能扑救阴燃火灾，不能迅速降低燃烧物品的表面温度，容易发生复燃。因此，干粉若与泡沫或喷雾水配合使用，效果更佳。

3.4.2.4 二氧化碳及惰性气体灭火剂

(1) 灭火原理　二氧化碳灭火剂在消防工作中有较广泛的应用。二氧化碳是以液态形式加压充装于钢瓶中的。当它从灭火器中喷出时，由于突然减压，一部分二氧化碳绝热膨胀、汽化，吸收大量的热量，另一部分二氧化碳迅速冷却成雪花状固体（即"干冰"）。"干冰"温度为-78.5℃，喷向着火处时，立即汽化，起到稀释氧浓度的作用；同时又起到冷却作用；而且大量二氧化碳气体笼罩在燃烧区域周围，还能起到隔离燃烧物与空气的作用。因此，二氧化碳的灭火效率也较高，当二氧化碳占空气浓度的30%～35%时，燃烧就会停止。

(2) 二氧化碳灭火剂的优点及适用范围

① 不导电、不含水，可用于扑救电气设备和部分忌水性物质的火灾。

② 灭火后不留痕迹，可用于扑救精密仪器、机械设备、图书、档案等火灾。

③ 价格低廉。

(3) 二氧化碳灭火剂的缺点

① 冷却作用较差，不能扑救阴燃火灾，且灭火后火焰有复燃的可能。

② 二氧化碳与碱金属（钾、钠）和碱土金属（镁）在高温下会起化学反应，引起爆炸。

$$2Mg + CO_2 \longrightarrow 2MgO + C$$

③ 二氧化碳膨胀时，能产生静电而可能成为点火源。

④ 二氧化碳能导致救火人员窒息。

除二氧化碳外，其他惰性气体如氮气、氩气，也可用作灭火剂。

3.4.2.5 七氟丙烷灭火剂

七氟丙烷灭火剂具有清洁、低毒、良好的电绝缘性、灭火效率高、不破坏大气臭氧层的特点，是可替代淘汰的卤代烷灭火剂的洁净气体，且效果良好。

(1) 灭火原理

① 七氟丙烷灭火剂以液态的形式喷射到保护区域内，在喷出喷头时，液态灭火剂迅速转变为气态，吸收大量的热量，降低了保护区域及火焰周围的温度。

② 七氟丙烷灭火剂是由大分子组成的，灭火时分子中的键断裂也会吸收热量，起到冷却作用。

③ 七氟丙烷在接触到高温表面或火焰时，分解产生活性自由基，大量捕捉、消耗燃烧链式反应中产生的自由基，破坏和抑制燃烧的链式反应，起到迅速将火焰扑灭的作用。

(2) 七氟丙烷灭火剂的优点及适用范围

① 七氟丙烷灭火剂无色、无味、低毒，无毒性反应浓度为9%，有毒性反应浓度为10.5%，七氟丙烷的设计浓度一般小于10%，对人体安全。

② 具有良好的清洁性，在大气中完全汽化不留残渣。

③ 良好的气相电绝缘性。

④ 适用于以全淹没灭火方式扑救电气火灾、液体火灾或可熔固体火灾、固体表面火灾、灭火前能切断气源的气体火灾。

⑤ 可用于保护计算机房、通信机房、变配电室、精密仪器室、发电机房、油库、化学易燃品库房及图书库、资料库、档案库、金库等场所。

⑥ 灭火速度极快，有利于抢救性保护精密电子设备及贵重物品。

3.4.2.6 其他

用砂、土等作为覆盖物也可进行灭火，它们覆盖在燃烧物上，主要起到与空气隔离的作用，其次砂、土等也可从燃烧物吸收热量，起到一定的冷却作用。

【任务实施】

遇到具体火灾，要根据燃烧物性质、火灾大小、火场的具体情况来选择相应的灭火剂。根据常见火灾物质的性质及着火主要特征（表3-4-1）选择正确的灭火剂。

表 3-4-1 常见各类火灾物质性质及着火主要特征

主要性质 火灾物质名称	基本性质					着火特征
	主要成分	燃点/℃	闪点/℃	爆炸极限	相对密度	
木材	C	200～300				燃烧热高达4000～5000cal/g，燃烧温度高，易复燃
橡胶轮胎	烯类有机物（常含有硫化物）	350				本身难燃，但一旦燃烧发生分解反应，生成易燃气体乙烯和有刺激性味道的有毒气体氯气、二氧化硫等
石油	烷烃、环烷烃、芳香烃	380～530	−20～100		0.6～1.06	易燃、比水轻
天然气	CH_4	550		5～15	0.65	易燃，且与空气形成爆炸混合物
金属钾	K				0.97	与水剧烈反应，生成易燃易爆的氢气
计算机						带电，还可能爆炸

根据表3-4-1可以得出，不同类型火灾应选择不同的灭火剂。

① 扑救A类火灾应选用水、泡沫、磷酸铵盐干粉灭火剂，即任务中的木材火灾、橡胶轮胎火灾常选用水。

② 扑救B类火灾应选用干粉、泡沫灭火剂，扑救极性溶剂B类火灾不得选用化学泡沫灭火剂、抗溶性泡沫灭火剂。任务中的石油火灾最好选用蛋白泡沫灭火剂。

③ 扑救C类火灾，如任务中的天然气火灾应选用干粉、二氧化碳灭火剂。

④ 扑救D类火灾，如任务中的金属钾火灾应使用专用灭火剂或砂、土等。金属火灾灭火剂有两种类型：一是粉末型灭火剂；二是液体型灭火剂（如7150灭火剂）。

⑤ 扑救E类火灾，如任务中的计算机着火常选用二氧化碳灭火剂或卤代烷灭火剂，但卤代烷灭火剂毒性较大且破坏臭氧层，不建议使用。

关键与要点

1. 现场发生火灾，应不慌不乱，果断预判，边汇报边处理。
2. 模拟推演消防应急演练要点：

(1) 在确保自身安全的情况下，果断组织疏散现场人员。
(2) 在满足救援条件下，选择正确灭火方式开展灭火施救行动。
(3) 最大程度地保障人员和财产安全。

【考核评价】

对各小组分析及讨论情况进行自我评价、小组评价和教师评价，具体内容见附表3-4。

事故案例分析

A～F类火灾的灭火方法

一、A类火灾

固体物质火灾，这种物质通常具有有机物性质，一般在燃烧时能产生灼热的余烬。比如木材、棉麻、纸张等。

2020年6月17日上午9时52分，湖南省双峰县永丰街道某小区临街门面一物流配送门店发生火灾，造成7人死亡。经调查该起火灾是由未熄灭的烟头引燃包装纸箱引发的。

二、B类火灾

液体或可融化的固体物质火灾。比如汽油、煤油、沥青、石蜡等。

2019年8月9日12时34分，广东深圳龙岗区一间轮胎汽修店发生爆燃，造成4人遇难。

经调查，经营部员工李某、陈某（死者）维修汽车过程中，将拆卸油箱内的汽油倒入塑料桶，移动塑料桶时产生静电火花引起汽油蒸气爆炸并蔓延成灾。

2019年9月29日13时10分许，浙江宁波某日用品有限公司发生重大火灾事故，事故造成19人死亡，3人受伤。

调查认定，该起事故的直接原因是该公司员工孙某将加热后的异构烷烃混合物倒入塑料桶时，因静电放电引起可燃蒸气起火并蔓延成灾。

三、C类火灾

气体火灾。比如煤气、天然气、甲烷等。

2021年6月13日早晨6时30分许，湖北十堰市张湾区某小区发生天然气爆炸，某菜市场被炸毁，事故造成26人死亡，138人受伤。

四、D类火灾

金属火灾。比如钾、钠、镁等。

2021年1月7日18时12分，湖南某科技有限公司老厂车间一铝渣堆垛发生爆炸起火，由于公司领导、员工不清楚火情的属性（金属起火），现场救援人员盲目使用干粉灭火器、水基型灭火器、消防水带进行施救，导致1人死亡，18人受伤。

五、E类火灾

带电火灾，物体带电燃烧的火灾。比如发电机房、变压器室、配电间、电子计算机房等。

2018年11月12日23时48分，辽宁某电厂1号发电机组在停机操作过程中发生故障起火，23时53分2号机打闸停机，13日00时05分500kV启备变跳闸，厂用电全失，保安电力由柴油发电机带出。事故时2号机出力约30万kW，事故导致1号发电机组顶棚坍塌，设备严重受损。

六、F 类火灾

烹饪器具内的烹饪物火灾。比如动植物油脂。

2021 年 6 月 6 日 19 时 41 分，湖南常德市一五层民房发生火灾，一楼大厅、厨房、偏房均有大火蔓延。事后得知，一层的餐饮店，在油炸牛肉的过程中，水溅到油锅里发生了爆燃，继而引发了上面的抽油烟机燃烧。

请问以上各种类型的火灾应该分别使用哪些灭火方法？

【直击工考】

一、选择题

1. 在扑灭带电器具的初起火灾时，不得使用（　　）灭火器。
A. 干粉　　　　　　B. 二氧化碳　　　　C. 七氟丙烷　　　　D. 泡沫

2. 适用于扑灭可燃固体（如木材、棉麻等）、可燃液体（如石油、油脂等）、可燃气体（如液化气、天然气等）以及带电设备的初起火灾的灭火器是（　　）灭火器。
A. 干粉　　　　　　B. 酸碱　　　　　　C. 清水　　　　　　D. 泡沫

3. 扑救电器火灾一般应首先（　　）。
A. 切断火场的电源　B. 救人　　　　　　C. 疏散物资　　　　D. 灭火和救人

4. 下列属于 E 类火灾的是（　　）。
A. 木材火灾　　　　B. 石蜡火灾　　　　C. 钠火灾　　　　　D. 发电机火灾

二、判断题

1. 二氧化碳灭火器可以扑救钾、钠、镁金属火灾。（　　）

2. 某炼油厂油罐区的 2 号汽油罐发生火灾爆炸事故，造成 1 人死亡、3 人轻伤，直接经济损失 420 万元。该油罐为拱顶罐，容量 200m³。油罐进油管从罐顶接入罐内，但未伸到罐底。罐内原有液位计，因失灵已拆除。2008 年 5 月，油罐完成了清罐检修。6 月 6 日 8 时，开始给油罐输油，汽油从罐顶输油时进油管内流速为 2.3～2.5m/s，导致汽油在罐内发生了剧烈喷溅，随即着火爆炸。爆炸把整个罐顶抛离油罐。根据上述事实，为防止静电放电火花引起的燃烧爆炸，可采取的措施有：控制流速、保持良好接地、采用静电消散技术等。（　　）

任务 3.5　消防器材的正确使用

【任务描述】

利用现有的消防器材，开展现场实训演练，熟悉灭火器材的使用方法和技巧。此任务是开展现场实操，熟悉常用灭火器的功能特点和使用方法。要完成此任务，首先要根据着火源的特点，有针对性地开展实操演练，选择正确的灭火器实践演练，并留存相关记录。

【学习目标】

1. 熟悉常用的灭火器的功能特点。
2. 掌握常用的灭火器使用方法，在确保安全的情况下，组织开展演练。

案例导入

2017年6月5日凌晨1时左右，临沂市某石化有限公司储运部装卸区的一辆液化石油气运输罐车在卸车作业过程中发生液化气泄漏，引起重大爆炸着火事故，造成10人死亡，9人受伤，直接经济损失4468万元。事故原因：肇事罐车驾驶员长途奔波、连续作业，在午夜进行液化气卸车作业时，没有严格执行卸车规程，出现严重操作失误，致使快接接口与罐车液相卸料管未能可靠连接，在开启罐车液相球阀瞬间发生脱离，造成罐体内液化气大量泄漏。现场人员未能有效处置，泄漏后的液化气急剧气化，迅速扩散，与空气形成爆炸性混合气体达到爆炸极限，遇点火源发生爆炸燃烧。液化气泄漏区域的持续燃烧，先后导致泄漏车辆罐体、装卸区内停放的其他运输车辆罐体发生爆炸。

分析与讨论：针对案例中的事故，分析事故发生的原因，选择哪种灭火工具进行灭火？

【必备知识】

3.5.1 消防设施

3.5.1.1 消防站

大中型化工厂及石油化工联合企业均应设置消防站。消防站是专门用于消除火灾的专业性机构，拥有相当数量的灭火设备和经过严格训练的消防队员。消防站的服务范围按行车距离计，不得大于2.5km，且应保证在接到火警后，消防车到达火场的时间不超过5min。超过服务范围的场所，应建立消防分站或设置其他消防设施，如泡沫发生站、手提式灭火器等。属于丁、戊类危险性场所的，消防站的服务范围可加大到4km。

消防站的规模应根据发生火灾时消防用水量、灭火剂用量、采用灭火设施的类型、高压或低压消防供水以及消防协作条件等因素综合考虑。

采用半固定或移动式消防设施时，消防车辆应按扑救工厂最大火灾需要的用水量及泡沫、干粉等用量进行配备。当消防车超过六辆时，宜设一辆指挥车。

协作单位可供使用的消防车辆指邻近企业或城镇消防站在接到火警后，10min内能对相邻贮罐进行冷却或20min内能对着火贮罐进行灭火的消防车辆。

3.5.1.2 消防给水设施

专门为消防灭火而设置的给水设施，主要有消防给水管道和消火栓两种。

（1）消防给水管道　简称消防管道，是一种能保证消防所需用水量的给水管道，一般可与生活用水或生产用水的上水管道合并。

消防管道有高压和低压两种。高压消防管道灭火时所需的水压是由固定的消防水泵提供的；低压消防管道灭火时所需的水压是由室外消火栓用消防车或人力移动的水泵提供的。

室外消防管道应布置成环状，输水干管不应少于两条。环状管道应用阀门分为若干独立管段，每段内消火栓数量不宜超过5个。地下水管为闭合的系统，水可以在管内朝各个方向流动，如管网的任何一段损坏，不会导致断水。室内消防管道应有通向室外的支管，支管上应带有消防速合螺母，以备万一发生故障时，可与移动式消防水泵的水龙带连接。

（2）消火栓　消火栓可供消防车吸水，也可直接连接水带放水灭火，是消防供水的基本设备。消火栓按其装置地点可分为室外和室内两类。室外消火栓又可分为地上式和地下式两种。

室外消火栓应沿道路设置，距路边不宜小于 0.5m，不得大于 2m，设置的位置应便于消防车吸水。室外消火栓的数量应按消火栓的保护半径和室外消防用水量确定，间距不应超过 120m。室内消火栓的配置，应保证两个相邻消火栓的充实水柱能够在建筑物最高、最远处相遇。室内消火栓一般设置在明显、易于取用的地点，离地面的距离应为 1.2m。

3-9 室内消火栓

（3）化工生产装置区消防给水设施

① 消防供水竖管。用于框架式结构的露天生产装置区内，竖管沿梯子一侧装设。每层平台上均设有接口，并就近设有消防水带箱，便于冷却和灭火使用。

② 冷却喷淋设备。高度超过 30m 的炼制塔、蒸馏塔或容器，宜设置固定喷淋冷却设备，可用喷水头，也可用喷淋管，冷却水的供给强度可采用 $5L/(min \cdot m^2)$。

3-10 地上式室外消火栓

③ 消防水幕。设置于化工露天生产装置区的消防水幕，可对设备或建筑物进行分隔保护，以阻止火势蔓延。

④ 带架水枪。在火灾危险性较大且高度较高的设备周围，应设置固定式带架水枪，并备移动式带架水枪，以保护重点部位金属设备免受火灾热辐射的威胁。

3.5.2 灭火器材

3.5.2.1 灭火器的类型

灭火器材即移动式灭火器，是扑救初起火灾常用的有效的灭火设备。灭火器的种类很多，按其移动方式分为手提式、推车式和悬挂式；按驱动灭火剂的动力来源可分为储气瓶式、储压式、化学反应式；按所充装的灭火剂又可分为水基型灭火器、二氧化碳灭火器、干粉灭火器、七氟丙烷灭火器等。

二氧化碳灭火器、干粉灭火器、七氟丙烷灭火器的工作原理和适用范围参照任务 3.4 中灭火剂的相关内容。水基型灭火器根据组成的不同可分为清水型灭火器、水基型泡沫灭火器和水基型水雾灭火器。

（1）清水型灭火器　清水灭火器中主要成分为清洁的水，为了提高灭火性能，在清水中加入适量添加剂，如抗冻剂、润湿剂和增黏剂等，它主要依靠冷却和窒息作用进行灭火，因为比热容和蒸发潜热比较大。当水与炽热的燃烧物接触时，在被加热和汽化过程中，就会大量吸收燃烧物的热量，因此它可以使燃烧物体迅速降温，同时水被汽化后形成的水蒸气将占据燃烧区域的空间，稀释燃烧物周围的氧含量，阻碍新鲜空气进入燃烧区，使燃烧区内的氧浓度大大降低，从而达到窒息灭火的目的。此外，喷射水流还能由于水力冲击产生机械作用，冲击燃烧物和火焰，使燃烧强度显著减弱，它主要用于扑救固体物质火灾，如木材、棉麻、纺织品等 A 类物质火灾的初起火灾。

（2）水基型泡沫灭火器　水基型泡沫灭火器主要成分由碳氢表面活性剂、氟碳表面活性剂以及烃类液体组成，通常与氮气充装至灭火器中，适用于 A、B、F 类型火灾，广泛应用于油田、油库、轮船、工厂、商店等场所，是预防火灾发生保障人民生命财产的必备消防装备。具有操作简单、灭火效率高、使用时不须倒置、有效期长、抗复燃、双重灭火等优点，能扑灭可燃固体、液体的初起火灾，是木竹类、织物、纸张及油类物质的开发加工、贮运等场所的消防必备品。

（3）水基型水雾灭火器　水基型水雾灭火器是一种新型灭火器，适用于 A、B、E、F 类型火灾，能在 3s 内将一般火势熄灭不复燃，并且具有将近千摄氏度的高温瞬间降至 30～40℃的功效，主要适合配置在具有可燃固体物质的场所，如商场、饭店、写字楼、学校、旅游场所、娱乐场所、纺织厂、橡胶厂、纸制品厂、煤矿厂甚至家庭等。

3-11 二氧化碳灭火器　　3-12 干粉灭火器　　3-13 水基型灭火器　　3-14 推车式灭火器

3.5.2.2　常用灭火器的使用方法

灭火器应放置在明显、取用方便、不易被损坏的地方，并应定期检查，过期更换，以确保正常使用。常用灭火器的使用方法和用途见表 3-5-1。

表 3-5-1　常用灭火器的使用方法和用途

灭火器材名称	使用方法和用途	图解
二氧化碳灭火器	使用时，液态二氧化碳从灭火器喷出后迅速蒸发，变成固体雪花状的二氧化碳，又称干冰，其温度为-78℃。固体二氧化碳在燃烧物体上迅速挥发而变成气体。当二氧化碳气体在空气中的含量达到30%~35%时，物质燃烧就会停止。二氧化碳灭火器主要适用于扑救贵重设备、档案资料、仪器仪表、额定电压600V以下的电器及油脂等的火灾。但不适用于扑灭金属钾、钠引发的火灾。它分为手轮式和鸭嘴式两种手提灭火器。大容量的推车式鸭嘴式灭火器的用法：一手拿喷筒对准火源，一手握紧鸭舌，气体即可喷出。二氧化碳导电性差，电压超过600V必须先停电后灭火。使用时不要用手摸金属导管，也不要把喷筒对着人，以防冻伤。喷射方向应顺风	鸭嘴式二氧化碳灭火器示意图 (a) 结构图　(b) 使用方法 1—启闭阀门；2—气桶；3—虹吸管；4—喷筒
干粉灭火器	常见的干粉灭火器主要包含2种，一是磷酸铵盐干粉灭火器（又称ABC干粉），适用于扑救易燃固体、易燃液体、可切断气源可燃气体和电气设备的初起火灾；二是碳酸氢钠干粉灭火器（又称BC干粉），适用于扑救易燃液体、可切断气源可燃气体和电气设备的初起火灾。 使用步骤： 1. 检查灭火器是否在正常的工作压力范围内，一般选用灭火器的指针至少要在绿色区域。 2. 将灭火器上下颠倒几次，使里面的干粉松动。 3. 去除铅封或者塑封，拔掉保险销。 4. 一只手握住压把，另一只手抓好喷管，将灭火器竖直放置；当用力按下压把时，干粉便会从喷管里面喷出。 5. 喷射时，要对准火焰根部，站在上风向离火焰根部距离2m左右	干粉灭火器示意图 (a) 结构图　(b) 使用方法 1—进气管；2—喷管；3—出粉管； 4—钢瓶；5—粉筒；6—筒盖；7—压把； 8—保险销；9—提把；10—钢字；11—防潮堵

化工厂需要的小型灭火器的种类及数量,应根据化工厂内燃烧物料性质、火灾危险性、可燃物数量、厂房和库房的占地面积以及固定灭火设施对扑救初起火灾的可能性等因素,综合考虑决定。一般情况下,灭火器的设置可参照表3-5-2。

3-15 灭火器的正确使用

表 3-5-2 灭火器的设置

场所	设置数量/(个/m²)	备注
甲、乙类露天生产装置	1/50~1/100	① 装置占地面积大于1000m²时选用小值,小于1000m²时选用大值 ② 不足一个单位面积,但超过其50%时,可按一个单位面积计算
丙类露天生产装置	1/200~1/150	
甲、乙类生产建筑物	1/50	
丙类生产建筑物	1/80	
甲、乙类仓库	1/80	
丙类仓库	1/100	
易燃和可燃液体装卸栈台	按栈台长度每10~15m设置1个	可设置干粉灭火机
液化石油气、可燃气体罐区	按贮罐数量每贮罐设置两个	可设置干粉灭火机

【任务实施】

(1) 室内消火栓使用流程
① 打开或击碎窗门。
② 取出水带和水枪,将水带向着火源点延伸展开。
③ 一人接好枪头和水带奔向起火点,另一人将水带和消火栓上的阀门接好。
④ 逆时针缓慢打开消火栓上的阀门,两人手握水枪头及水管,对准火源根部即可灭火。

(2) 消火栓使用注意事项
① 用消火栓灭火至少应有三人协同操作,两人握住水枪,一人开阀。
② 防止水枪与水带、水带与阀门脱开,造成高压水伤人。

3-16 消火栓的使用

③ 铺设水带时应避免骤然曲折,以防止降低耐水压的能力;还应避免扭转,以防止充水后水带转动而使内扣式水带接口脱开。需要改变位置时要尽量将水带抬起移动,以减少水带与地面的摩擦损坏。
④ 避免与油类、酸、碱等有腐蚀性的化学物品接触。在有火焰或强辐射热的区域,应采用棉或麻质水带。
⑤ 寒冷地区建筑物外部应使用有衬里水带,以免水带冻结。
⑥ 应先检查是否断电,断电后方可进行施救。
⑦ 使用消火栓救火,尽量避免消防水流向电梯厅。
⑧ 用完水带后应清洗干净,无衬里的水带要挂晒,然后盘卷保存于阴凉干燥处。

(3) 消火栓的使用与维护
① 使用和存放时,应避免摔、撞和重压,以防变形而使装拆困难。
② 连接之前,应认真检查滑槽和密封部位,若有污泥和砂粒等杂质须及时清除,以防密封不良。
③ 存放时避免与酸、碱等化学药品等接触,以防金属件腐蚀和橡胶密封圈变质。

关键与要点

1. 消防器材的分类和使用方法。
2. 根据现场实训条件，设定火情，选择正确的灭火工具。
3. 思考如何开展团结协作扑救现场火灾。

【考核评价】

对各小组分析及讨论情况进行自我评价、小组评价和教师评价，具体内容见附表3-5。

事故案例分析

山东省济南市某化工厂银粉车间带轮与螺栓相摩擦引发火灾

某年1月，山东省济南市某化工厂银粉车间筛干粉工序，由于带轮与螺栓相摩擦产生火花，引起地面散落的银粉燃烧。由于车间狭窄人多，职工又缺乏安全知识，扑救方法不当，而使银粉粉尘飞扬起来，造成空间银粉粉尘浓度增大，达到爆炸极限，引起粉尘爆炸，并形成大火，酿成灾害。死亡17人，重伤11人，轻伤33人，烧毁车间116m^{2}以及大量银粉和机器设备，直接经济损失15万元，全厂停产32天。

1. 请分析事故的成因。
2. 请给出事故的应对方案。

【直击工考】

一、单项选择题

1. 用灭火器灭火时，灭火器的喷射口应该对准火焰的（　　）。
   A. 上部　　　　　　　　　　B. 中部
   C. 根部　　　　　　　　　　D. 外部
2. 灭火的基本方法有四种：冷却灭火法、隔离灭火法、窒息灭火法和（　　）灭火法。
   A. 分离　　　　　　　　　　B. 关阀断料
   C. 开阀导流　　　　　　　　D. 抑制

二、判断题

1. 扑救爆炸物品火灾可选择用沙土盖压的方式灭火。（　　）
2. 二氧化碳灭火器可以扑救钾、钠、镁金属火灾。（　　）
3. 干粉灭火器压力表的指针在红色区域也可以使用。（　　）
4. 当钠和钾着火时可用大量的水去灭火。（　　）

任务 3.6 初起火灾的消防应急处理

【任务描述】

利用现有实训条件,设定火灾情景,制订消防应急预案,综合分析现场情况,开展现场演练。任务要求是综合分析火灾情景,高效果断处置现场灾情。要完成此任务,首先要根据现场火灾情况,及时准确预判,协调组织人员果断运用配备的灭火器材把火灾消灭在初起阶段,或使其得到有效的控制,为专业消防队赶到现场赢得时间,最大程度地保障人员和财产安全。

【学习目标】

1. 综合分析现场火灾情景,完善消防演练应急预案。
2. 熟练掌握现场处置程序,加强团队协作,果断地运用现有的灭火器材把火灾消灭在初起阶段。

 案例导入

某年1月,山东省济南市某化工厂银粉车间筛干粉工序,由于带轮与螺栓相摩擦产生火花,引起地面散落的银粉燃烧。由于车间狭窄人多,职工又缺乏安全知识,扑救方法不当,而使银粉粉尘飞扬起来,造成空间银粉粉尘浓度增大,达到爆炸极限,引起粉尘爆炸,并形成大火,酿成灾害。死亡17人,重伤11人,轻伤33人,烧毁车间116m^2以及大量银粉和机器设备,直接经济损失15万元,全厂停产32天。

分析与讨论:针对案例中的事故,在火灾发生初期,你应该如何处理?

【必备知识】

从小到大、由弱到强是大多数火灾的规律。在生产过程中,及时发现并扑救初起火灾,对保障生产安全及生命财产安全具有重大意义。因此,在化工生产中,训练有素的现场人员一旦发现火情,除迅速报告火警之外,应果断地运用配备的灭火器材把火灾消灭在初起阶段,或使其得到有效的控制,为专业消防队赶到现场赢得时间。

3.6.1 生产装置初起火灾的扑救

当生产装置发生火灾爆炸事故时,在场人员应迅速采取如下措施。

① 迅速查清着火部位、着火物质的来源,及时准确地关闭阀门,切断物料来源及各种加热源;开启冷却水、消防蒸汽等,进行有效冷却或有效隔离;关闭通风装置,防止风助火势或沿通风管道蔓延。从而有效地控制火势以利于灭火。

② 带有压力的设备物料泄漏引起着火时,应切断进料并及时开启泄压阀门,进行紧急放空,同时将物料排入火炬系统或其他安全部位,以利于灭火。

③ 现场当班人员应迅速果断地做出是否停车的决定,并及时向厂调度室报告情况和向消防部门报警。

④ 装置发生火灾后，当班的班长应对装置采取准确的工艺措施，并充分利用现有的消防设施及灭火器材进行灭火。若火势一时难以扑灭，则要采取防止火势蔓延的措施，保护要害部位，转移危险物质。

⑤ 特殊情况下，可向当地政府领导下的消防队报警，拨打报警电话119，报警时应说清以下情况：火灾发生的单位和详细地址；燃烧物的种类名称；火势程度；附近有无消防给水设施；报警者姓名和单位。在专业消防人员到达火场时，生产装置的负责人应主动向消防指挥人员介绍情况，说明着火部位、物质情况、设备及工艺状况，以及已采取的措施等。

3.6.2 易燃、可燃液体贮罐初起火灾的扑救

① 易燃、可燃液体贮罐发生着火、爆炸，特别是罐区某一贮罐发生着火、爆炸，是非常危险的。一旦发现火情，应迅速向消防部门报警，并向厂调度室报告。报警和报告中需说明罐区的位置、着火罐的位号及贮存物料的情况，以便消防部门迅速赶赴火场进行扑救。

② 若着火罐尚在进料，必须采取措施迅速切断进料。如无法关闭进料阀，可在消防水枪的掩护下进行抢关，或通知送料单位停止送料。

③ 若着火罐区有固定泡沫发生站，则应立即启动该装置。开通着火罐的泡沫阀门，利用泡沫灭火。

④ 若着火罐为压力装置，应迅速打开水喷淋设施，对着火罐和邻近贮罐进行冷却保护，以防止升温、升压引起爆炸，打开紧急放空阀门进行安全泄压。

⑤ 火场指挥员应根据具体情况，组织人员采取有效措施防止物料流散，避免火势扩大，并注意对邻近贮罐的保护以及减少人员伤亡和火势的扩大。

3.6.3 电气初起火灾的扑救

3-17 常见初起（期）火灾的扑救

（1）电气火灾的特点　电气设备着火时，着火场所的很多电气设备可能是带电的。扑救带电电气设备时，应注意现场周围可能存在着较高的接触电压和跨步电压；同时还有一些设备着火时是绝缘油在燃烧。如电力变压器、多油开关等设备内的绝缘油，受热后可能发生喷油和爆炸事故，进而使火灾事故扩大。

（2）扑救时的安全措施　扑救电气火灾时，应首先切断电源。切断电源时应严格按照规程要求操作。

① 火灾发生后，电气设备绝缘已经受损，应用绝缘良好的工具操作。

② 选好电源切断点。切断电源地点要选择适当。夜间切断要考虑临时照明问题。

③ 若需剪断电线时，应注意非同相电线应在不同部位剪断，以免造成短路。剪断电线部位应有支撑物支撑电线的地方，避免电线落地造成短路或触电事故。

④ 切断电源时如需电力等部门配合，应迅速联系，报告情况，提出断电要求。

（3）带电扑救时的特殊安全措施　为了争取灭火时间，来不及切断电源或因生产需要不允许断电时，要注意以下几点。

① 带电体与人体保持必要的安全距离。一般室内应大于4m，室外不应小于8m。

② 选用不导电灭火剂对电气设备灭火。机体喷嘴与带电体的最小距离：10kV及以下，大于0.4m；35kV及以下，大于0.6m。

用水枪喷射灭火时，水枪喷嘴处应有接地措施。灭火人员应使用绝缘护具，如绝缘手套、绝缘靴等并采用均压措施。其喷嘴与带电体的最小距离：110kV及以下，大于3m；220kV及以下，大于5m。

③ 对架空线路及空中设备灭火时，人体位置与带电体之间的仰角不超过45°，以防电线断

落伤人。如遇带电导体断落至地面,要划清警戒区,防止跨步电压伤人。

(4) 充油设备的灭火

① 充油设备中,油的闪点多在130~140℃之间,一旦着火,危险性较大。如果在设备外部着火,可用二氧化碳、1211、干粉等灭火器带电灭火。如油箱破坏,出现喷油燃烧,且火势很大时,除切断电源外,有事故油坑的,应设法将油导入油坑。油坑中及地面上的油火,可用泡沫灭火。要防止油火进入电缆沟。如油火顺沟蔓延,这时电缆沟内的火,只能用泡沫扑灭。

② 充油设备灭火时,应先喷射边缘,后喷射中心,以免油火蔓延扩大。

3.6.4 人身着火的扑救

人身着火多数是由工作场所发生火灾、爆炸事故或扑救火灾引起的。也有因用汽油、苯、酒精、丙酮等易燃油品和溶剂擦洗机械或衣物,遇到明火或静电火花而引起的。当人身着火时,应采取如下措施。

① 若衣服着火又不能及时扑灭,则应迅速脱掉衣服,防止烧坏皮肤。若来不及或无法脱掉应就地打滚,用身体压灭火种。切记不可跑动,否则风助火势会造成严重后果。就地用水灭火效果会更好。

② 如果人身溅上油类而着火,其燃烧速度很快。人体的裸露部分,如手、脸和颈部最易烧伤。此时伤痛难忍,神经紧张,会本能地以跑动逃脱。在场的人应立即制止其跑动,将其搂倒,用石棉布、海草、棉衣、棉被等物覆盖,用水浸湿后覆盖效果更好。用灭火器扑救时,注意不要对着脸部。

③ 在现场抢救烧伤患者时,应特别注意保护烧伤部位,不要碰破皮肤,以防感染。大面积烧伤患者往往会因为伤势过重而休克,此时伤者的舌头易收缩而堵塞咽喉,发生窒息而死亡。在场人员将伤者的嘴撬开,将舌头拉出,保证呼吸畅通。同时用被褥将伤者轻轻裹起,送往医院治疗。

【任务实施】

2020年12月21日10时51分,市消防救援支队指挥中心接到报警,称位于芙蓉区东湖街道某大学学生宿舍13栋4楼411室突然起火。

经过调查,火灾原因为前一天晚上,学生使用大功率电器,结果跳闸断电。第二天,学生到宿管处请求恢复用电后便离开宿舍去上体育课,忘记关闭仍放在棉被上的吹风机及电插板开关,导致了这一起火灾事故的发生。

(1) 请根据以上情境,制订校园初起火灾的消防应急预案 消防应急预案的内容包括:①单位基本情况;②应急组织机构;③火情预想;④报警和接警处置程序;⑤扑救初火的程序和措施;⑥应急疏散的组织程序和措施;⑦通信联络、安全防护救护的程序和措施;⑧灭火和应急疏散计划图;⑨注意事项。

(2) 利用现有实训条件,开展现场演练

① 立即报警。当接到现场火灾发生信息后,指挥小组立即拨打"119"火警电话,并及时通知应急领导小组,以便领导了解和指挥扑救火灾事故。

② 组织扑救火灾。当现场发生火灾后,除及时报警外,应急领导小组要立即组织义务消防队员和员工进行扑救,扑救火灾时按照"先控制、后灭火,救人重于救火,先重点后一般"的灭火战术原则。并派人及时切断电源,组织抢救伤亡人员,隔离火灾危险源和重要物资,充分利用现场中的消防设施器材进行灭火。

③ 协助消防队员灭火。在自救的基础上,当专业消防队到达火灾现场后,火灾事故应急

指挥小组要简要地向消防队负责人说明火灾情况,并全力支持消防队员灭火,要听从消防队的指挥,齐心协力,共同灭火。

④ 伤员身上燃烧的衣物一时难以脱下时,可让伤员躺在地上滚动,或用水扑灭火焰。

⑤ 保护现场。当火灾发生时和扑救完毕后,指挥小组要派人保护好现场,维护好现场秩序,等待对事故原因及责任人的调查。同时应立即采取善后工作,及时清理,将火灾造成的垃圾分类处理并采取其他有效措施,从而将火灾事故对环境造成的污染降低到最低限度。

3-18 火灾中如何逃生与自救

关键与要点

1. 当生产装置发生火灾爆炸事故时,查清火源,阻断可燃物。
2. 根据现场实训条件,设定火情,选择正确的灭火工具。
3. 思考如何通过团结协作扑救现场火灾。

【考核评价】

对各小组分析及讨论情况进行自我评价、小组评价和教师评价,具体内容见附表3-6。

事故案例分析

某俱乐部消防安全防控及应急措施均未到位引起火灾

某俱乐部位于深圳市龙岗区龙岗街道龙东村综合楼三至五层,经营场所为一间演艺大厅和10间包房,面积共约1000m^2,可容纳380人左右。该俱乐部内部装修违规使用易燃材料,未通过消防验收。该俱乐部于2007年9月8日开业,无营业执照,无文化经营许可证,消防验收不合格,属于无牌无照擅自经营。

(1) 起火简要经过 事发时,俱乐部内有数百人正在看歌舞表演,火灾是由于23时该俱乐部员工王某在演艺大厅表演节目时,使用自制道具手枪发射烟花弹,引燃天花板聚氨酯泡沫塑料所致。

(2) 初起火灾的处置情况 火灾初期,工作人员虽然用手提式干粉灭火器进行灭火,启动了自动灭火设施,但均未能有效控制火势,大火迅速蔓延,产生大量浓烟和毒气,楼层随即断电,排烟设施失效,致使能见度在强光灯照射下不足1m。

起火点位于该俱乐部三层,现场有一条大约10m长的狭窄过道。由于应急灯配置严重不足,加上疏散通道狭窄复杂,大厅玻璃镜墙反光,误导了逃生路线。事故发生时,在场观看表演的顾客和工作人员近500人,现场人员逃出时,过道上十分拥挤,由于缺乏及时有效的组织引导,造成顾客心理极度恐慌,无法及时找到疏散出口,进而出现拥挤和踩踏,造成惨剧。

深圳市龙岗区某俱乐部发生特大火灾事故,过火面积150m^2,造成44人死亡,58人受伤(其中8人重伤),直接经济损失1589.76万元。

讨论:请分析事故的成因,并给出事故的应对方案。

【直击工考】

一、单项选择题

1. 依据《中华人民共和国消防法》的规定，商场营业期间发生严重火灾时，下列灭火救援的做法，错误的是（　　）。
   A. 商场组织火灾现场扑救时，优先抢救贵重物品
   B. 商场员工立即组织、引导在场人员疏散撤离
   C. 消防队接到报警后立即赶赴现场，救助遇险人员，实施扑救
   D. 医疗单位及时赶赴现场，实施伤员救治

2. 根据《中华人民共和国消防法》，生产经营单位发生火灾后，负责统一组织和指挥火灾现场扑救的单位是（　　）。
   A. 火灾发生单位上级部门　　　　B. 火灾发生单位消防部门
   C. 公安机关消防机构　　　　　　D. 人民政府安全监管部门

3. 在火灾中，由于毒性造成人员伤亡的罪魁祸首是（　　）。
   A. CO_2　　　B. NO　　　C. SO_2　　　D. CO

4. 对比水轻又不溶于水的易燃和可燃液体，如苯、甲苯、汽油、煤油、轻柴油等的火灾，不可以（　　）。
   A. 用水冲　　　B. 用泡沫覆盖　　　C. 用沙掩盖　　　D. 用二氧化碳灭火剂

二、多项选择题

1. 事故救援的特点是应急救援行动必须（　　）。
   A. 预见　　　B. 迅速　　　C. 准确　　　D. 有效

2. 以下说法正确的是（　　）。
   A. 有害物品和腐蚀性物品火灾扑救还应搞好个人防护措施，使用防毒面盔、面罩等
   B. 易燃气体有氢气、煤气、乙炔、乙烯、甲烷、氨、石油气等。易燃气体具有经撞击、受热或遇火花发生燃烧爆炸的危险
   C. 自燃物品起火时，除三乙基铝和铝铁溶剂等不能用水扑救外，一般可用大量的水进行灭火，也可用砂土、二氧化碳和干粉灭火剂灭火
   D. 三乙基铝遇水产生乙烷，燃烧时温度极高，所以能够用水灭火

3. 遇水燃烧物质指与水或酸接触会产生可燃气体，同时放出高热，引起可燃气体着火爆炸的物质。下列物质属于遇水燃烧的是（　　）。
   A. 碳化钙　　　B. 碳酸钙　　　C. 锌粉　　　D. 硝化棉

单元4

工业防毒技术

单元引入

化工生产的原料、产品及废弃物种类多，性质复杂，其毒性是广泛存在的。在生产、使用、储存、运输有毒化学品过程中发生意外泄漏，造成人体在短时间内接触大剂量有毒物质，引起机体中毒病变、化学损伤、残疾或死亡事故，不仅给个人带来痛苦，同时也给国家造成重大的经济损失和不良的社会影响。近年来，因盲目施救导致救援人员在救援过程中发生中毒的案件屡屡发生，值得思考和关注。因此，必须重视工业防毒工作。

单元目标

知识目标
1. 掌握工业毒物的分类及毒性影响因素。
2. 掌握常见工业毒物的危害及其防护措施。
3. 熟悉综合防毒措施的基本内容。
4. 掌握呼吸防护用品的使用方法和步骤。
5. 掌握急性中毒现场救护的方法。

能力目标
1. 具有正确使用个体防护设施进行个人防护的能力。
2. 初步具有急性中毒现场急救的能力。

素质目标
1. 树立以人为本、生命至上的价值观，追求安全和健康发展。
2. 具备强烈的责任感和勇于担当、甘于奉献的职业精神。
3. 培养团队合作与应急处置能力。

单元解析

本单元主要介绍工业防毒技术，包括认识工业毒物及其危害、制订工业毒物防护措施、规范使用呼吸防护用品、急性中毒的现场救护等任务内容。重点：掌握个体防护措施和急性中毒现场救护方法。难点：掌握化工生产过程中常用防毒器具的使用环境和操作方法。

任务 4.1 认识工业毒物及其危害

【任务描述】

依据工业毒物基本知识资料，列举出工业毒物的分类，归纳常见的工业毒物的危害及预防措施。

【学习目标】

1. 能够列举工业毒物的分类，阐述影响毒性的主要因素。
2. 能够分类归纳常见工业毒物的危害及预防措施。

  案例导入

某日下午4点30分，某造纸厂发生一起急性中毒事故。中毒11人，死亡3人。中毒事故发生的车间有一个贮浆池（直径和深度为3m左右，存纸浆用）及一个副池（放抽浆泵和电动机）。该车间因检修而停产一月余（正常生产情况下，纸浆只存1~2天）。下午4点30分，工人下副池检修抽浆泵、电动机及管道，启动泵几分钟后，泵的橡胶管破裂，纸浆从管内喷出，立即停泵。工人李某马上下池内进行修理，一到池底立即摔倒在地；工人黄某看见李某摔倒在池内，认为是触电，即刻切断电源，下去抢救，到了池底黄某也昏倒了。经分析认为池内有毒气，随即用风机送风。然后，石某又下池抢救，突然感到鼻子发酸，咽部发苦发辣，当他伸手去拉黄某时，已感到两手不能自主，他屏住气返回到池口，已失去知觉。后来又连续下去三个工人抢救均未成功。技术员姜某从另一车间闻讯赶来即下池抢救，下去后也昏倒在池底。再向池内送风，后来先后又下去四人，均戴上三层用水浸湿的口罩，腰间系了绳子，经过20min抢救将池下三人拉了上来。因中毒时间较长，三人呼吸、心跳均已停止；其余8人，1人深度昏迷，抢救12h苏醒，3人昏迷5~10min苏醒，4人未昏迷。到现场的调查者能嗅到明显的臭鸡蛋味，进行动物实验结果：先后将两只鸡用绳子悬入池底，15s出现烦躁不安，20s昏倒。

分析与讨论： 针对上述案例描述，请判别该事故的性质，试分析导致事故的工业毒物是什么？该种毒物对人体会造成什么危害？应采取什么预防措施？

【必备知识】

4.1.1 工业毒物及其分类

4.1.1.1 工业毒物与职业中毒

广而言之，凡作用于人体并产生有害作用的物质都可称之为毒物。而狭义的毒物概念指少量进入人体即可导致中毒的物质。通常所说的毒物主要指狭义的毒物。而工业毒物指在工业生产过程中所使用或产生的毒物。如化工生产中所使用的原材料，生产过程中的产品、中间产品、副产品以及含于其中的杂质，生产中的"三废"排放物中的毒物等均属于工业毒物。

4-1 工业毒物的分类及毒性

毒物侵入人体后与人体组织发生化学或物理化学作用，并在一定条件下破坏人体的正常生理机能，引起某些器官和系统发生暂时性或永久性的病变，这种病变称之为中毒。在生产过程中由工业毒物引起的中毒即为职业中毒。因此判断是否为"职业中毒"首先应看三个要素是否同时具备，即"生产过程中""工业毒物"和"中毒"，上述三要素是必要条件。

应该指出，毒物的含义是相对的。首先，物质只有在特定条件下作用于人体才具有毒性。其次，物质只要具备了一定的条件，就可能出现毒害作用。如职业中毒的发生，不仅与毒物本身的性质有关，还与毒物侵入人体的途径及数量、接触时间及身体状况、防护条件等多种因素有关。因此在研究毒物的毒性影响时，必须考虑这些相关因素。再次，具体讲某种物质是否有毒，则与它的数量及作用条件有直接关系。例如，在人体内，含有一定数量的铅、汞等物质，但不能说由于这些物质的存在就判定发生了中毒。通常一种物质只有达到中毒剂量时，才能称之为毒物。如氯化钠日常可作为食用，但人一次服用200~250g就可能会致死。此外，毒物的作用条件也很重要，当条件改变时，甚至一般非毒性的物质也会具有毒性。如氯化钠溅到鼻黏膜上会引起溃疡，甚至使鼻中隔穿孔；氮在9.1MPa下有显著的麻醉作用。

4.1.1.2 工业毒物的分类

化工生产中，工业毒物是广泛存在的。据世界卫生组织的估计，全世界工农业生产中的化学物质约有60多万种。据国际潜在有毒化学物登记中心统计，1976—1979年该中心就登记了33万种化学物，其中许多物质对人体有毒害作用。由于毒物的化学性质各不相同，因此分类的方法很多。以下介绍几种常用的分类。

(1) 按物理形态分类

① 气体。指在常温常压下呈气态的物质。如常见的一氧化碳、氯气、氨气、二氧化硫等。

② 蒸气。指液体蒸发、固体升华而形成的气体。前者如苯、汽油蒸气等，后者如熔磷时的磷蒸气等。

③ 烟。又称烟尘或烟气，为悬浮在空气中的固体微粒，其直径一般小于1μm。有机物加热或燃烧时可产生烟，如塑料、橡胶热加工时产生的烟；金属冶炼时也可产生烟，如炼钢、炼铁时产生的烟尘。

④ 雾。为悬浮于空气中的液体微粒，多为蒸气冷凝或液体喷射所形成。如铬电镀时产生的铬酸雾，喷漆作业时产生的漆雾等。

⑤ 粉尘。为悬浮于空气中的固体微粒，其直径一般大于1μm，多为固体物料经机械粉碎、研磨时形成或粉状物料在加工、包装、贮运过程中产生。如制造铅丹颜料时产生的铅尘，水泥、耐火材料加工过程中产生的粉尘等。

(2) 按化学类属分类

① 无机毒物。主要包括金属与金属盐、酸、碱及其他无机化合物。

② 有机毒物。主要包括脂肪族碳氢化合物、芳香族碳氢化合物及其他有机物。随着化学合成工业的迅速发展，有机化合物的种类日益增多，因此有机毒物的数量也随之增加。

(3) 按毒物对机体的毒作用分类

① 刺激性毒物。酸的蒸气、氯、氨、二氧化硫等均属此类毒物。

② 窒息性毒物。常见的如一氧化碳、硫化氢、氰化氢等。

③ 麻醉性毒物。芳香族化合物、醇类、脂肪族硫化物、苯胺、硝基苯等均属此类毒物。

④ 全身性毒物。其中以金属为多，如铅、汞等。

4.1.2 工业毒物的毒性及其影响因素

4.1.2.1 工业毒物的毒性

毒物的剂量与反应之间的关系，用"毒性"一词来表示，毒性反映了化学物质对人体产生有害作用的能力。毒性的计量单位一般以化学物质引起实验动物某种毒性反应所需的剂量表示，如绝对致死剂量 LD_{100}、半数致死剂量 LD_{50}、最小致死剂量 MLD 等。对于吸入中毒，则用空气中该物质的浓度表示。某种毒物的致死剂量（浓度）越小，表示该物质毒性越大。

4.1.2.2 影响毒性的因素

工业毒物的毒性大小或作用特点常因其本身的理化特性、毒物间的联合作用、环境条件及个体的差异等许多因素而异。

(1) 物质的化学结构对毒性影响　各种毒物的毒性之所以存在差异，主要是基于其分子化学结构的不同。如在碳氢化合物中，存在以下规律：

① 在脂肪族烃类化合物中，其麻醉作用随分子中碳原子数的增加而增加；

② 化合物分子结构中的不饱和键数量越多，其毒性越大；

③ 一般分子结构对称的化合物，其毒性大于不对称的化合物；

④ 在碳烷烃化合物中，一般而言，直链比支链的毒性大；

⑤ 毒物分子中某些元素或原子团对其毒性大小有显著影响，如在脂肪族碳氢化合物中带入卤族元素，芳香族碳氢化合物中带入氨基或硝基，苯胺衍生物中以氧、硫或羟基置换氢时，毒性显著增大。

(2) 物质的物理化学性质对毒性的影响　物质的物理化学性质是多方面的，其中影响人体的毒性作用主要有三个方面。

① 可溶性。毒物（如在体液中）的可溶性越大，其毒性作用越大。如三氧化二砷在水中的溶解度比三硫化二砷大三万倍，故前者毒性大，后者毒性小。应注意，毒物在不同液体中的溶解度不同；不溶于水的物质，有可能溶解于脂肪和类脂肪中。如硫化铅虽不溶于水，但在胃液中却能溶解 2.5%；又如氯气易溶于上呼吸道的黏液中，因而氯气对上呼吸道可产生损害；黄丹微溶于水，但易溶于血清中等。

② 挥发性。毒物的挥发性越大，其在空气中的浓度越大，进入人体的量越大，对人体的危害也就越大，毒作用越大。如苯、乙醚、三氯甲烷、四氯化碳等都是挥发性大的物质，它们对人体的危害也严重。而乙二醇的毒性虽高但挥发性小，只为乙醚的 1/2625，故严重中毒的事故很少发生。有些物质的毒性本不大，但因为挥发性大，也会具有较大的危害性。

③ 分散度。毒物的颗粒越小，即分散度越大，则其化学活性越强，更易于随人的呼吸进入人体，因而毒作用越大。如锌等金属物质本身并无毒，但加热形成烟状氧化物时，可与体内蛋白质作用，产生异性蛋白而引起发烧，称为"铸造热"。

(3) 毒物的联合作用　在生产环境中，现场人员接触到的毒物往往不是单一的，而是多种毒物共存，所以必须了解多种毒物对人体的联合作用。毒物联合作用的综合毒性有以下三种情况。

① 相加作用。当两种以上的毒物同时存在于作业场所环境中时，它们的综合毒性为各个毒物毒性作用的总和。如碳氢化合物在麻醉方面的联合作用即属此种情况。

② 相乘作用。即多种毒物联合作用的毒性大大超过各个毒物毒性的总和，又称增毒作用。例如二氧化硫被单独吸入时，多数引起上呼吸道炎症，如果将二氧化硫混入含锌烟雾气溶胶中，就会使其毒性加大一倍以上。一氧化碳和二氧化硫、一氧化碳和氮氧化物共存时也都属于相乘作用。

③ 拮抗作用。即多种毒物联合作用的毒性低于各种毒物毒性的总和。如氨和氯的联合作用即属此类。

此外，生产性毒物与生活性毒物的联合作用也很常见。如嗜酒的人易引起中毒，因为酒精可增加铅、汞、砷、四氯化碳、甲苯、二甲苯、氨基和硝基苯、硝化甘油、氮氧化物以及硝基氯苯等毒物的吸收能力，故接触这类物质的人不宜饮酒。

（4）生产环境和劳动强度与毒性的关系　不同的生产方法影响毒物产生的数量和存在状态，不同的操作方法影响人与毒物的接触机会；生产环境如温度、湿度、气压等的不同也能影响毒物作用。如高温条件可促进毒物的挥发，使空气中毒物的浓度增加；环境中较高的湿度，也会增加某些毒物的毒性，如氯化氢、氟化氢等即属此例；高气压可使溶解于体液中的毒物量增多。

劳动强度对毒物的吸收、分布、排泄均有明显的影响。劳动强度大，则呼吸量也大，能促进皮肤充血，排汗量增多，吸收毒物的速度加快；耗氧量增加，使工人对某些毒物所致的缺氧更加敏感。

（5）个体因素与毒性的关系　在同样条件下接触同样的毒物，往往有些人长期不中毒，而有些人却发生中毒，这是由于人体对毒物的耐受性不同所致。未成年人由于各器官尚处于发育阶段，抵抗力弱，故不应参加有毒作业；妇女在经期、孕期、哺乳期生理功能发生变化，对某些毒物的敏感性增强。如在经期对苯、苯胺的敏感性就会增强，而在孕期、哺乳期参加接触汞、铅的作业，会对胎儿及婴儿的健康产生不利影响，因此应暂时停止此类工作。患有代谢功能障碍、肝脏及肾脏疾病的人解毒功能大大降低，因此较易中毒。如贫血者接触铅，肝脏疾病患者接触四氯化碳、氯乙烯，肾病患者接触砷，有呼吸系统病变的人接触刺激性气体都较易中毒。

总之，接触毒物后能否中毒受多种因素影响，了解这些因素间相互制约、相互联系的规律，有助于控制不利因素，防止中毒事故的发生。

4.1.3　工业毒物进入人体的途径

工业毒物进入人体的途径有三种，即呼吸道、皮肤和消化道，其中最主要的是呼吸道，其次是皮肤，经过消化道进入人体仅在特殊情况下才会发生。

4.1.3.1　经呼吸道进入

毒物经呼吸道进入人体是最主要、最危险、最常见的途径。因为凡是呈气态、蒸气态或气溶胶状态的毒物均可随时伴随呼吸过程进入人体；而且人的呼吸系统从气管到肺泡都具有相当大的吸收能力，尤其肺泡的吸收能力最强，肺泡壁极薄且总面积为 $55\sim120m^2$，其上有丰富的微血管，由肺泡吸收的毒物会随血液循环迅速分布全身；在全部职业中毒者中，大约有95%是经呼吸道吸入引起的。

生产性毒物进入人体后，被吸收量的大小取决于毒物的水溶性和血/气分配系数，血/气分配系数指毒物在血液中的最大浓度与肺泡内气体浓度的比值。毒物的水溶性越大，血/气分配系数越大，被吸收在血液中的毒物也越多，导致中毒的可能性越大。例如，甲醇的血/气分配系数为1700，乙醇为1300，二硫化碳为5，乙醚为15，苯为6.58。

4.1.3.2　经皮肤进入

毒物经皮肤进入人体的途径主要有表皮屏障和毛囊，只有少数通过汗腺导管进入。皮肤本身是人体具有保护作用的屏障，如水溶性物质不能通过无损的皮肤进入人体内。但是当水溶性物质与脂溶性或类脂溶性物质共存时，就有可能通过屏障进入人体。

毒物经皮肤进入人体的数量和速度，除了与毒物的脂溶性、水溶性、浓度和皮肤的接触面积有关外，还与环境中气体的温度、湿度等条件有关，能经过皮肤进入人体的毒物有以下三类。

① 能溶于脂肪或类脂质的物质。此类物质主要是芳香族的硝基、氨基化合物，金属有机铅化合物以及有机磷化合物等，其次是苯、二甲苯、氯化烃类等物质。

② 能与皮肤的脂酸根结合的物质。此类物质如汞及汞盐、砷的氧化物及其盐类等。

③ 具有腐蚀性的物质。此类物质如强酸、强碱、酚类及黄磷等。

4.1.3.3 经消化道进入

毒物从消化道进入人体，主要是由于不遵守卫生制度，或误服毒物，或发生事故时毒物喷入口腔等所致。这种中毒情况一般比较少见。

4.1.4 职业中毒的类型及对人体系统及器官的损害

4.1.4.1 职业中毒的类型

4-2 工业毒物的危害

(1) 急性中毒　急性中毒是由于在短时间内有大量毒物进入人体后突然发生的病变。具有发病急、变化快和病情重的特点。急性中毒可能在当班或下班几个小时内或最多1~2天内发生，多数是由生产事故或工人违反安全操作规程所引起的，如一氧化碳中毒。

(2) 慢性中毒　慢性中毒指长时间内有低浓度毒物不断进入人体，逐渐引起的病变。慢性中毒绝大部分是蓄积性毒物所引起的，往往在从事该毒物作业数月、数年或更长时间才出现症状，如慢性铅、汞、锰等中毒。

(3) 亚急性中毒　亚急性中毒是介于急性与慢性中毒之间，病变较急性的时间长，发病症状较急性缓和的中毒。如二硫化碳、汞中毒等。

4.1.4.2 职业中毒对人体系统及器官的损害

职业中毒可对人体多个系统或器官造成损害，主要包括神经系统、血液和造血系统、呼吸系统、消化系统、肾脏及皮肤等。

(1) 神经系统

① 神经衰弱综合征。绝大多数慢性中毒的早期症状是神经衰弱综合征及植物性神经紊乱。患者出现全身无力、易疲劳、记忆力减退、睡眠障碍、情绪激动、思想不集中等症状。

② 神经症状。如二硫化碳、汞、四乙基铅中毒，可出现狂躁、忧郁、消沉、健谈或寡言等症状。

③ 多发性神经炎。主要损害周围神经，早期症状为手脚发麻疼痛，以后发展到动作不灵活。如二硫化碳、砷或铅中毒，目前已少见。

(2) 血液和造血系统

① 血细胞减少。早期可引起血液中白细胞、红细胞及血小板数量的减少，严重时导致全血降低，形成再生障碍性贫血。经常出现头昏、无力、牙龈出血、鼻出血等症状。如慢性苯中毒、放射病等。

② 血红蛋白变性。如苯胺、一氧化碳中毒等可使血红蛋白变性，造成血液运氧功能障碍，出现胸闷、气急、紫绀等症状。

③ 溶血性贫血。主要见于急性砷化氢中毒。

(3) 呼吸系统

① 窒息。如一氧化碳、氰化氢、硫化氢等物质导致的中毒。轻者可出现咳嗽、胸闷、气急等症状，重者可出现喉头痉挛、声门水肿等症状，甚至可出现窒息死亡。有的能导致呼吸机能瘫痪窒息，如有机磷中毒。

② 中毒性水肿。吸入刺激性气体后，改变了肺泡壁毛细血管的通透性而发生肺水肿。如氮氧化物、光气等物质导致的中毒。

③ 中毒性支气管炎、肺炎。某些气体如汽油等可作用于气管、肺泡引起炎症。

④ 支气管哮喘。多为过敏性反应，如苯二胺、乙二胺等导致的中毒。

⑤ 肺纤维化。某些微粒滞留在肺部可导致肺纤维化，如铍中毒。

(4) 消化系统　经消化系统进入人体的毒物可直接刺激、腐蚀胃黏膜产生绞痛、恶心、呕吐、食欲不振等症状。非经消化系统中毒者有时也会出现一些消化道症状，如四氯化碳、硝基苯、砷、磷等物质导致的中毒。

（5）肾脏　由于多种物质是经肾脏排出，对肾脏往往产生不同程度的损害，出现蛋白尿、血尿、浮肿等症状，如砷化氢、四氯化碳等引起的中毒性肾病。

（6）皮肤　皮肤接触毒物后，由于刺激和变态反应可发生瘙痒、刺痛、潮红、斑丘疹等各种皮炎和湿疹，如沥青、石油、铬酸雾、合成树脂等对皮肤的作用。

常见的工业毒物危害（如金属类毒物、有机溶剂、窒息性气体、刺激性气体、高分子聚合物等）的详细内容见二维码。

4-3 常见工业毒物及其危害

【任务实施】

（1）列举工业毒物的分类　收集和阅读工业毒物的相关资料，列举出工业毒物的分类，并填入表 4-1-1。

表 4-1-1　工业毒物的分类

序号	名称	类型	危害
示例	硫化氢（H_2S）	窒息性气体	硫化氢气体具有刺激作用和窒息作用，可引起结膜炎、角膜炎、角膜溃疡等，严重者可引起肺炎、肺水肿，甚至窒息死亡。长期低浓度接触，还可造成神经衰弱综合征及植物性神经功能紊乱
	……		

（2）分析归纳工业毒物的危害及预防措施　以某一种毒物为例，将其理化性质、健康危害及预防措施要点以提纲或图表的方式绘制在纸上，表格样式可参考表 4-1-2。

表 4-1-2　某种工业毒物的危害及预防措施

物质名称	硫化氢（H_2S）	
	重要物理性质	重要化学性质
主要性质	硫化氢为无色、具有腐蛋臭味的气体，相对分子质量 34.08，相对蒸气密度 1.19，易溶于水产生氢硫酸，易溶于醇类物质、甘油、石油溶剂和原油中	硫化氢为可燃气体，能和大部分金属发生化学反应而具有腐蚀性，爆炸极限范围 4.3%～45.5%
健康危害	本品是强烈的神经毒物，对黏膜有强烈刺激作用。急性中毒：短期内吸入高浓度硫化氢后出现流泪、眼痛、眼内异物感、畏光、视物模糊、流涕、咽喉部灼热感、咳嗽、胸闷、头痛、头晕、乏力、意识模糊等。部分患者可能有心肌损害。重者可出现脑水肿、肺水肿。极高浓度（1000mg/m³ 以上）时可使人在数秒内突然昏迷，呼吸和心搏骤停，发生闪电型死亡。高浓度接触会使眼结膜发生水肿和角膜溃疡。长期低浓度接触，引起神经衰弱综合征和植物神经功能紊乱	
预防措施	凡产生硫化氢气体的生产过程和环境应加强通风；操作人员必须经过专门培训，严格遵守操作规程；凡进入可能产生硫化氢的地点均应先进行通风及测试，并应正确使用呼吸防护器，作业时应有人进行监护	

关键与要点

1. 工业毒物指在工业生产过程中所使用或产生的毒物,在生产过程中由工业毒物引起的中毒即为职业中毒。

2. 工业毒物按物理形态可分五类:气体、蒸气、烟、雾、粉尘;按化学类属可分两类:无机毒物、有机毒物;按毒作用性质可分四类:刺激性毒物、窒息性毒物、麻醉性毒物、全身性毒物。

3. 毒性的计算单位一般以化学物质引起实验动物某种毒性反应所需的剂量表示,某种毒物的致死剂量(浓度)越小,表示该物质毒性越大。

4. 工业毒物的毒性主要受其本身的理化特性、毒物间的联合作用、环境条件及个体的差异等因素的影响。

5. 工业毒物进入人体的途径有三种,即呼吸道、皮肤和消化道,其中最主要的是呼吸道。

【考核评价】

对各小组分析及讨论情况进行自我评价、小组评价和教师评价,具体内容见附表4-1。

 事故案例分析

山东滨化某公司石脑油中毒事故

2014年1月1日,山东滨化某公司储运车间中间原料罐区在切罐作业过程中发生石脑油泄漏,引发硫化氢中毒事故,造成4人死亡、3人受伤,直接经济损失536万元。事故的直接原因是:事发时抽净管线系统处于敞开状态,操作人员在进行切罐作业时,错误开启了该罐倒油线上的阀门,使高含硫的石脑油通过倒油线串入抽净线,石脑油从抽净线拆开的法兰处泄漏。泄漏的石脑油中的硫化氢挥发,致使现场操作人员及车间后续处置人员硫化氢中毒。

1. 请分析事故的成因。
2. 请给出事故的应对方案。

【直击工考】

一、单项选择题

1. 工业毒物进入人体的最主要途径是( )。
 A. 呼吸道　　　　B. 皮肤　　　　　C. 消化道　　　　D. 其他

2. 急性苯中毒主要损害( )。
 A. 中枢神经系统　B. 循环系统　　　C. 血液系统　　　D. 泌尿系统
 E. 呼吸系统

3. 对快速诊断一氧化碳中毒最具有意义的是( )。
 A. 意识障碍　　　B. 口唇呈樱桃红色　C. 头痛、头晕　　D. 恶心、呕吐
 E. 四肢无力

二、多项选择题

1. 工业毒物按物理形态可以分为( )。

A. 气体　　　　B. 蒸气　　　　C. 烟　　　　D. 粉尘
E. 雾
2. 以下属于刺激性毒物的是（　　）。
A. 酸的蒸气　　B. 氧　　　　C. 氨　　　　D. 二氧化硫
3. 以下属于窒息性毒物的是（　　）。
A. 一氧化碳　　B. 硫化氢　　　C. 氰化氢　　D. 都不是
4. 影响人体毒性作用的因素有（　　）。
A. 可溶性　　　B. 挥发性　　　C. 分散度　　D. 都不是
5. 毒物联合作用的综合毒性包含（　　）。
A. 相加作用　　B. 相乘作用　　C. 拮抗作用　　D. 都不是

三、判断题
1. 在生产过程中由工业毒物引起的中毒即为职业中毒。（　　）
2. 动物致死所需某种毒物的剂量浓度越小，表示该物质毒性越大。（　　）

四、简答题
1. 为什么说毒物的含义是相对的？
2. 试分析影响毒物毒性的因素。
3. 简述毒物侵入人体的途径。
4. 职业中毒对人体系统及器官的损害有哪些？

任务 4.2　制订工业毒物防护措施

【任务描述】
　　分析讨论案例中事故的原因，制订综合防毒措施。

【学习目标】
1. 能够归纳出综合防毒措施的基本内容。
2. 树立以人为本、生命至上的价值观，追求安全和健康发展。

案例导入

　　2011年9月28日以来，广东省广州市白云区、荔湾区先后发生多例职业性1,2-二氯乙烷中毒事故，涉及39家制鞋、箱包制造及皮革加工企业，其中34家为无牌无证小作坊。事故直接原因是：企业违法使用含有1,2-二氯乙烷（含量最高达58.99%）等有毒成分的劣质胶水，没有设置任何通风排毒设施，尤其在天气较冷的情况下，关闭了作业场所门窗，且没有采取其他必要的职业病危害防护措施，导致作业场所1,2-二氯乙烷浓度严重超标。截至2012年2月27日，此次事故先后造成39人中毒（其中4人死亡）。
　　分析与讨论：针对案例中的事故，请分析应该采取什么防毒措施才能避免事故发生？

　　预防为主、防治结合是开展防毒工作的基本原则。综合防毒措施主要包括防毒技术措施、防毒管理教育措施、个体防护措施三个方面。

【必备知识】

4.2.1 防毒技术措施

防毒技术措施包括预防措施和净化回收措施两部分。预防措施指尽量减少与工业毒物直接接触的措施；净化回收措施指由于受生产条件的限制，在仍然存在有毒物质散逸的情况下，可采用通风排毒的方法将有毒物质收集起来，再用各种净化法消除其危害。

4.2.1.1 预防措施

（1）以无毒、低毒的物料代替有毒、高毒的物料 在化工生产中使用原料及各种辅助材料时，尽量以无毒、低毒物料代替有毒、高毒物料，尤其是以无毒物料代替有毒物料，是从根本上解决工业毒物对人造成危害的最佳措施。例如采用无苯稀料（用抽余油代替苯及其同系物作为油漆的稀释剂）、无铅油漆（在防锈底漆中，用氧化铁红 Fe_2O_3 代替铅丹 Pb_3O_4）、无汞仪表（用热电偶温度计代替水银温度计）等措施。

（2）改革工艺 即在选择新工艺或改造旧工艺时，应尽量选用生产过程中不产生（或少产生）有毒物质或将这些有毒物质消灭在生产过程中的工艺路线。在选择工艺路线时，应把有毒无毒作为权衡选择的主要条件，同时要把此工艺路线中所需的防毒费用纳入技术经济指标中。改革工艺大多是通过改动设备，改变作业方法，或改进生产工序等，以达到不用（或少用）、不产生（或少产生）有毒物质的目的。

例如在镀锌、铜、镉、锡、银、金等电镀工艺中，都要使用氰化物作为络合剂。氰化物是剧毒物质，且用量大，在镀槽表面易散发出剧毒的氰化氢气体。采用无氰电镀工艺，就是通过改革电镀工艺，改用其他物质代替氰化物起到络合剂的作用，从而消除了氰化物对人体的危害。

再如，过去大多数化工行业的氯碱厂电解食盐时，用水银作为阴极，称为水银电解。由于水银电解产生大量的汞蒸气、含汞盐泥、含汞废水等，严重地损害了工人的健康，同时也污染了环境。进行工艺改革后，采用离子膜电解，消除了汞害，通过对电解隔膜的研究，已取得了与水银电解生产质量相同的产品。

（3）生产过程的密闭 防止有毒物质从生产过程散发、外溢，关键在于生产过程的密闭程度。生产过程的密闭包括设备本身的密闭及投料、出料，物料的输送、粉碎、包装等过程的密闭。如生产条件允许，应尽可能使密闭的设备内保持负压，以提高设备的密闭效果。

（4）隔离操作 隔离操作就是把工人操作的地点与生产设备隔离开来。可以把生产设备放在隔离室内，采用排风装置使隔离室内保持负压状态；也可以把工人的操作地点放在隔离室内，采用向隔离室内输送新鲜空气的方法使隔离室内处于正压状态。前者多用于防毒，后者多用于防暑降温。当工人远离生产设备时，就要使用仪表控制生产或采用自行调节，以达到隔离的目的。如生产过程是间歇的，也可以将产生有毒物质的操作时间安排在工人人数最少时进行，即所谓的"时间隔离"。

4.2.1.2 净化回收措施

生产中采用一系列防毒技术预防措施后，仍然会有有毒物质散逸，如受生产条件限制使得设备无法完全密闭，或采用低毒代替高毒而并不是无毒等，此时必须对作业环境进行治理，以达到国家卫生标准。治理措施就是将作业环境中的有毒物质收集起来，然后采取净化回收的措施。

（1）通风排毒 对于逸出的有毒气体、蒸气或气溶胶，要采用通风排毒的方法收集或稀释。将通风技术应用于防毒，以排风为主。在排风量不大时可以依靠门窗渗透来补偿，排风量较大时则需考虑车间进风的条件。

通风排毒可分为局部排风和全面通风换气两种。局部排风是把有毒物质从发生源直接抽出去，然后净化回收；而全面通风换气则是用新鲜空气将作业场所中的有毒气体稀释到符合国家卫生标准的程度。前者处理风量小，处理气体中有毒物质浓度高，较为经济有效，也便于净化回收；而后者所需风量大，无法集中，故不能净化回收。因此，采用通风排毒措施时应尽可能地采用局部排风的方法。

局部排风系统由排风罩、风道、风机、净化装置等组成。涉及局部排风系统时，首要的问题是选择排风罩的形式、尺寸以及所需控制的风速，从而确定排风量。

全面通风换气适用于低毒物质、有毒气体散发源过于分散且散发量不大的情况，或虽有局部排风装置但仍有散逸的情况。全面通风换气可作为局部排风的辅助措施。采用全面通风换气措施时，应根据车间的气流条件，使新鲜气流先经过工作地点，再经过污染地点。数种溶剂蒸气或刺激性气体同时散发于空气中时，全面通风换气量应按各种物质分别稀释至最高容许浓度所需的空气量的总和计算；其他有害物质同时散发于空气中时，所需风量按需用风量最大的有害物质计算。

全面通风量可按换气次数进行估算，换气次数即每小时的通风量与通风房间的容积之比。不同生产过程的换气次数可通过相关的设计手册确定。

对于可能突然释放高浓度有毒物质或燃烧爆炸物质的场所，应设置事故通风装置，以满足临时性大风量送风的要求。考虑事故排风系统的排风口的位置时，要把安全作为重要因素。事故通风量同样可以通过相应的事故通风的换气次数来确定。

(2) 净化回收　局部排风系统中的有害物质浓度较高，往往高出容许排放浓度的几倍甚至更多，必须对其进行净化处理，净化后的气体才能排入到大气中。对于浓度较高具有回收价值的有害物质进行回收并综合利用、化害为利。具体的净化方法在此不再赘述。

4.2.2　防毒管理教育措施

防毒管理教育措施主要包括有毒作业环境管理、有毒作业管理以及健康管理三个方面。

4.2.2.1　有毒作业环境管理

有毒作业环境管理的目的是控制甚至消除作业环境中的有毒物质，使作业环境中有毒物质的浓度降低到国家卫生标准，从而减少甚至消除对劳动者的危害。有毒作业环境的管理主要包括以下几个方面内容。

(1) 组织管理措施　主要工作有以下几项：

① 健全组织机构。企业应有分管安全的领导，并设有专职或兼职人员当好领导的助手。一个企业应该有健全的经营理念：要发展生产，必须排除妨碍生产的各种有害因素。这样不但保证了劳动者及环境居民的健康，也会提高劳动生产率。

② 调查了解企业当前的职业毒害的现状，制订不断改善劳动条件的不同时期的规划，并予以实施。调查了解企业的职业毒害现状是开展防毒工作的基础，只有在对现状正确认识的基础上，才能制订正确的规划，并予以正确实施。

③ 建立健全有关防毒的规章制度，如有关防毒的操作规程、宣传教育制度、设备定期检查保养制度、作业环境定期监测制度、毒物的贮运与废弃制度等。

> **提示**
>
> 企业的规章制度是企业生产中统一意志的集中体现,是进行科学管理必不可少的手段,做好防毒工作更是如此。防毒操作规程指操作规程中的一些特殊规定,对防毒工作有直接的意义。如工人进入容器或低坑等的监护制度,是防止急性中毒事故发生的重要措施;下班前清扫岗位制度,则是消除"二次尘毒源"危害的重要环节。"二次尘毒源"指有毒物质以粉尘、蒸气等形式从生产或贮运过程中逸出,散落在车间、厂区后,再次成为有毒物质的来源。对于易挥发物料和粉状物料,"二次尘毒源"的危害就更为突出。

④ 对职工进行防毒的宣传教育,使职工既清楚有毒物质对人体的危害,又了解预防措施,从而使职工主动地遵守安全操作规程,加强个人防护。

必须指出,建立健全有关防毒的规章制度及对职工进行防毒的宣传教育是《中华人民共和国劳动法》对企业提出的基本要求。

(2) 定期进行作业环境监测 车间空气中有毒物质的监测工作是搞好防毒工作的重要环节。通过测定可以了解生产现场受污染的程度,污染的范围及动态变化情况,是评价劳动条件、采取防毒措施的依据;通过测定有毒物质浓度的变化,可以判明防毒措施实施的效果;通过对作业环境的测定,可以为职业病的诊断提供依据,为制订和修改有关法规积累资料。

(3) 严格执行"三同时"制度 《中华人民共和国劳动法》第六章第五十三条明确规定:"劳动安全卫生设施必须符合国家规定的标准。新建、改建、扩建工程的劳动安全卫生设施必须与主体工程同时设计、同时施工、同时投入生产和使用"。将"三同时"写进《中华人民共和国劳动法》充分说明其重要性。个别新、老企业正是因为没有认真执行"三同时"制度,才导致新污染源不断产生,形成职业中毒得不到有效控制的局面。

(4) 及时识别作业场所出现的新有毒物质 随着生产的不断发展,新技术、新工艺、新材料、新设备、新产品等的不断出现和使用,明确其毒害机理、毒害作用,以及寻找有效的防毒措施具有非常重要的意义。对于一些新的工艺和新的化学物质,应请有关部门协助进行卫生学的调查,以搞清是否存在致毒物质。

4.2.2.2 有毒作业管理

有毒作业管理是针对劳动者个人进行的管理,使之免受或少受有毒物质的危害。在化工生产中,劳动者个人的操作方法不当,技术不熟练,身体过负荷,或作业性质等,都是构成毒物散逸甚至造成急性中毒的原因。

对有毒作业进行管理的方法是对劳动者进行个别的指导,使之学会正确的作业方法。在操作中必须按生产要求严格控制工艺参数的数值,改变不适当的操作姿势和动作,以消除操作过程中可能出现的差错。

通过改进作业方法、作业用具及工作状态等防止劳动者在生产中身体过负荷而损害健康。有毒作业管理还应教会和训练劳动者正确使用个人防护用品。

4.2.2.3 健康管理

健康管理是针对劳动者本身的差异进行的管理,主要应包括以下内容。

① 对劳动者进行个人卫生指导。如指导劳动者不在作业场所吃饭、饮水、吸烟等,坚持饭前漱口,班后淋浴,工作服清洗制度等。这对于防止有毒物质污染人体,特别是防止有毒物质从口腔、消化道进入人体,有着重要意义。

② 由卫生部门定期对从事有毒作业的劳动者做健康检查。特别要针对有毒物质的种类及可能受损的器官、系统进行健康检查,以便能对职业中毒患者早期发现、早期治疗。

③ 对新员工入厂进行体格检查。由于人体对有毒物质的适应性和耐受性不同,因此就

业健康检查时，发现有禁忌证的，不要分配到相应的有毒作业岗位。

④ 对于有可能发生急性中毒的企业，其企业医务人员应掌握中毒急救的知识，并准备好相应的医药器材。

⑤ 对从事有毒作业的人员，应按国家有关规定，按期发放保健费及保健食品。

4.2.3 个体防护措施

根据有毒物质进入人体的三条途径：呼吸道、皮肤、消化道，相应地采取各种有效措施保护劳动者个人。

4.2.3.1 呼吸道防护

正确使用呼吸防护器是防止有毒物质从呼吸道进入人体引起职业中毒的重要措施之一。需要指出的是，这种防护只是一种辅助性的保护措施，而根本的解决办法在于改善劳动条件，降低作业场所有毒物质的浓度。用于防毒的呼吸器材，大致可分为过滤式防毒呼吸器和隔离式防毒呼吸器两类。

4.2.3.2 皮肤防护

皮肤防护主要依靠个人防护用品，如工作服、工作帽、工作鞋、手套、口罩、眼镜等，这些防护用品可以避免有毒物质与人体皮肤的接触。对于外露的皮肤，则需涂上皮肤防护剂。

由于工种不同，所以个人防护用品的性能也因工种的不同而有所区别。操作者应按工种要求穿用工作服等防护用品，对于裸露的皮肤，也应视其所接触的不同物质，采用相应的皮肤防护剂。

皮肤被有毒物质污染后，应立即清洗。许多污染物是不易被普通肥皂洗掉的，而应按不同的污染物分别采用不同的清洗剂。但最好不用汽油、煤油作清洗剂。

4.2.3.3 消化道防护

防止有毒物质从消化道进入人体，最主要的是搞好个人卫生，其主要内容前面已涉及，此处不再赘述。

【任务实施】

（1）案例基本信息分析　从案例中可以看出：本事故是工作环境中 1,2-二氯乙烷浓度超标，并对工作人员造成身体伤害，属于职业中毒。

首先分析案例包含的基本信息，归纳信息包含的理论知识和相关技能，具体见表 4-2-1。

表 4-2-1　案例中包含的主要信息

中毒类型	1,2-二氯乙烷中毒
事故起因	企业使用含有 1,2-二氯乙烷等有毒成分的劣质胶水，没有设置任何通风排毒设施，导致作业场所 1,2-二氯乙烷浓度严重超标
理化特性	无色或浅黄色透明液体，有类似氯仿的气味，微溶于水，可溶于醇、醚、氯仿。主要用作蜡、脂肪、橡胶等的溶剂及谷物杀虫剂
健康危害	对眼睛及呼吸道有刺激作用，吸入可引起肺水肿；抑制中枢神经系统，刺激胃肠道和引起肝、肾和肾上腺损害。 急性中毒：其表现有两种类型，一为头痛、恶心、兴奋、激动，严重者很快发生中枢神经系统抑制而死亡，另一种以胃肠道症状为主，呕吐、腹痛、腹泻，严重者可发生肝坏死和肾病变。 慢性影响：长期低浓度接触引起神经衰弱综合征和消化道症状，可致皮肤脱屑或皮炎

续表

急救措施	皮肤接触：脱去污染的衣着，用肥皂水和清水彻底冲洗皮肤。 眼睛接触：提起眼睑，用流动清水或生理盐水冲洗，就医。 吸入：迅速脱离现场至空气新鲜处，保持呼吸道通畅，如呼吸困难，给输氧，如呼吸停止，立即进行人工呼吸，就医。 食入：洗胃，就医。
操作注意事项	密闭操作，局部排风，操作人员必须经过专门培训，严格遵守操作规程。建议操作人员佩戴过滤式防毒面具，戴化学安全防护眼镜，穿防静电工作服，戴橡胶耐油手套，远离火种热源工作场所，严禁吸烟。使用防爆型的通风系统和设备，防止蒸气泄漏到工作场所空气中。避免与氧化剂、酸类、碱类接触

(2) 中毒原因分析　目前1,2-二氯乙烷主要用作化学合成（如制造氯乙烯单体、乙二胺和苯乙烯等）的原料，工业溶剂和黏合剂。

该企业其实并非刻意使用1,2-二氯乙烷导致工人中毒，由于购买了劣质胶水，工人在接触胶水的过程中接触了1,2-二氯乙烷。企业违法使用含1,2-二氯乙烷的胶水，含量最高达58.99%，这是导致事故的直接原因。

工作场所没有设置任何通风排毒设施，尤其在天气较冷的情况下，工人作业时，为御寒还关闭门窗，导致1,2-二氯乙烷浓度严重超标。

工人没有配备必要的职业病危害防护用品，比如说防毒面具、防护手套、防护眼镜，工人缺乏防护意识，可见企业安全培训不到位。

(3) 制订预防该物质中毒的措施　制订预防该物质中毒的措施要考虑以下几项：

① 企业应以无毒低毒的物料代替有毒高毒的物料，替换不符合国家标准的劣质胶水，确保有毒有害物质控制在安全限值以下。

② 在使用有毒化学品时，应通过下列方法消除、减少和控制工作场所化学品产生的危害：

——采用可将危害消除或减少到最低限度的技术；

——采用能消除或降低危害的工程控制措施，如隔离、密封等；

——采用能减少或消除危害的作业制度和作业时间；

——采取其他劳动安全卫生措施。

③ 对接触有毒物质的工作场所，应定期进行检测和评估，对检测和评估结果应建立档案，作业人员接触的化学品浓度不得高于国家规定的标准；暂时没有规定的，生产车间应在保证安全作业的情况下使用。

④ 在工作场所应设有急救设施，并提供应急处理的方法。

⑤ 使用单位应将有毒化学品的有关安全卫生资料向职工公开，教育职工识别安全标志，了解安全技术说明书，掌握必要的应急处理方法和自救措施，并经常对职工进行工业场所安全使用化学品的教育和培训。

关键与要点

1. 采取防毒技术措施

预防措施：以无毒低毒的物料代替有毒高毒的物料；改革工艺，选用生产过程中不产生

（或少产生）有毒物质或将这些有毒物质消灭在生产过程中的工艺路线；生产过程密闭；把工人操作的地点与生产设备隔离开来。

净化回收措施：通风排毒；净化回收。

2. 采取防毒管理教育措施

有毒作业环境管理：健全组织机构，建立健全有关防毒的规章制度，对职工进行防毒的宣传教育；定期进行作业环境监测；严格执行"三同时"制度；及时识别作业场所出现的新有毒物质。

有毒作业管理：对劳动者进行个别的指导，使之学会正确的作业方法；通过改进作业方法、作业用具及工作状态；正确使用个人防护用品。

健康管理：对劳动者进行个人卫生指导；定期对从事有毒作业的劳动者做健康检查；对新员工入厂进行体格检查；对于有可能发生急性中毒的企业，应掌握中毒急救的知识，并准备好相应的医药器材；对从事有毒作业的人员，按期发放保健费及保健食品。

3. 采取个体防护措施

正确使用个人防护用品是防止职业中毒的有效手段。

【考核评价】

对各小组分析及讨论情况进行自我评价、小组评价和教师评价，具体内容见附表4-2。

事故案例分析

甘肃省白银市某化工有限公司发生硫化氢中毒事故

2012年2月16日18时，甘肃省白银市某化工有限公司发生硫化氢中毒事故，造成3人死亡。该公司为一家庭作坊式企业。通过对生产现场主要设备、工艺布局和现场遗留的产品和原料进行初步分析判断，这起事故是生产25号黑药时发生的硫化氢中毒事故。据事故调查组初步分析，该企业生产装置长期闲置，原装置配套的冷却、自动加料、抽真空设备（正常工艺条件是反应釜内为微负压）均被拆除，无任何温度、压力、液面、控制、紧急切断等措施，业主私自从抽真空口接一塑料管至一容量250kg的碱液桶（直径约50cm，高约100cm），意图使反应釜内积聚的硫化氢靠自压自行排出。由于无硫化氢抽出设备，釜内原料反应后产生的硫化氢积聚，反应釜内压力升高，在操作人员打开进料口阀门准备再次加料时，釜内硫化氢气体瞬间大量溢出，致使在反应釜操作平台上进行操作的3人中毒死亡。

1. 请分析事故的成因。
2. 请给出事故的应对方案。

【直击工考】

一、单项选择题

1. （　　）是从根本上解决毒物危害的首选办法。
   A. 生产过程的密封　　　　　　　　B. 改革工艺
   C. 采用无毒、低毒物质代替剧毒物质　　D. 隔离操作

2. 对存在粉尘和毒物的企业，职业危害控制的基本原则是优先采用先进工艺技术和无

毒、低毒原材料。对于工艺技术或原材料达不到要求的，应当优先采用的措施是（　　）。
　　A. 采用先进的个人防护措施　　　　B. 采用防尘、防毒排风设施或湿式作业
　　C. 定期轮换接触尘毒危害的员工　　D. 设置事故通风装置及泄漏报警装置
　3. 进入密闭空间作业应由用人单位实施安全作业准入。用人单位应采取综合措施，消除或减少密闭空间的职业危害以满足安全作业条件。下列措施中，属于开始进入密闭空间作业的技术措施是（　　）。
　　A. 在密闭空间的外部设置警示标识
　　B. 提供有关的职业安全卫生培训
　　C. 采取有效措施，防止未经容许的劳动者进入密闭空间
　　D. 在密闭空间内的气体检测符合安全条件后再进入

二、填空题
　1. _____、_____是开展防毒工作的基本原则。
　2. 防毒技术措施包括_____和_____两部分。
　3. 防毒管理教育措施主要包括有毒作业环境的管理、_____以及劳动者健康管理三个方面。

三、简答题
　1. 为防止发生职业中毒事故，应该对哪些方面定期进行安全检查？
　2. 举例说明化工生产中，预防中毒的措施。

任务 4.3　规范使用呼吸防护用品

【任务描述】
　　学习正确使用呼吸防护用品的方法和步骤，完成佩戴正压式空气呼吸器的实践与考核。

【学习目标】
　1. 能够复述检查、佩戴正压式空气呼吸器的方法和步骤。
　2. 能够正确使用个体防护用品，进行个人安全防护。
　3. 培养学生具备强烈的责任感和勇于担当、甘于奉献的职业精神。

案例导入

　　2015年5月，山西省晋城市某化工有限公司二硫化碳生产装置泄漏，在检修过程中发生中毒事故，造成8人死亡、6人受伤。该化工有限公司主要以焦炭、硫黄为原料，通过合成、脱硫、冷凝、精馏、再冷凝等工艺生产二硫化碳（已列入工业和信息化部明令淘汰的落后工艺），年生产能力1.2万吨。事故发生在二硫化碳冷却池，该冷却池是长8.4m、宽4.4m、深2.2m的长方形水池，在正常生产过程中，合成反应产物（二硫化碳和硫化氢气体）经过水池内冷却管，二硫化碳被冷凝成粗产品，含有硫化氢的尾气被回收利用。

据初步分析，事故的直接原因是：二硫化碳冷却池内冷却管泄漏，1名操作人员在未检测有毒气体、未办理受限空间作业票证、未采取有效防护措施的情况下进入池内进行堵漏作业，造成中毒，其他13人连续盲目施救，致使事故伤亡扩大。

分析与讨论：针对此案例，请分析应该如何施救才能避免二次中毒事故的发生？

个体防护用具是预防工伤与职业病等危害的最后一道防线，正确使用呼吸防护器是防止有毒物质从呼吸道进入人体引起职业中毒的有效措施之一。面对复杂的呼吸危害，防护用品必须与危害存在的形态相匹配，防护级别必须与危害水平相当。根据结构和原理不同，呼吸防护用具主要分为过滤式防毒呼吸器和隔离式防毒呼吸器两大类。

【必备知识】

4.3.1 过滤式防毒呼吸器

过滤式防毒呼吸器指能把吸入的作业环境空气通过净化部件的吸附、吸收、催化或过滤等作用，除去其中有害物质后作为气源的呼吸防护用品，主要包括自吸过滤式呼吸防护用品和送风过滤式呼吸防护用品。它们的净化过程是先将吸入空气中的有害粉尘等物阻止在滤网外，过滤后的有毒气体在经过滤件（滤毒罐、滤毒盒）时进行化学或物理吸附（吸收）。过滤件中的吸附（收）剂可分为以下几类：活性炭、化学吸收剂、催化剂等。由于过滤件内装填的活性吸附（收）剂是使用不同方法处理的，所以不同过滤件的防护范围是不同的，因此，必须根据防护对象正确选择相应的型号。

4.3.1.1 自吸过滤式防毒面具

自吸过滤式防毒面具是靠佩戴者呼吸克服部件阻力，防御有毒、有害气体或蒸气、颗粒物（如毒烟、毒雾）等危害其呼吸系统或眼面部的净气式防护用品。按照面罩与过滤件的连接方式可分为导管式防毒面具和直接式防毒面具，按照面罩的结构可分为全面罩和半面罩。目前过滤式防毒面具以其过滤件内装填的吸附（收）剂类型、作用、预防对象进行系列性的生产，普通过滤件分为9种型号，只要过滤件类型相同，其作用与预防对象亦相同。不同型号的过滤件制成不同颜色，以便区别使用。根据《呼吸防护自吸过滤式防毒面具》（GB 2890—2022）中关于过滤件的规定，不同类型过滤件的标色及防范对象如表4-3-1所示。

表4-3-1 自吸过滤式防毒面具过滤件的标色及防范对象

序号	过滤件类型	标色	防毒类型	防护对象举例
1	A	褐	防护沸点大于65℃的有机气体或蒸气	苯、四氯化碳、硝基苯、环己烷
2	B	灰	防护无机气体或蒸气	氯化氰、氢氰酸、氯气
3	E	黄	防护二氧化硫和其他酸性气体或蒸气	二氧化硫
4	K	绿	防护氨和氨的有机衍生物	氨
5	CO	白	防护一氧化碳气体	一氧化碳
6	Hg	红	防护汞蒸气	汞
7	H_2S	蓝	防护硫化氢气体	硫化氢
8	AX型	褐	防护沸点不大于65℃的有机气体或蒸气	二甲基醚、异丁烷
9	SX型	紫	防护某些特殊化合物	以上分类不包括的某些特殊化合物

(1) 全面罩　自吸过滤式防毒面具（全面罩）外观结构如图 4-3-1 所示，是由全面罩、滤毒罐和导气管组成的，使用时要注意以下几点：

① 使用前应检查全套面具的气密性，方法是戴好面罩用手或橡胶塞堵住滤毒罐的进气口，深呼吸，如没有空气进入则说明该面具气密性良好，否则应维修或更换。

② 使用前要检查滤毒罐的型号是否适用，滤毒罐的有效期一般为 2 年，使用前要检查是否失效。

③ 有毒气体含量超过 1% 或者空气中含氧量低于 18% 时，不能使用，佩戴时如闻到毒气微弱气味，应立即离开有毒作业区域。

④ 滤毒罐的进、出气口平时应盖严，以免受潮或与岗位低浓度有毒气体作用而失效。

⑤ 面罩上的眼窗镜片，应防划痕摩擦，保持视物清晰。

图 4-3-1　自吸过滤式防毒面具（全面罩）

4-4 过滤式防毒面具

4-5 全面罩的正确佩戴方法

(2) 半面罩　自吸过滤式防毒面具（半面罩）如图 4-3-2 所示，是由半面罩和滤毒盒组成的，由于滤毒盒容量小，一般用以防御低浓度的有害物质，使用时要注意以下几点：

① 注意滤毒盒型号应与预防的毒物相一致；

② 不适用于受限空间作业，对氩气、氮气等窒息性气体无防护效果，使用时注意有毒物质的浓度和氧的浓度；

③ 按照滤毒盒的有效防毒时间更换或感觉有异味时更换滤毒盒；

④ 防毒面具滤毒盒、滤毒棉严禁接触水，其他部位可用水清洗。

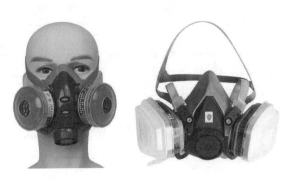
图 4-3-2　自吸过滤式防毒面具（半面罩）

4-6 防尘口罩

4-7 防毒口罩

4-8 半面罩的正确佩戴方法

4.3.1.2　动力送风过滤式呼吸器

动力送风过滤式呼吸器是靠电动风机提供气流克服部件阻力的过滤式呼吸器，一般由送气头罩（面罩）、导气管、过滤元件、微型电动机、电池、腰部固定带等部分组成，如图 4-3-3 所示。

图 4-3-3　动力送风过滤式呼吸器

动力送风过滤式呼吸器产品种类较多，通常按照面罩类型可分为密合型面罩、开放型面罩与送气头罩三类，按照送风效应（即呼吸器面罩内压力模式）可分为正压式和负压式。根据《呼吸防护　动力送风过滤式呼吸器》（GB 30864—2014）中关于过滤元件的规定，不同类型过滤元件的标色及防范对象如表 4-3-2 所示。

表 4-3-2　动力送风过滤式呼吸器过滤元件的标色及防范对象

序号	过滤件类型	标色	防毒类型	防护对象举例
1	P	粉	防颗粒物	粉尘、烟、雾及微生物
2	A	褐	防某些沸点大于65℃的有机蒸气	苯、甲苯、环己烷
3	B	灰	防某些无机气体	氯气、硫化氢
4	E	黄	防某些酸性气体	二氧化硫、氯化氢
5	K	绿	防氨和某些氨的有机衍生物	氨气、甲胺
6	NO	蓝	防氮氧化物气体	一氧化氮、二氧化氮
7	Hg	红	防汞蒸气	汞蒸气
8	CO	A	防一氧化碳气体	一氧化碳
9	AX	褐	防某些沸点不大于65℃的有机蒸气	二甲基醚、异丁烷
10	SX	紫	防某些特殊化合物	以上分类不包括的某些特殊化合物，如氰化氢、环氧乙烷、氟化氢、甲醛、磷化氢、砷化氢、光气、二氧化氯等
11	以上任意组合	以上组合	—	—

与自吸过滤式呼吸器相比，动力送风过滤式呼吸器增加了以电为动力的送风装置，降低使用者的呼吸负荷以改善其舒适度，更加适合较高劳动强度的作业需求；在较高的送风量条件下，可使呼吸器面罩内维持正压的呼吸环境，能够有效阻止吸气过程中外部污染空气漏入面罩，提高防护的可靠性；可以使用不需要和脸部紧密密合的松配合面罩（如开放式面罩和送气头罩），进而提高呼吸器与人员的适配性和使用的舒适性。可以将呼吸、眼、面及头部防护结合在一起，以实现综合性职业安全防护需求。

4.3.2　隔离式防毒呼吸器

所谓隔离式指供气系统和现场空气相隔绝，因此可以在有毒物质浓度较高的环境中使用。隔离式防毒呼吸器主要有各种空气呼吸器、氧气呼吸器和各种蛇管式防毒面具。

4.3.2.1　空气呼吸器

在化工生产领域，隔离式防毒呼吸器目前主要是使用空气呼吸器，各种蛇管式防毒面具由于安全性较差已较少使用。RHZK系列正压式空气呼吸器是一种自给开放式空气呼吸器，主要适用于消防、化工、船舶、石油、冶炼、厂矿等处，使消防员或抢险救护人员能够在充满浓烟、毒气、蒸汽（气）或缺氧的恶劣环境下安全地进行灭火、抢险救灾和救护工作。该系列空气呼吸器配有视野广阔、明亮、气密良好的全面罩；供气装置配有体积较小、质量轻、性能稳定的新型供气阀；选用高强度背板和安全系数较高的优质高压气瓶；减压阀装置装有残气报警器，在规定气瓶压力范围内，可向佩戴者发出声响信号，提醒使用人员及时撤离现场。

RHZKF-6.8/30 型正压式空气呼吸器由 12 个部件组成，现将各部件的特点介绍如下，见图 4-3-4。

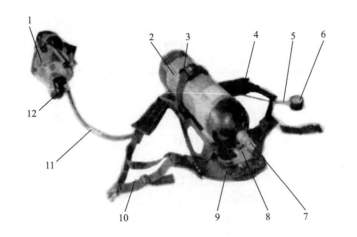

图 4-3-4 RHZKF-6.8/30 型正压式空气呼吸器的结构
1—面罩；2—气瓶；3—瓶带组；4—肩带；5—报警哨；6—压力表；7—气瓶阀；
8—减压器；9—背托；10—腰带组；11—快速接头；12—供给阀

4-9 自给式空气呼吸器

（1）面罩 大视野面窗，面窗镜片采用聚碳酸酯材料，具有透明度高、耐磨性强、有防雾功能的特点，网状头罩式佩戴方式，佩戴舒适、方便，胶体采用硅胶，无毒、无味、无刺激性，气密性能好。

（2）气瓶 铝内胆碳纤维全缠绕复合气瓶，工作压力 30MPa，具有质量轻、强度高、安全性能好等特点，瓶阀具有高压安全防护装置。

（3）瓶带组 瓶带卡为一快速凸轮锁紧机构，并保证瓶带始终处于一闭环状态。气瓶不会出现翻转现象。

（4）肩带 由阻燃聚酯织物制成，背带采用双侧可调结构，使重量落于腰胯部位，减轻肩带对胸部的压迫，使呼吸顺畅。并在肩带上设有宽大弹性衬垫，减轻对肩部的压迫。

（5）报警哨 置于胸前，报警声易于分辨，体积小、重量轻。

（6）压力表 大表盘，具有夜视功能，配有橡胶保护罩。

（7）气瓶阀 具有高压安全装置，开启力矩小。

（8）减压器 体积小、流量大、输出压力稳定。

（9）背托 背托设计符合人体工程学原理，由碳纤维复合材料注塑成型，具有阻燃及防静电功能，质轻、坚固，在背托内侧衬有弹性护垫，可使佩戴者舒适。

（10）腰带组 卡扣锁紧、易于调节。

（11）快速接头 小巧、可单手操作、有锁紧防脱功能。

（12）供给阀 结构简单、功能性能、输出流量大、具有旁路输出、体积小。该系列规格型号及技术参数见表 4-3-3。

表 4-3-3　RHZK 系列规格型号及技术参数

型号	气瓶工作压力/MPa	气瓶容积/L	最大供气流量/(L·min)	呼吸阻力/Pa		报警压力/MPa	使用时间/min	整机质量/kg	包装尺寸/(mm×mm×mm)
				呼气	吸气				
RHZK-5/30	30	5	300	<687	<588	4～6	50	≤12	700×300×480
RHZK-6/30	30	6	300	<687	<588	4～6	60	≤14	700×300×480
RHZKF-6.8/30	30	6.8	300	<687	<588	4～6	60	≤8.5	700×300×480
RHZKF-9/30	30	9	300	<687	<588	4～6	90	≤11.5	700×300×480
RHZKF-6.8×2/30 双瓶	30	6.8×2	300	<687	<588	4～6	120	≤17	700×300×480

4.3.2.2　氧气呼吸器

氧气呼吸器因供氧方式不同，可分为 AHG 型氧气呼吸器和隔绝式生氧器。前者由氧气瓶中的氧气供人呼吸（气瓶有效使用时间有 2h、3h、4h 之分，相应的型号为 AHG-2、AHG-3、AHG-4）；而后者是依靠人呼出的 CO_2 和 H_2O 与面具中的生氧剂发生化学反应，产生氧气供人呼吸。前者安全性较好，可用于检修设备或处理事故，但较为笨重；后者由于不携带高压气瓶，因而可以在高温场所或火灾现场使用，因安全性较差，故不再具体探讨。下面介绍 AHG-2 型氧气呼吸器的结构、工作原理、使用及保管时的注意事项。

AHG-2 型氧气呼吸器的结构如图 4-3-5 所示。氧气瓶用于贮存氧气，容积为 1L，工作压力为 19.6MPa，工作时间为 2h。氧气瓶中的氧气经减压后压力降至 245～294kPa，送入气囊中。当氧气瓶内压力从 19.6MPa 降至 1.96kPa 时，也能保持供给量在 1.3～1.1L/min 范围内。清净罐内装 1.1kg 氢氧化钠，用于吸收人体呼出的 CO_2。气囊容积为 2.7L，并具有排出多余气体的功能。新鲜氧气与清净罐出来的气体在气囊中混合。

AHG-2 型氧气呼吸器的工作原理是：人体从肺部呼出的气体经面罩、呼吸软管、呼气阀进入清净罐，呼出气体中的 CO_2 被吸收剂吸收，然后进入气囊。另外由氧气瓶贮存的高压氧气经减压后也进入气囊，互相混合，重新组成适合于呼吸的含氧气体。当吸气时，适当量的含氧气体由气囊经吸气阀、呼吸软管、面罩而被吸入人体肺部，完成了呼吸循环。由于呼气阀和吸气阀都是单向阀，因此整个气囊的方向是一致的。

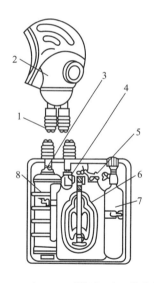

图 4-3-5　AHG-2 型氧气呼吸器的结构
1—呼吸软管；2—面罩；3—呼气阀；4—吸气阀；
5—手动补给按钮；6—气囊；7—氧气瓶；8—清净罐

AHG-2 型氧气呼吸器使用及保管时的注意事项。

① 使用氧气呼吸器的人员必须事先经过训练，才能正确使用。

② 使用前氧气压力必须在 7.85MPa 以上。戴面罩前要先打开氧气瓶，使用中要注意检查氧气压力，当氧气压力降到 2.9MPa 时，应离开禁区，停止使用。

③ 使用时避免与油类、火源接触，防止撞击，以免引起呼吸器燃烧、爆炸。如闻到有酸味，说明清净罐吸收剂已经失效，应立即退出毒区，予以更换。

④ 在危险区作业时，必须有两人以上进行配合监护，以免发生危险。有情况应以信号或手势进行联系，严禁在毒区内摘下面罩讲话。

⑤ 使用后的呼吸器，必须尽快恢复到备用状态。若压力不足，应补充氧气。若吸收剂失效应及时更换。对其他异常情况，应仔细检查消除缺陷。

⑥ 必须保持呼吸器的清洁，放置在不受灰尘污染的地方，严禁油污污染，防止和避免日光直接照射。

【任务实施】

（1）认识常用呼吸防护用品的种类　对实训室中提供的呼吸防护用品（防尘口罩、防毒面具、正压式空气呼吸器等）进行实物观摩，了解呼吸防护用品的分类、结构和原理。

4-10 正压式空气呼吸器的佩戴方法

（2）学习呼吸防护用品的选择、使用和维护规范　阅读国家标准《呼吸防护用品的选择、使用与维护》（GB/T 18664—2002），了解常见的过滤式呼吸防护用品与隔绝式呼吸防护用品的适用范围及使用、维护的注意事项，并回答问题。

4-11 佩戴正压式空气呼吸器

（3）正确检查、佩戴正压式空气呼吸器　佩戴正压式空气呼吸器的方法和步骤可扫描二维码查看详细图文步骤及操作视频。

关键与要点

1. 根据有害环境的性质和危害程度，如是否缺氧、毒物存在形式等，判定是否需要使用呼吸防护用品和应用选型。
2. 当缺氧毒物种类和浓度未知，若氧气浓度小于18％或有毒气体浓度大于1％，只能选用隔绝式呼吸防护用品。
3. 选配呼吸防护用品时，大小要与使用者脸型相匹配，确保气密性良好，佩戴要规范。
4. 佩戴呼吸防护用品，要进行相应气密性检测，气密性良好才能进入作业场所。
5. 选择和使用呼吸防护用品时，一定严格遵照相应产品说明书。

【考核评价】

对各小组分析及讨论情况进行自我评价、小组评价和教师评价，具体内容见附表4-3。

 事故案例分析

张掖某化工公司较大中毒事故

2020年9月14日22时01分，张掖某化工科技有限公司污水处理厂发生较大硫化氢气体中毒事故，造成3人死亡，直接经济损失450万元。

事故发生经过：2020年9月14日13时，污水处理厂厂长孙某安排吴某等4人检修三效蒸发车间三楼蒸发器和楼顶风机管道、阀门，14时30分三效蒸发车间开机运行。14时10分叉车司机孙某用叉车将2方桶（每桶250kg）盐酸运至中和车间北侧盐酸泵旁。15时左右孙某使用橡胶管将中和车间原蒸馏釜部分盐酸引入6号废水收集池。19时18分，夜班工人万某、苏某、刘某接班；19时39分，万某、苏某、刘某对6号废水池进行液位检测和pH值测定，并对放酸管进行检查，打开放酸阀后返回三效蒸发车间。21时57分监控录像显示，6号废水池有白色雾状气体溢出并向西北方向扩散，21时58分散去。22时01分，刘某、万某、苏某从三效蒸发车间依次进入中和车间后，万某先晕倒，刘某快速从中和车间北门跑出后晕倒在中和车间与三效蒸发车间之间的过道处，苏某从中和车间南门跑出后二次进入车间试图对万某施救，随即倒在车间内南门右侧。22时46分，公司安全环保部员工金某巡检时发现晕倒的刘某，立即打电话叫人救援，随即将刘某运至中和车间北侧路边进行施救。23时50分，企业组织人员将万某、苏某、刘某送至医院进行抢救。

1. 请分析事故的成因。
2. 请给出事故的应对方案。

【直击工考】

一、单项选择题

1. 对于不宜进行通风换气的缺氧作业场所，应采用（　　）。
   A. 空气呼吸器　　　　　　　　B. 过滤式面具
   C. 氧气呼吸器　　　　　　　　D. 口罩

2. 作业场所氧含量低于（　　）时，禁止入内以免造成窒息事故。
   A. 20%　　　　　　　　　　　　B. 15%
   C. 21%　　　　　　　　　　　　D. 18%

3. 过滤式防毒面具是由（　　）、吸气软管和滤毒罐组成的。
   A. 面罩　　　　　　　　　　　　B. 滤芯
   C. 压力表　　　　　　　　　　　D. 护目镜

二、判断题

1. 氧气呼吸器又称储氧式防毒面具，是人员在严重污染、存在窒息性气体、毒气类型不明确或缺氧等恶劣环境下工作时常用的隔绝式呼吸防护设备。（　　）

2. 用于防毒的呼吸器材，大致可分为过滤式防毒呼吸器和隔离式防毒呼吸器两类。（　　）

3. 过滤式防毒呼吸器主要有过滤式防毒面具和过滤式防毒口罩。（　　）

实践活动

以小组为单位拍摄制作一段短视频"正压式空气呼吸器的使用"，并上传至学习平台以用于共享及评价。

任务 4.4　急性中毒的现场救护

【任务描述】
利用现有实训基地模拟中毒事故,制订演练方案,以小组为单位开展一次急性中毒的现场救护演练。

【学习目标】
1. 掌握急性中毒现场救护的方法。
2. 初步具有急性中毒现场急救的能力。
3. 培养学生的团队合作与应急处置能力。

案例导入

2019 年 7 月 22 日,张家口市怀来县某生物化学工程有限公司在组织员工清理污水沉淀池时,发生中毒窒息事故,造成 5 人死亡。经初步调查,事发企业在未办理作业审批手续、未落实通风检测措施的情况下,组织员工进行污水沉淀池清理作业,22 日上午 9 时左右开始抽排水,下午 4 时左右大部分污水被抽走,作业人员放下梯子准备进入池内清理淤泥,一名作业人员在顺着梯子下降过程中呼救并掉入池内,现场另外两名作业人员在施救过程中一人掉入池内、一人倒在梯子上,后续又有两人前后赶到现场进入池内盲目施救,最终造成 5 人死亡。此次事故暴露出事发企业安全培训缺位、违章指挥、冒险作业,特别是盲目施救导致事故扩大等突出问题。

分析与讨论:针对案例中的事故,应该如何进行急性中毒的现场救护?

在化工生产和检修现场,有时由于设备突发性损坏或泄漏致使大量毒物外溢(逸)造成作业人员急性中毒。急性中毒往往病情严重,且发展变化快。因此必须全力以赴,争分夺秒地及时抢救。及时、正确地抢救在化工生产或检修现场的急性中毒事故中,对于挽救重危中毒者、减轻中毒程度、防止合并症的产生具有十分重要的意义。另外,争取了时间,为进一步治疗创造了有利条件。急性中毒的现场急救应遵循下列原则。

【必备知识】

4.4.1　救护者的个人防护

急性中毒发生时毒物多由呼吸系统和皮肤进入人体。因此,救护者在进入危险区抢救之前,首先要做好呼吸系统和皮肤的个人防护,佩戴好供氧式防毒面具或氧气呼吸器,穿好防护服。进入设备内抢救时要系上安全带,然后再进行抢救。否则,不但中毒者不能获救,救护者也会中毒,致使中毒事故扩大。

4.4.2　切断毒物来源

救护人员进入现场后,除对中毒者进行抢救外,同时应侦查毒物来源,并果断采取措施切断其来源，如关闭泄漏管道的阀门、堵加盲板、停止加送物料、堵塞泄漏设备等，以防止毒物继续外溢（逸）。对于已经扩散出来的有毒气体或蒸气应立即启动通风排毒设施或开启门、窗，以降低有毒物质在空气中的含量，为抢救工作创造有利条件。

4.4.3 采取有效措施防止毒物继续侵入人体

采取有效措施防止毒物继续侵入人体要点：

4-12 中毒急救

第一，救护人员进入现场后，应迅速将中毒者转移至有新鲜空气处，并解开中毒者的颈、胸部纽扣及腰带，以保持呼吸通畅。同时对中毒者要注意保暖和保持安静，严密注意中毒者神志、呼吸状态和循环系统的功能。在抢救搬运过程中，要注意人身安全，不能强硬拖拉以防造成外伤，致使病情加重。

第二，清除毒物，防止其沾染皮肤和黏膜。当皮肤受到腐蚀性毒物灼伤，不论其吸收与否，均应立即采取下列措施进行清洗，防止伤害加重。

① 迅速脱去被污染的衣服、鞋袜、手套等。

② 立即彻底清洗被污染的皮肤，清除皮肤表面的化学刺激性毒物，冲洗时间要达到15～30min。

③ 如毒物系水溶性，现场无中和剂，可用大量水冲洗。用中和剂冲洗时，酸性物质用弱碱性溶液冲洗，碱性物质用弱酸性溶液冲洗。非水溶性刺激物的冲洗剂，须用无毒或低毒物质。对于遇水能反应的物质，应先用干布或者其他能吸收液体的东西抹去污染物，再用水冲洗。

④ 对于黏稠的物质，如有机磷农药，可用大量肥皂水冲洗（敌百虫不能用碱性溶液冲洗），要注意皮肤皱褶、毛发和指甲内的污染物。

⑤ 较大面积的冲洗，要注意防止着凉、感冒，必要时可将冲洗液保持适当温度，但以不影响冲洗剂的作用和及时冲洗为原则。

⑥ 毒物进入眼睛时，应尽快用大量流水缓慢冲洗眼睛15min以上，冲洗时把眼睑撑开，让伤员的眼睛向各个方向缓慢移动。

4.4.4 促进生命器官功能恢复

中毒者若停止呼吸，应立即进行人工呼吸。人工呼吸的方法有压背式、振臂式、口对口（鼻）式三种。最好采用口对口式人工呼吸法。其方法是，抢救者用手捏住中毒者鼻孔，以每分钟12～16次的频次向中毒者口中吹气，或使用苏生器。同时针刺人中、涌泉、太冲等穴位，必要时注射呼吸中枢兴奋剂（如"可拉明"或"洛贝林"）。

中毒者若心跳停止，应立即进行人工复苏胸外挤压。将中毒患者放平仰卧在硬地或木板床上。抢救者在患者一侧或骑在患者身上，面向患者头部，用双手以冲击式挤压胸骨下部部位，每分钟60～70次。挤压时注意不要用力过猛，以免造成肋骨骨折、血气胸等。与此同时，还应尽快请医生进行急救处理。

4.4.5 及时解毒和促进毒物排出

发生急性中毒后应及时采取各种解毒及排毒措施，降低或消除毒物对机体的作用。如采用各种金属配位剂与毒物的金属离子配合成稳定的有机配合物，随尿液排出体外。

毒物经口引起的急性中毒。若毒物无腐蚀性，应立即用催吐或洗胃等方法清除毒物。对于某些毒物亦可使其变为不溶的物质以防止其吸收，如氯化钡、碳酸钡中毒，可口服硫酸钠，使胃肠道尚未吸收的钡盐成为硫酸钡沉淀而防止吸收。氨、铬酸盐、铜盐、汞盐、羧酸类、醛类、脂类中毒时，可给中毒者喝牛奶、生鸡蛋等缓解剂。烷烃、苯、石油醚中毒时，可给中毒者喝一汤匙液体石蜡和一杯含硫酸镁或硫酸钠的水。一氧化碳中毒应立即吸入氧气，以缓解机体缺氧并促进毒物排出。

【任务实施】

（1）救护演练方案的编制及演练

第一步：列出应急演练方案涵盖的核心要素。查阅安全生产行业标准《生产安全事故应急演练基本规范》（AQ/T 9007—2019）等相关资料，归纳出中毒窒息事故应急演练方案涵盖的核心要素。

第二步：编制应急演练方案。结合上一环节归纳和应急演练方案涵盖的核心要素和主要内容，完成中毒窒息事故应急演练方案的编制。

第三步：组织应急实战演练。各小组根据制订的应急演练实施方案进行应急实战演练，将演练过程拍摄成短视频。演练结束后进行评价和小结，总结演练过程中的不足和问题。组内成员在演练中进行角色互换，实施第二轮中毒窒息事故应急实战演练。

（2）口对口人工呼吸实践演练

第一步：判断意识。拍患者肩部，大声呼叫患者，若无意识，立即呼救。

第二步：判断患者情况。触摸颈动脉搏，感受下患者有无呼吸。

第三步：正确定位。胸骨中下 1/3 交界处或双乳头与前正中线交界处，双手交叉重叠互握，准备进行胸部按压。

4-13 心肺复苏

第四步：胸部按压。按压时上半身前倾，腕、肘、肩关节伸直，以髋关节为支点，垂直向下用力，借助上半身的重力进行按压；频率不低于 100 次/min；按压幅度为胸骨下陷 4～5cm；压下后应让胸廓完全回弹，压下与松开的时间基本相等；按压-通气比值为 30:2。

第五步：人工呼吸。采用口对口人工呼吸，首先清理口腔异物，采用仰额举颌法将患者头部抬起，捏住患者鼻子，深吸一口气，口对口进行人工呼吸，看到患者胸膛有明显起伏说明吹气成功，8～10 次/min。

关键与要点

1. 在化工生产和检修现场，急性中毒往往病情严重，发展变化快，需全力以赴，争分夺秒地及时抢救。开展防毒工作的基本原则是：预防为主、防治结合。

2. 现场急救应遵循要点：

（1）做好呼吸系统和皮肤的个人防护，佩戴好供氧式防毒面具或氧气呼吸器，穿好防护服。

（2）果断采取措施切断毒物来源，如关闭泄漏管道的阀门、堵加盲板等，立即启动通风排毒设施或开启门、窗。

（3）救护人员进入现场后，应迅速将中毒者转移至有新鲜空气处，清除毒物，防止其沾染皮肤和黏膜。

（4）中毒者若停止呼吸，应立即进行人工呼吸，心跳停止应立即进行人工复苏胸外挤压。

（5）发生急性中毒后应及时采取各种解毒及排毒措施。

【考核评价】

对各小组分析及讨论情况进行自我评价、小组评价和教师评价,具体内容见附表4-4。

事故案例分析

安康市某化工公司较大中毒窒息事故

2019年10月11日13时2分左右,安康市某生物化工有限公司负责留守污水处理站的看门工唐某和工友汪某吃完午饭后,两人先后在院内走动。13时11分许,唐某走到絮凝混合池旁,擅自打开污水絮凝混合池帘子向里张望(门框帘子未加安全防护设施),不慎坠入池中。紧随其后的工友汪某向跌落池中的唐某喊了两声无回应,汪某立即向隔壁生产厂区方向进行呼救,并给厂长郭某打电话报告了情况。隔壁生产厂区留守看门人员吕某等人听到呼救后赶往污水处理站,汪某打开污水处理站大门,吕某等5人先后进入污水处理站絮凝混合池对唐某进行施救。5人在不清楚絮凝混合池内气体环境且未佩戴防护用品的情况下发生中毒窒息。遇险6人经抢救无效死亡。

1. 请分析事故的成因。
2. 请给出事故的应对方案。

【直击工考】

一、判断题

1. 一旦发现中毒者,应立即将其移到空气新鲜处,并注意保暖,尽快送医院抢救。(   )

2. 毒物进入眼睛时,应尽快用大量流水缓慢冲洗眼睛15min以上,冲洗时把眼睑撑开,让伤员的眼睛向各个方向缓慢移动。(   )

二、简答题

发生急性中毒事故后,现场急救有哪些注意事项?

实践活动

自定义事故情景,制订一个职业中毒的现场急救方案。

单元 5

承压设备安全技术

单元引入

在化工生产过程中需要用承压设备来贮存、处理和输送大量的物料。由于物料的状态、物料的物理及化学性质不同以及采用的工艺方法不同,所用的承压设备也是多种多样的。在化工生产过程中使用的承压设备中,承压设备的数量多,工作条件复杂,危险性很大,承压设备状况的好坏对实现化工安全生产至关重要。因此必须加强对承压设备的安全管理。

单元目标

知识目标
1. 掌握承压设备的分类及安全附件的基本知识。
2. 了解承压设备的安全使用的基本知识。
3. 熟悉导致承压设备安全事故的因素及防止措施。
4. 熟悉气瓶的安全使用基本知识和使用规则。
5. 熟悉锅炉的基本知识和常见事故预防与处置。
6. 掌握压力管道安全装置的特点、管理要求以及处理方法。

能力目标
1. 具有正确使用承压设备的能力。
2. 具有预防承压设备安全事故的能力。

素质目标
1. 养成发现问题、思考问题、解决问题的学习习惯。
2. 强化规矩意识,培养遵守规范、爱岗敬业的精神。

单元解析

本单元主要介绍压力容器安全技术基础知识、气瓶安全技术、工业锅炉安全技术、压力管道安全技术,为预防承压设备安全事故提供理论指导。重点:掌握压力容器的安全附件正确配备和使用。难点:压力容器的正确使用和维护保养。在承压设备的运行中,为防止容器和管线的破坏,当压力超过最高限值时安全阀自动泄压,安全阀是必不可缺的一个安全附件。对于我们每个人而言也同样需要一个"安全阀",同学们进入大学,将来走向社会将面临学业、就业、情感等多方面的压力,压力过大又得不到有效疏解就会对人的身心造成伤害,因此要学会正确地面对压力,找到一种有效的方式释放缓解压力,确立积极进取的人生态度,将压力转化为动力。

任务 5.1　认识压力容器

【任务描述】
　　浏览老师下发的图片展示,通过查找资料区分出哪些是压力容器。以某一种压力容器为例,剖析该压力容器的特征,以小组为单位展示汇报、评价。

【学习目标】
　　1. 了解压力容器的定义。
　　2. 掌握压力容器的分类和用途。
　　3. 掌握压力容器的安全附件如何正确安装使用。

案例导入

　　2017年11月30日12时20分左右,某石化公司炼油厂在换热器检修作业中发生事故,造成5人死亡,16人受伤(其中3人重伤)。初步原因分析:换热器检修前壳程蒸汽压力未泄放,从DCS历史趋势调查,检修时壳体压力为2.2MPa。换热器管箱螺栓拆除至剩余5根时,螺栓失效断裂,管箱及管束在蒸汽压力作用下,从壳体飞出,造成施工及周边人员伤亡。
　　分析与讨论:针对上述案例描述,请谈一谈你对压力容器的认识,错误操作压力容器会有什么危害?应采取什么预防措施?

【必备知识】

5.1.1　压力容器的定义

　　一般情况下,压力容器指具备下列条件的容器:
　　① 最高工作压力大于或等于0.1MPa(不含液体静压力,下同);
　　② 内直径(非圆形截面指断面最大尺寸)大于或等于0.15m,且容积(V)大于或等于0.025m^3;
　　③ 介质为气体、液化气体或最高工作温度高于或等于标准沸点的液体。
　　压力容器的设计、制造(组焊)、安装、改造、维护、使用、检验,均应当严格执行《固定式压力容器安全技术监察规程》(TSG 21—2016)的规定。

5.1.2　压力容器的分类

　　在化工生产过程中,为有利于安全技术监督和管理,根据容器的压力高低、介质的危害程度以及在生产中的重要作用,将压力容器进行分类。压力容器的分类方法很多。

5.1.2.1　按工作压力分类

　　按压力容器的设计压力分为低压、中压、高压、超高压4个等级。
　　低压(代号 L)　0.1MPa≤p<1.6MPa
　　中压(代号 M)　1.6MPa≤p<10MPa

高压（代号 H） 10MPa≤p<100MPa

超高压（代号 U） 100MPa≤p≤1000MPa

5.1.2.2 按用途分类

按压力容器在生产工艺过程中的作用分为反应容器、换热容器、分离容器、贮存容器。

(1) 反应容器（代号 R） 主要用于完成介质的物理、化学反应的压力容器。如反应器、反应釜、分解锅、分解塔、聚合釜、高压釜、超高压釜、合成塔、铜洗塔、变换炉、蒸煮锅、蒸球、蒸压釜、煤气发生炉等。

(2) 换热容器（代号 E） 主要用于完成介质的热量交换的压力容器。如管壳式废热锅炉、热交换器、冷却器、冷凝器、蒸发器、加热器、消毒锅、染色器、蒸炒锅、预热锅、蒸锅、蒸脱机、电热蒸气发生器、煤气发生炉水夹套等。

(3) 分离容器（代号 S） 主要用于完成介质的流体压力平衡和气体净化分离等的压力容器。如分离器、过滤器、集油器、缓冲器、洗涤器、吸收塔、干燥塔、汽提塔、分汽缸、除氧器等。

(4) 贮存容器（代号 C，其中球罐代号 B） 主要是盛装生产用的原料气体、液体、液化气体等的压力容器。如各种类型的贮罐。

在一种压力容器中，如同时具备两个以上的工艺作用时，应按工艺过程中的主要作用来划分。

5.1.2.3 按危险性和危害性分类

(1) 一类压力容器 非易燃或无毒介质的低压容器；易燃或有毒介质的低压分离容器和换热容器。

(2) 二类压力容器 任何介质的中压容器；易燃介质或毒性程度为中度危害介质的低压反应容器和贮存容器；毒性程度为极度和高度危害介质的低压容器；低压管壳式余热锅炉；低压搪玻璃压力容器。

(3) 三类压力容器 毒性程度为极度和高度危害介质的中压容器和 pV（设计压力×容积）$\geq 0.2 \text{MPa} \cdot \text{m}^3$ 的低压容器；易燃或毒性程度为中度危害介质且 $pV \geq 0.5 \text{MPa} \cdot \text{m}^3$ 的中压反应容器；$pV \geq 10 \text{MPa} \cdot \text{m}^3$ 的中压贮存容器；高压、中压管壳式余热锅炉；中压搪玻璃压力容器；容积 $V \geq 50 \text{m}^3$ 的球形储罐，容积 $V > 50 \text{m}^3$ 的低温绝热压力容器；高压容器。

5.1.3 压力容器的安全附件

安全附件是承压设备安全、经济运行不可缺少的一个组成部分。根据压力容器的用途、工作条件、介质性质等具体情况选用必要的安全附件，可提高压力容器的可靠性和安全性。

5.1.3.1 安全泄压装置

压力容器在运行过程中，由于种种原因，可能出现器内压力超过它的最高许用压力（一般为设计压力）的情况。为了防止超压，确保压力容器安全运行，一般都装有安全泄压装置，以自动、迅速地排出容器内的介质，使容器内压力不超过它的最高许用压力。压力容器常见的安全泄压装置有安全阀和爆破片。

5-1 压力容器安全附件

(1) 安全阀 压力容器在正常工作压力运行时，安全阀保持严密不漏；当压力超过设定值时，安全阀在压力作用下自行开启，使容器泄压，以防止容器或管线的破坏；当容器压力泄至正常值时，它又能自行关闭，停止泄放。

① 安全阀的种类。安全阀按其整体结构及加载机构形式来分，常用的有杠杆式和弹簧

式两种。它们是利用杠杆与重锤或弹簧弹力的作用,压住容器内的介质,当介质压力超过杠杆与重锤或弹簧弹力所能维持的压力时,阀芯被顶起,介质向外排放,器内压力迅速降低;当器内压力小于杠杆与重锤或弹簧弹力后,阀芯再次与阀座闭合。

弹簧式安全阀的加载装置是一个弹簧,通过调节螺母,可以改变弹簧的压缩量,调整阀瓣对阀座的压紧力,从而确定其开启压力的大小。弹簧式安全阀结构紧凑,体积小,动作灵敏,对振动不太敏感,可以装在移动式容器上,缺点是阀内弹簧受高温影响时,弹性有所降低。

杠杆式安全阀靠移动重锤的位置或改变重锤的质量来调节安全阀的开启压力。它具有结构简单、调整方便、比较准确以及适用较高温度的优点。但杠杆式安全阀结构比较笨重,难以用于高压容器之上。

② 安全阀的选用。《固定式压力容器安全技术监察规程》(TSG 21—2016)规定,安全阀的制造单位,必须有国家人力资源和社会保障部颁发的制造许可证才可制造。产品出厂应有合格证,合格证上应有质量检查部门的印章及检验日期。

安全阀的选用应根据容器的工艺条件及工作介质的特性从安全阀的安全泄放量、加载机构、封闭机构、气体排放方式、工作压力范围等方面考虑。

安全阀的排放量是选用安全阀的关键因素,安全阀的排出量必须不小于容器的安全泄放量。

从气体排放方式来看,对盛装有毒、易燃或污染环境介质的容器应选用封闭式安全阀。

选用安全阀时,要注意它的工作压力范围,要与压力容器的工作压力范围相匹配。

③ 安全阀的安装。安全阀应垂直向上安装在压力容器本体的液面以上气相空间部位,或与连接在压力容器气相空间上的管道相连接。安全阀确实不便装在容器本体上,而用短管与容器连接时,则接管的直径必须大于安全阀的进口直径,接管上一般禁止装设阀门或其他引出管。压力容器一个连接口上装设数个安全阀时,则该连接口入口的面积,至少应等于数个安全阀的面积总和。压力容器与安全阀之间,一般不宜装设中间截止阀门,对于盛装易燃而毒性程度为极度、高度、中高度危害或黏性介质的容器,为便于安全阀更换、清洗,可装截止阀,但截止阀的流通面积不得小于安全阀的最小流通面积,并且要有可靠的措施和严格的制度,以保证在运行中截止阀保持全开状态并加铅封。

选择安装位置时,应考虑到安全阀的日常检查、维护和检修的方便。安装在室外露天的安全阀要有防止冬季阀内水分冻结的可靠措施。装有排气管的安全阀,排气管的最小截面积应大于安全阀内的出口截面积,排气管应尽可能短而直,并且不得装阀。安装杠杆式安全阀时,必须使它的阀杆保持在铅垂的位置。所有进气管、排气管连接法兰的螺栓必须均匀上紧,以免阀体产生附加应力,破坏阀体的同心度,影响安全阀的正常动作。

④ 安全阀的维护和检验。安全阀在安装前应由专业人员进行水压试验和气密性试验,经试验合格后进行调整校正。安全阀的开启压力不得超过容器的设计压力。校正调整后的安全阀应进行铅封。

要使安全阀动作灵敏可靠和密封性能良好,必须加强日常维护检查。安全阀应经常保持清洁,防止阀体弹簧等被油垢脏物所黏住或被腐蚀。还应经常检查安全阀的铅封是否完好。气温过低时,有无冻结的可能性,检查安全阀是否有泄漏。对杠杆式安全阀,要检查其重锤是否松动或被移动等。如发现缺陷,要及时校正或更换。

安全阀要定期检验,每年至少校验一次。

(2) 爆破片　爆破片又称防爆片、防爆膜、防爆板,是一种断裂型的安全泄压装置。爆破片具有密封性能好,反应动作快以及不易受介质中黏污物的影响等优点。但它是通过膜片的断裂来卸压的，所以卸压后不能继续使用，容器也被迫停止运行，因此它只是在不宜安装安全阀的压力容器上使用。例如：存在爆燃或异常反应而压力倍增，安全阀由于惯性来不及动作；介质昂贵剧毒，不允许任何泄漏；运行中会产生大量沉淀或粉状黏附物，妨碍安全阀动作。

爆破片的结构比较简单。它的主零件是一块很薄的金属板，用一副特殊的管法兰夹持着装入容器引出的短管中，也有把膜片直接与密封垫片一起放入接管法兰的。容器在正常运行时，爆破片虽可能有较大的变形，但它能保持严密不漏。当容器超压时，膜片即断裂排泄介质，避免容器因超压而发生爆炸。

爆破片的设计压力一般为工作压力的1.25倍，对压力波动幅度较大的容器，其设计破裂压力还要相应大一些。但在任何情况下，爆破片的爆破压力都不得大于容器设计压力。一般爆破片材料的选择、膜片的厚度以及采用的结构形式，均是经过专门的理论计算和试验测试而定的。

运行中应经常检查爆破片与法兰连接处有无泄漏，爆破片有无变形。通常情况下，爆破片应每年更换一次，发生超压而未爆破的爆破片应该立即更换。

5.1.3.2 压力表

压力表是测量压力容器中介质压力的一种计量仪表。压力表的种类较多，按它的作用原理和结构，可分为液柱式、弹性元件式、活塞式和电量式四大类。压力容器大多使用弹性元件式的单弹簧管压力表。

(1) 压力表的选用　压力表应该根据被测压力的大小、安装位置的高低、介质的性质（如温度、腐蚀性等）来选择精度等级、最大量程、表盘大小以及隔离装置。

装在压力容器上的压力表，其表盘刻度极限值应为容器最高工作压力的1.5～3倍，最好为2倍。压力表量程越大，允许误差的绝对值也越大，视觉误差也越大。按容器的压力等级要求，低压容器一般不低于2.5级，中压及高压容器不应低于1.5级。为便于操作人员能清楚准确地看出压力指示，压力表盘直径不能太小。在一般情况下，表盘直径不应小于100mm。如果压力表距离观察地点远，表盘直径增大，距离超过2m时，表盘直径最好不小于150mm；距离超过5m时，不要小于250mm。超高压容器压力表的表盘直径应不小于150mm。

(2) 压力表的安装　安装压力表时，为便于操作人员观察，应将压力表安装在最醒目的地方，并要有充足的照明，同时要注意避免受辐射热、低温及振动的影响。装在高处的压力表应稍微向前倾斜，但倾斜角不要超过30°。压力表接管应直接与容器本体相接。为了便于卸换和校验压力表，压力表与容器之间应装设三通旋塞。旋塞应装在垂直的管段上，并要有开启标志，以便核对与更换。蒸汽容器，在压力表与容器之间应装有存水弯管。盛装高温、强腐蚀性及凝结性介质的容器，在压力表与容器连接管路上应装有隔离缓冲装置，使高温或腐蚀介质不和弹簧弯管直接接触，依据液体的腐蚀性选择隔离液。

(3) 压力表的使用　使用中的压力表应根据设备的最高工作压力，在它的刻度盘上划明警戒红线，但注意不要涂画在表盘玻璃上，一则会产生很大的视差，二则玻璃转动导致红线位置发生变化使操作人员产生错觉，造成事故。

压力表应保持洁净，表盘上玻璃要明亮透明，使表内指针指示的压力值能清晰易见。压力表的接管要定期吹洗。在容器运行期间，如发现压力表指示失灵，刻度不清，表盘玻璃破裂，泄压后指针不回零位，铅封损坏等情况，应立即校正或更换。

压力表的维护和校验应符合国家计量部门的有关规定。压力表安装前应当进行校验，在用压力表一般每6个月校验一次。通常压力表上应有校验标记，注明下次校验日期或校验有效期。校验后的压力表应加铅封。未经检验合格和无铅封的压力表均不准安装使用。

5.1.3.3 液面计

液面计是压力容器的安全附件。一般压力容器的液面显示多用玻璃板液面计。石油化工装置的压力容器，如各类液化石油气体的贮存压力容器，选用各种不同作用原理、构造和性能的液位指示仪表。介质为粉体物料的压力容器，多数选用放射性同位素料位仪表，指示粉体的料位高度。

5-2 液面计

不论选用何种类型的液面计或仪表，均应符合《固定式压力容器安全技术监察规程》（TSG 21—2016）规定的安全要求，主要有以下几方面。

① 应根据压力容器的介质、最高工作压力和温度正确选用。

② 在安装使用前，低、中压容器液面计，应进行 1.5 倍液面计公称压力的水压试验；高压容器液面计，应进行 1.25 倍液面计公称压力的水压试验。

③ 盛装 0℃ 以下介质的压力容器，应选用防霜液面计。

④ 寒冷地区室外使用的液面计，应选用夹套型或保温型结构的液面计。

⑤ 易燃且毒性程度为极度、高度危害介质的液化气体压力容器，应采用板式或自动液面指示计，并应有防止泄漏的保护装置。

⑥ 要求液面指示平稳的，不应采用浮子（标）式液面计。

⑦ 液面计应安装在便于观察的位置。如液面计的安装位置不便于观察，则应增加其他辅助设施。大型压力容器还应有集中控制的设施和警报装置。液面计的最高和最低安全液位，应做出明显的标记。

⑧ 压力容器操作人员，应加强液面计的维护管理，经常保持完好和清晰。应对液面计实行定期检修制度，使用单位可根据运行实际情况，在管理制度中具体规定。

⑨ 液面计有下列情况之一的，应停止使用：超过检验周期；玻璃板（管）有裂纹、破碎；阀件固死；经常出现假液位。

⑩ 使用放射性同位素料位检测仪表，应严格执行国务院发布的《放射性同位素与射线装置放射防护条例》的规定，采取有效保护措施，防止使用现场有放射危害。

另外，在化工生产过程中，有些反应压力容器和贮存压力容器还装有液位检测报警、温度检测报警、压力检测报警及联锁等，既是生产监控仪表，也是压力容器的安全附件，都应该按有关规定的要求，加强管理。

【任务实施】

收集整理资料，列举三种以上压力容器的用途和安全附件，具体内容见表 5-1-1。

表 5-1-1 压力容器的用途和安全附件的关系

序号	压力容器名称	用途	安全附件	附件作用	巡检时重点检查部位
		……			

关键与要点

1. 压力容器的设计压力分为低压、中压、高压、超高压 4 个等级。
2. 按压力容器在生产工艺过程中的作用原理分为反应容器、换热容器、分离容器、贮存容器。
3. 安全附件是承压设备安全、经济运行不可缺少的一个组成部分。依据压力容器的用途、工作条件、介质性质等具体情况选用合理必要的安全附件,可提高压力容器的可靠性和安全性。
4. 压力容器的要定期检验,查找安全隐患,及时修补缺陷。

【考核评价】

对各小组分析及讨论情况进行自我评价、小组评价和教师评价,具体内容见附表 5-1。

 事故案例分析

锅炉安装过程中发生爆炸

2000 年 11 月 21 日,某酒业有限公司从焊接厂拉回一台锅炉。锅炉的钢板、封头、冲天管、火管由该公司自备,由焊接厂制造成没有任何附件的立式火管蒸汽锅炉,经酒业有限公司维修人员开孔安装了安全阀、压力表、水位计、上水、主汽管、排污附件后,就位安装。于 2000 年 11 月 27 日上午安装完成,接着进行了 0.7～0.9MPa 的冷态试压两次后,调整了安全阀,公司领导安排司炉人员下午 5 点开始点火煮炉,晚上 10 点压火,司炉人员下班。2000 年 11 月 28 日 4 时,早班司炉工上班开始启动锅炉,通火升温,在 4 时 30 分左右突然一声巨响,锅炉发生了爆炸,炉体骤然释放出强大气流,锅炉失稳倒落在距锅炉原地 6m 外的空地上,烟囱落在距锅炉本体 10 余米处的空地上,断为数节,锅炉底部的灰坑被炸成一个 1.5m×4m 的大坑,原炉的燃煤灰四周飞落,在场的 4 人中 2 人死亡,2 人重伤,距锅炉较远的 2 人也受了不同程度的轻伤。通过事故调查了解,该锅炉是私自设计、土法制造、自行安装投入使用的非法私造锅炉,各个环节均没有任何资料与合法手续,整个制造、安装、使用过程中的人员都没有经过专业方面的培训学习,锅炉知识比较匮乏,是造成这次事故的主要原因。

1. 请分析事故的成因。
2. 请给出事故的应对方案。

【直击工考】

一、单项选择题

1. 压力表在刻度盘上刻的红线是表示( )
   A. 最高工作压力　　B. 最低工作压力　　C. 中间工作压力　　D. 设计压力
2. 工作压力为 5MPa 的压力容器属于( )
   A. 低压容器　　B. 安全监察范围之外　　C. 高压容器　　D. 中压容器

3. 属于第二类压力容器的是（　　）
   A. 球形储罐　　　　　　　　　　B. 移动式压力容器
   C. 低压管壳式余热锅炉　　　　　D. 中压搪玻璃压力容器

二、简答题
1. 压力容器为什么需要定期检验？
2. 列表归纳总结安全泄压装置的分类和特点。

任务 5.2　压力容器的安全管理与使用

【任务描述】
　　通过查阅资料了解压力容器的安全管理规范，正确地使用和维护压力容器。

【学习目标】
1. 掌握压力容器的安全技术管理的基本内容。
2. 掌握压力容器安全操作要求。
3. 熟悉造成压力容器破坏的原因。
4. 熟悉压力容器保养的要点。

案例导入

　　2020 年 7 月 14 日 14 时 20 分，湖北黄冈市某建材有限责任公司在生产中使用蒸压釜时，发生容器爆炸事故，造成 1 人死亡，5 人受伤，直接经济损失 215.98 万元。该公司员工张某和吕某未取得特种设备人员操作证（压力容器作业 R1），未掌握快开门式压力容器操作相应的基础知识、安全使用操作知识和法规标准知识，不具备相应的实际操作技能，凭经验手动关闭 2# 蒸压釜釜门后，开始通蒸汽进行蒸氧，导致蒸压釜釜门处于未锁死状态，釜内压力逐步升高后发生容器爆炸事故。
　　分析与讨论：针对案例中的事故，请分析应该采取什么措施才能避免事故发生。

　　塔、器、釜、槽、罐等压力容器，在化工行业有着广泛的应用。由于压力容器是在温度、压力、介质、环境等复杂苛刻的条件下运行，具有事故率高、危险性大的特点。有统计资料显示，导致化工事故的九大类危险源中，设备缺陷问题居于第一位。因此，做好压力容器的安全管理和安全使用工作任重道远。

【必备知识】

5.2.1　压力容器的安全管理

　　为了确保压力容器的安全运行，必须加强对压力容器的安全管理，及时消除隐患，防患于未然，不断提高其安全可靠性。根据《特种设备安全监察条例》和《固定式压力容器安全技术监察规程》（TSG 21—2016）的规定，压力容器的安全管理主要包括以下几个方面。

5.2.1.1 压力容器的安全技术管理的主要内容

要做好压力容器的安全技术管理工作，首先要从组织上保证。这就要求企业要有专门的机构，并配备专业人员即具有压力容器专业知识的工程技术人员负责压力容器的技术管理及安全监察工作。

压力容器的安全技术管理工作内容主要有：贯彻执行有关压力容器的安全技术规程；编制压力容器的安全管理规章制度，依据生产工艺要求和容器的技术性能制定容器的安全操作规程；参与压力容器的入厂检验、竣工验收及试车；检查压力容器的运行、维修和压力附件校验情况；压力容器的校验、修理、改造和报废等技术审查；编制压力容器的年度定期检修计划，并负责组织实施；向主管部门和当地劳动部门报送当年的压力容器的数量和变动情况统计报表、压力容器定期检验的实施情况及存在的主要问题；压力容器的事故调查分析和报告；检验、焊接和操作人员的安全技术培训管理和压力容器使用登记及技术资料管理。

5.2.1.2 建立压力容器的安全技术档案

压力容器的安全技术档案是正确使用容器的主要依据，它可以使我们全面掌握容器的情况，摸清容器的使用规律，防止发生事故。容器调入或调出时，其技术档案必须随同容器一起调入或调出。对技术资料不齐全的容器，使用单位应对其所缺项目进行补充。

压力容器的安全技术档案应包括：压力容器的产品合格证，质量证明书，登记卡片，设计、制造、安装技术等原始的技术文件和资料，检查鉴定记录，验收单，检修方案及实际检修情况记录，运行累计时间表，年运行记录，理化检验报告，竣工图以及中高压反应容器和贮运容器的主要受压元件强度计算书等。

5.2.1.3 对压力容器使用单位及人员的要求

压力容器的使用单位，在压力容器投入使用前，应按《特种设备安全监察条例》的要求，向地、市特种设备安全监察机构申报和办理使用登记手续。

压力容器使用单位，应在工艺操作规程中明确提出压力容器安全操作要求。其内容至少应当包括：

① 压力容器的操作工艺指标（含最高工作压力、最高或最低工作温度）；

② 压力容器的岗位操作方法（含开、停车的操作程序和注意事项）；

③ 压力容器运行中应当重点检查的项目和部位，运行中可能出现的异常现象和防止措施，以及紧急情况的处置和报告程序。

压力容器使用单位应当对压力容器及其安全附件、安全保护装置、测量调控装置、附属仪器仪表进行经常性日常维护保养，对发现的异常情况，应当及时处理并且记录。

压力容器使用单位要认真组织好压力容器的年度检查工作，年度检查至少包括压力容器安全管理情况检查、压力容器本体及运行状况检查和压力容器安全附件检查等。对年度检查中发现的安全隐患要及时消除。年度检查工作可以由压力容器使用单位的专业人员进行，也可以委托有资格的特种设备检验机构进行。

压力容器使用单位应当对出现故障或者发生异常情况的压力容器及时进行全面检查，消除事故隐患；对存在严重事故隐患，无改造、维修价值的压力容器，应当及时予以报废，并办理注销手续。

对于已经达到设计寿命的压力容器，如果要继续使用，使用单位应当委托有资格的特种设备检验机构对其进行全面检验（必要时进行安全评估），经使用单位主要负责人批准后，方可继续使用。

压力容器内部有压力时，不得进行任何维修。对于特殊的生产工艺过程，需要带温带压紧固螺栓时，或出现紧急泄漏需进行带压堵漏时，使用单位应当按设计规定制定有效的操作要求和防护措施，作业人员应当经过专业培训并且持证操作，且需经过使用单位技术负责人批准。在实际操作时，使用单位安全生产管理部门应当派人进行现场监督。

以水为介质产生蒸汽的压力容器，必须做好水质管理和监测，没有可靠的水处理措施，不应投入运行。

运行中的压力容器，还应保持容器的防腐、保温、绝热、静电接地等措施完好。

压力容器检验、维修人员在进入压力容器内部进行工作前，使用单位应当按《固定式压力容器安全技术监察规程》（TSG 21—2016）要求，做好准备和清理工作。达不到要求时，严禁人员进入。

压力容器使用单位应当对压力容器作业人员定期进行安全教育与专业培训，并做好记录，保证作业人员具备必要的压力容器安全作业知识、作业技能，及时进行知识更新，确保作业人员掌握操作规程及事故应急措施，按章作业。压力容器的作业人员应当持证上岗。

5.2.2 压力容器的定期检验

压力容器的定期检验指在压力容器使用的过程中，每隔一定期限采用各种适当而有效的方法，对容器的各个承压部件和安全装置进行检查和必要的试验。通过检验，发现容器存在的缺陷，使它们在还没有危及容器安全之前即被消除或采取适当措施进行特殊监护，以防压力容器在运行中发生事故。压力容器在生产中不仅长期承受压力，而且还受到介质的腐蚀或高温流体的冲刷磨损，以及操作压力、温度波动的影响。因

5-3 压力容器异常现象判断与上报

此，在使用过程中会产生缺陷。有些压力容器在设计、制造和安装过程中存在着一些原有缺陷，这些缺陷将会在使用中进一步扩展。

显然，无论是原有缺陷，还是在使用过程中产生的缺陷，如果不能及早发现或消除，任其发展扩大，势必在使用过程中导致严重爆炸事故。压力容器实行定期检验，是及时发现缺陷，消除隐患，保证压力容器安全运行的重要的必不可少的措施。

5.2.2.1 定期检验的要求

压力容器的使用单位，必须认真安排压力容器的定期检验工作，按照《在用压力容器检验规程》的规定，由取得检验资格的单位和人员进行检验。并将年检计划报主管部门和当地的锅炉压力容器安全监察机构，锅炉压力容器安全监察机构负责监督检查。

5.2.2.2 定期检验的内容

① 外部检查。指专业人员在压力容器运行中定期的在线检查。检查的主要内容是：压力容器及其管道的保温层、防腐层、设备铭牌是否完好；外表面有无裂纹、变形、腐蚀和局部鼓包；所有焊缝、承压元件及连接部位有无泄漏；安全附件是否齐全、可靠、灵活好用；承压设备的基础有无下沉、倾斜，地脚螺栓、螺母是否齐全完好；有无振动和摩擦；运行参数是否符合安全技术操作规程；运行日志与检修记录是否保存完整。

② 内外部检查。指专业检验人员在压力容器停机时的检验。检验内容除外部检验的全部内容外，还包括以下内容的检验：腐蚀、磨损、裂纹、衬里情况、壁厚测量、金相检验、化学成分分析和硬度测定。

③ 全面检查。全面检验除内、外部检验的全部内容外，还包括焊缝无损探伤和耐压试验。焊缝无损探伤长度一般为容器焊缝总长的20%。耐压试验是承压设备定期检验的主要项目之一，目的是检验设备的整体强度和致密性。绝大多数承压设备进行耐压试验时用水作介质，故常常把耐压试验称为水压试验。

外部检查和内外部检验内容及安全状况等级（共分5级）的评定，见《固定式压力容器安全技术监察规程》（TSG 21—2016）。

5.2.2.3 定期检验的周期

压力容器的检验周期应根据容器的制造和安装质量、使用条件、维护保养等情况，由企业依据《固定式压力容器安全技术监察规程》（TSG 21—2016）进行确定。

（1）定期检验要求　一般情况下，使用单位应按规定至少对在用压力容器进行一次年度检查。

压力容器一般应当于投用后3年内进行首次定期检验。下次的检验周期，由检验机构根据压力容器的安全状况等级，按照以下要求确定：

① 安全状况等级为1、2级的，一般每6年检验一次；

② 安全状况等级为3级的，一般每3~6年检验一次；

③ 安全状况等级为4级的，应当监控使用，其检验周期由检验机构确定，累计监控使用时间不得超过3年，在监控使用期间，使用单位应当制定有效的监控措施；

④ 安全状况等级为5级的，应当对缺陷进行处理，否则不得继续使用；

⑤ 应用基于风险检验（RBI）技术的压力容器，按照《固定式压力容器安全技术监察规程》（TSG 21—2016）的要求确定检验周期。

（2）定期检验周期可以适当缩短　有以下情况之一的压力容器，定期检验周期可以适当缩短：

① 介质对压力容器材料的腐蚀情况不明或者介质对材料的腐蚀情况异常的；

② 材料表面质量差或者内部有缺陷的；

③ 使用条件恶劣或者使用中发现应力腐蚀现象的；

④ 改变使用介质并且可能造成腐蚀现象恶化的；

⑤ 介质为液化石油气并且有应力腐蚀现象的；

⑥ 使用单位没有按规定进行年度检查的；

⑦ 检验中对其他影响安全的因素有怀疑的。

使用标准抗拉强度下限值大于或者等于540MPa低合金钢制造的球形贮罐，投用一年后应当开罐检验。

（3）定期检查周期可以适当延长　安全状况等级为1、2级的压力容器，符合以下条件之一的，定期检验周期可以适当延长：

① 聚四氟乙烯衬里层完好，其检验周期最长可以延长至9年；

② 介质对材料腐蚀速率每年低于0.1mm（实测数据）、有可靠的耐腐蚀金属衬里（复合钢板）或者热喷涂金属（铝粉或者不锈钢粉）涂层，通过1~2次定期检验确认腐蚀轻微或者衬里完好，其检验周期最长可以延长至12年。

装有催化剂的反应容器以及装有充填物的大型压力容器，其检验周期根据设计文件和实际使用情况由使用单位、设计单位和检验机构协商确定，报使用登记机关（即办理使用登记证的质量技术监督部门）备案。

（4）对于无法进行定期检验或者不能按期进行定期检验的压力容器　对无法进行定期检验或者不能按期进行定期检验的压力容器，按如下规定进行处理：

① 设计文件已经注明无法进行定期检验的压力容器，由使用单位提出书面说明，报使用登记机关备案；

② 因情况特殊不能按期进行定期检验的压力容器，由使用单位提出申请并且经过使用单位主要负责人批准，征得原检验机构同意，向使用登记机关备案后，可延期检验，或者由使用单位提出申请，按照《固定式压力容器安全技术监察规程》（TSG 21—2016）第8.10条的规定办理。

对无法进行定期检验或者不能按期进行定期检验的压力容器，使用单位均应当制定可靠的安全保障措施。

5.2.3 压力容器的安全使用

严格按照岗位安全操作规程的规定，精心操作和正确使用压力容器，科学而精心地维护保养是保证压力容器安全运行的重要措施，即使压力容器的设计尽善尽美、科学合理，制造和安装质量优良，如果操作不当同样会发生重大事故。

5.2.3.1 压力容器的安全操作

操作压力容器时要集中精力，勤于监察和调节。操作动作应平稳，应缓慢操作以避免温度、压力的骤升骤降，防止压力容器的疲劳破坏。阀门的开启要谨慎，开停车时各阀门的开关状态以及开关的顺序不能搞错。要防止憋压闷烧、防止高压窜入低压系统，防止性质相抵触的物料相混以及防止液体和高温物料相遇。

操作时，操作人员应严格控制各种工艺指数，严禁超压、超温、超负荷运行，严禁冒险性、试探性试验。并且要在压力容器运行过程中定时、定点、定线地进行巡回检查，认真、准时、准确地记录原始数据。主要检查操作温度、压力、流量、液位等工艺指标是否正常；着重检查容器法兰等部位有无泄漏，容器防腐层是否完好，有无变形、鼓包、腐蚀等缺陷和可疑迹象，容器及连接管道有无振动、磨损；检查安全阀、爆破片、压力表、液位计、紧急切断阀以及安全联锁、报警装置等安全附件是否齐全、完好、灵敏、可靠。

若容器在运行中发生故障，出现下列情况之一，操作人员应立即采取措施停止运行，并尽快向有关领导汇报。

① 容器的压力或壁温超过操作规程规定的最高允许值，采取措施后仍不能使压力或壁温降下来，并有继续恶化的趋势。

② 容器的主要承压元件产生裂纹、鼓包或泄漏等缺陷，危及容器安全。

③ 安全附件失灵、接管断裂、紧固件损坏，难以保证容器安全运行。

④ 发生火灾，直接影响容器的安全操作。

停止容器运行的操作，一般应切断进料，卸放容器内介质，使压力降下来。对于连续生产的容器，紧急停止运行前必须与前后有关工段做好联系工作。

5.2.3.2 压力容器的维护保养

压力容器的维护保养工作一般包括防止腐蚀，消除"跑、冒、滴、漏"和做好停运期间的保养。

化工压力容器内部受工作介质的腐蚀，外部受大气、水或土壤的腐蚀。目前大多数容器采用防腐层来防止腐蚀，如金属涂层、无机涂层、有机涂层、金属内衬和搪玻璃等。检查和维护防腐层的完好，是防止容器腐蚀的关键。如果容器的防腐层自行脱落或受碰撞而损坏，腐蚀介质和材料直接接触，则很快会发生腐蚀。因此，在巡检时应及时清除积附在容器、管道及阀门上面的灰尘、油污、潮湿和有腐蚀性的物质，经常保持容器外表面的洁净和干燥。

生产设备的"跑、冒、滴、漏"不仅浪费化工原料和能源，污染环境，而且往往造成容器、管道、阀门和安全附件的腐蚀。因此要做好日常的维护保养和检修工作，正确选用连接方式、垫片材料、填料等，及时消除"跑、冒、滴、漏"现象，消除振动和摩擦，维护保养好压力容器和安全附件。

另外，还要注意压力容器在停运期间的保养。容器停用时，要将内部的介质排空放净，尤其是腐蚀性介质，要经排放、置换或中和、清洗等技术处理。根据停运时间的长短以及设备和环境的具体情况，有的在容器内、外表面涂刷油漆等保护层；有的在容器内用专用器皿盛放吸潮剂。对停运容器要定期检查，及时更换失效的吸潮剂。发现油漆等保护层脱落时，应及时补上，使保护层经常保持完好无损。

5-4 压力容器的破坏形式

【任务实施】

收集和阅读压力容器的相关资料，列举出压力容器的破坏原因分析，具体格式可参见表 5-2-1。

表 5-2-1　压力容器的破坏原因分析

序号	名称	内装介质	破坏位置	破坏原因	如果压力容器被破坏会引发哪些事故危险	解决办法
	……					

关键与要点

1. 压力容器管理需要部门领导高度重视。
2. 压力容器管理需要合理完善的制度保障。
3. 压力容器管理需要全过程监管，严格按照《特种设备安全监察条例》的要求执行。

【考核评价】

对各小组分析及讨论情况进行自我评价、小组评价和教师评价，具体内容见附表 5-2。

事故案例分析

某公司锅炉车间外一台钢制常压盐酸贮罐发生爆炸

2001 年 4 月 25 日 15 时 30 分，某公司锅炉车间外一台钢制常压盐酸贮罐发生爆炸，2 名工人被爆炸冲击波冲起，当场死亡；经济损失达 20 万元。该台钢制常压盐酸贮罐已使用多年，橡胶衬防腐层已老化破裂，并发生下部腐蚀穿孔盐酸渗漏现象。主管副厂长非常重视，多次在生产安全会上提出建议更换此贮罐。厂生产科安排把此贮罐剖掉更换为玻璃钢常压贮罐。4 月 25 日 15 时 30 分，2 名电焊工携带气割枪站在罐体上对直径为 450mm 人孔端盖螺栓进行切割，当切割至第 12 个螺栓时，突然发生爆炸，造成事故。经现场分析，引起爆炸的化学物质是氢气。由于橡胶衬破损，盐酸与钢罐本体接触发生化学反应产生氢气。氢气聚集在罐顶部空间，并与空气混合，在割枪火焰作用下，氢气与空气中的氧发生剧烈的化学反应，并释放出巨大的能量，使罐体发生爆炸。发生爆炸事故主要是由管理松懈，没有严格按照动火原则进行抽样分析，没有办理动火手续，工人违章作业所致。

1. 请分析事故的成因。
2. 请给出事故的应对方案或教训。

【直击工考】

一、选择题

1. 为防止压力容器发生爆炸和泄漏事故，针对设备使用情况，在强度计算及安全阀排量计算符合标准的前提下，应选用塑性和（　　）较好的材料。

　A. 刚度　　　　B. 脆性　　　　C. 韧性　　　　D. 压力

2. 下列安全附件中，（　　）的动作取决于容器壁的温度，主要用于中压、低压的小型压力容器，在盛装液化气体的钢瓶中应用更为广泛。

　A. 爆破片　　　B. 爆破帽　　　C. 易熔塞　　　D. 安全阀

二、判断题

1. 锅炉和压力容器破坏的主要原因之一是存在裂纹缺陷。（　　）

2. 压力容器的受压元件如果采用不合理的结构形状，局部地方会因应力集中或变形受到过分压束而产生很高的局部应力，严重时也会导致破坏。（　　）

任务 5.3　气瓶的安全使用与管理

【任务描述】

利用现有实训条件，查找资料，制订气体钢瓶安全检查和运输的操作规程，并开展实施现场演练。此任务是综合运用气体钢瓶安全使用和管理知识，完成气体钢瓶安全检查、运输的现场操作。要完成此任务，首先要根据现场条件制订操作方案，小组互评和教师指导相结合，并做好应急预案，以小组为单位进行演练，并留存相关记录。

【学习目标】

1. 熟悉气体钢瓶的安全注意事项和基本知识。

2. 归纳整理气体钢瓶安全使用规则，掌握安全检查、充装、储存、运输与使用气体钢瓶的技能。

案例导入

2003年11月3日，个体运输户滕某将21只空氧气瓶运到某气体直销店库房，进行氧气充装。18时50分，当滕某将充装好的气瓶往自己车上拖（滑）时，拖至第8瓶，气瓶发生爆炸。事故造成1人重伤。该气瓶于1973年9月制造，为高压无缝气瓶，瓶体下部距瓶体底部25mm处实施过挖补，焊接的钢板为60mm×120mm，厚度为5mm，材料不详。该气瓶公称工作压力为15MPa，公称直径为219mm，长度为1200mm，筒体壁厚为6mm，容积为34.7L，材料不详。爆炸后的气瓶分成3块（肩部、筒体、底部），除肩部和底部基本未变形外，筒体已展平。爆破口位于瓶体下部挖补处。

分析与讨论：针对案例中的事故，试分析如何做好气瓶转运。

【必备知识】

5.3.1 气瓶的分类与安全附件

气瓶在化工行业应用广泛。气瓶属于移动式的、可重复充装的压力容器。由于经常装载易燃、易爆、有毒及腐蚀性等危险介质，压力范围遍及高压、中压、低压，因此气瓶除具有一般固定式压力容器的性质外，在充装、搬运和使用方面还有一些特殊问题，如：气瓶在移动、搬运过程中，很容易发生碰撞而增加瓶体爆炸的危险；气瓶经常处于储存物的灌装和使用的交替过程中，也就是说处于承受交变载荷状态；气瓶在使用时，一般与使用者之间无隔离或其他防护措施，所以除了要保证安全使用外，还需要有一些专门的规定和要求。

5.3.1.1 气瓶的分类

气瓶是一种移动式压力容器。按照充装介质的性质，气瓶可以分为压缩气体气瓶、液化气体气瓶和溶解气体气瓶三类。

（1）压缩气体气瓶 压缩气体一般指临界温度小于等于 $-50℃$ 的所有气体，也称为永久气体，如氢、氧、氮、煤气以及各种惰性气体。为了提高气瓶利用率，一般压缩气体气瓶的充装压力为 15～30MPa。

（2）液化气体气瓶 液化气体气瓶充装时以低温液态灌装。有些液化气体的临界温度较低，装入瓶内后受环境温度的影响而全部气化。有些液化气体的临界温度较高，装瓶后在瓶内始终保持气液平衡状态，因此可以分为高压液化气体和低压液化气体。

① 高压液化气体临界温度大于或等于 $-10℃$，如乙烷、二氧化碳、氯化氢等。一般充装压力为 15MPa 和 12.5MPa。

② 低压液化气体临界温度大于 $70℃$，常见的有乙烯、乙烷、丙烯、异丁烯、环氧乙烷、液化石油气等。《液化气体气瓶充装规定》（GB/T 14193—2009）规定，低压液化气体气瓶的最高使用温度定为 $60℃$。低压液化气体在 $60℃$ 时的饱和蒸气压都在 10MPa 以下，所以这类气体的充装压力都不高于 10MPa。

（3）溶解气体气瓶 溶解气体气瓶是专门用于盛装乙炔的气瓶［参考《溶解乙炔气瓶充装规定》（GB/T 13591—2009）］。由于乙炔气体极不稳定，故必须把它溶解在溶剂（常见的为丙酮）中。气瓶内装满多孔性材料，用于吸收溶剂。乙炔瓶充装乙炔气，一般要求分为两次进行，第一次充气后静置 8h 以上，再第二次充气。

5.3.1.2 气瓶的安全附件

气瓶安全附件主要有防振圈，有泄气孔的瓶帽，液氯等钢瓶的易熔塞，氧气瓶及液化石油气的减压阀等。

（1）安全泄压装置 气瓶的安全泄压装置主要是防止气瓶在遇到火灾等特殊高温时，瓶内介质受热膨胀而导致气瓶超压爆炸。其类型有防爆片、易熔塞及防爆片-易熔塞复合装置。

防爆片一般用于高压气瓶，装配在瓶阀上。防爆片是一种断裂的安全泄压装置，具有密封性能好、反应动作快以及不易受介质中黏污物影响的特点。易熔塞主要用于低压气体气瓶，它由钢制基体及其中心孔内浇铸的易熔合金塞构成。目前使用的易熔塞装置的动作温度有多种。防爆片-易熔塞复合装置主要用于对密封性能要求特别严格的气瓶。这种装置由防爆片与易熔塞串联而成，易熔塞装设在防爆片排放的一侧。

（2）瓶（保护）帽 瓶帽是为了防止瓶阀被破坏的一种保护装置。每个气瓶的顶部都应配以瓶帽，以便在气瓶运送过程中佩戴。瓶帽按照其结构形式可以分为拆卸式和固定式两种（见图 5-7）。为了防止由于瓶阀泄漏，或由于安全泄压装置动作，造成瓶帽爆炸，在瓶帽上要开有排气孔。考虑到气体由一侧排出而产生的反动作会使气瓶倾倒或横向移动，排气孔应是对称的两个。

(3) 防振圈　防振圈是防止气瓶瓶体受撞击的一种保护设施，它对气瓶表面漆膜也有很好的保护作用。中国采用的是两个紧套在瓶体上部和下部的、用橡胶或塑料制成的防振圈。

5.3.2　气瓶的颜色区别

《气瓶颜色标志》(GB/T 7144—2016) 对气瓶的颜色、字样和色环做了严格的规定。常见气瓶的颜色、字样和字色见表 5-3-1。

表 5-3-1　气瓶颜色标志

序号	充装气体名称	化学式(或符号)	瓶色	字样	字色	色环
1	氢	H_2	淡绿	氢	大红	$p=20$MPa 大红单环 $p \geqslant 30$MPa 大红双环
2	氧	O_2	淡(酞)蓝	氧	黑	$p=20$MPa 白色单环 $p \geqslant 30$MPa 白色双环
3	氮	N_2	黑	氮	白	
4	空气	Air	黑	空气	白	
5	氩	Ar	银灰	氩	深绿	
6	二氧化碳	CO_2	铝白	液化二氧化碳	黑	$p=20$MPa 黑色单环
7	氨	NH_3	淡黄	液氨	黑	
8	氯	Cl_2	深绿	液氯	白	
9	乙烯	C_2H_4	棕	液化乙烯	淡黄	$p=15$MPa 白色单环 $p=20$MPa 白色双环
10	乙炔	C_2H_2	白	乙炔　不可近火	大红	
11	一氧化氮	NO	白	一氧化氮	黑	
12	一氧化碳	CO	银灰	一氧化碳	大红	

5.3.3　气瓶的安全管理

5.3.3.1　气瓶安全

为了保证气瓶在使用或充装过程中不因环境温度升高而处于超压状态，必须对气瓶的充装量严格控制。确定压缩气体及高压液体气瓶的充装量时，要求瓶内气体在最高使用温度 (60℃) 下的压力，不超过气瓶的最高许可压力。对低压液化气体气瓶，则要求瓶内液体在最高使用温度下，不会膨胀至瓶内满液，即要求瓶内始终保留有一定气相空间。

5-5　气瓶的安全使用

(1) 气瓶不准充装过量　气瓶充装过量是气瓶破裂爆炸的常见原因之一。因此必须加强管理，严格执行《气瓶安全技术规程》(TSG 23—2021) 的安全要求，防止充装过量。充装压缩气体的气瓶，要按不同温度下的最高允许充装压力进行充装。充装液化气体的气瓶，必须严格按规定的充装系数充装，不得超量，如发现超装时，应设法将超装量卸出来。

(2) 防止不同性质的气体混装　气体混装指在同一气瓶内灌装两种气体（或液体）。如果这两种介质在瓶内发生反应，将会造成气瓶爆炸事故。如装过可燃气体（如氢气等）的气瓶，未经置换、清洗等处理，甚至瓶内还有一定量的余气，又灌装氧气，结果瓶内氢气与氧气发生化学反应，产生大量反应热，瓶内压力急剧升高，引起气瓶爆炸。

属于下列情况之一的，应先进行处理，否则严禁充装。

① 钢印标记、颜色标记不符合规定及无法判定瓶内气体的；
② 改装不符合规定或用户自行改装的；
③ 附件不全、损坏或不符合规定的；
④ 瓶内无剩余压力的；
⑤ 超过检验期的；
⑥ 外观检查存在明显损伤，需要进一步检查的；
⑦ 氧化或强氧化性气体沾有油脂的；
⑧ 易燃气体气瓶的首次充装，事先未经置换和抽空的。

5.3.3.2 储存安全

① 气瓶的储存应有专人负责管理。管理人员、操作人员、消防人员应经过安全技术培训，了解气瓶、气体的安全知识。
② 空瓶和实瓶、充装不同介质的气瓶应分开（分室储存）。
③ 气瓶库（储存间）应符合《建筑设计防火规范》（GB 50016—2014）[2018年版]，应采用二级以上防火建筑。与明火或其他建筑物应有符合规定的安全距离。易燃、易爆、有毒、腐蚀性气体气瓶库间的安全距离不得小于15m。
④ 气瓶库应通风、干燥，防止雨（雪）淋、水浸，避免阳光直射，要有便于装卸、运输的设施。库内不得有暖气、水、煤气等管道通过，也不准有地下管道或暗沟。照明灯具及电气设备是防爆的。
⑤ 地下室或半地下室不能储存气瓶。
⑥ 瓶库要有明显的"严禁烟火""当心爆炸"等各类必要的安全标志。
⑦ 储气的气瓶应戴好瓶帽，最好戴固定瓶帽。
⑧ 实瓶一般应立放储存。卧放时，应防止滚动，瓶头（有阀端）应朝向一方。垛放不得超过五层，并妥善固定。气瓶排放应整齐，固定牢靠。数量、号位的标志要明显。要留有通道。
⑨ 瓶库要有运输和消防通道，设置消防栓和消防水池。在固定地点备有专用灭火器、灭火工具和防毒用具。
⑩ 实瓶的储存数量要有限制，在满足当天使用量和周转量的情况下，应尽量减少储存量。
⑪ 容易起聚合反应的气体的气瓶，必须规定储存限期。
⑫ 瓶库账目清楚，数量准确，按时盘点，账物相符。
⑬ 建立并执行气瓶进出库制度。

5.3.3.3 使用安全

① 使用气瓶者应学习气体与气瓶的安全技术知识，在技术熟练人员的指导监督下进行操作练习，合格后才能独立使用。
② 认真进行检查，确认气瓶和瓶内气体质量完好，方可使用。如发现气瓶颜色、钢印等辨别不清，检验超期，气瓶损坏（变形、划伤、腐蚀等），气体质量与标准规定不符等现象，应拒绝使用并妥善处理。
③ 按照规定，正确、可靠地连接调压器、回火防止器、输气橡胶软管、缓冲器、汽化器、焊割炬等，检查、确认没有漏气现象。连接上述器具前，应该微开瓶阀，吹除瓶出口的

灰尘、杂物。

④ 气瓶使用时，一般应立放（乙炔瓶严禁卧放使用），不得靠近热源。与明火、可燃助燃气体气瓶之间的距离不得小于 10m。

⑤ 使用易起聚合反应的气体的气瓶，应远离射线、电磁波、振动源。

⑥ 防止日光暴晒、雨淋、水浸。

⑦ 移动气瓶应手搬瓶肩转动瓶底，移动距离较远时可用轻便的小车运送，严禁抛、滚、滑、翻、肩扛、脚踹。

⑧ 禁止敲击、碰撞气瓶。绝对禁止在气瓶上焊接、引弧。不准用气瓶作支架和铁砧。

⑨ 注意操作顺序。开启瓶阀应轻缓，操作者应站在阀出口的侧后方；关闭瓶阀应轻而严，不能用力过大，避免关得太紧、太死。

⑩ 瓶阀冻结时，不准用火烤。可把瓶移入室内或温度较高的地方，或用 40℃ 以下的温水浇淋解冻。

⑪ 注意保持气瓶及附件清洁、干燥，禁止沾染油脂、腐蚀性介质、灰尘等。

⑫ 瓶内气体不得用尽，应留有剩余压力（余压），余压不应低于 0.05MPa。

⑬ 保护瓶外油漆保护层，避免瓶体腐蚀，保护好识别标志，这样可以防止误用和混装。瓶帽、防振圈、瓶阀等附件都要妥善维护，合理使用。

⑭ 气瓶使用完毕，要送回瓶库或妥善保管。气瓶要定期检验，应由取得检验资质的专门单位负责进行。未取得资质的单位和个人，不得从事气瓶的定期检验工作。

⑮ 运输气瓶时，应严格遵守公安和交通部门颁发的危险品运输规则、条例，具体见表 5-3-2。

表 5-3-2　气瓶运输安全要求

名称	安全要求
装车固定	横向放置，头朝一方，旋紧瓶帽。备齐防振圈，瓶下用三角形木块等卡牢，装车不超高
分类装运	氧气、强氧化剂气瓶不得与易燃品、油脂和带油污的物品同车混装。所装介质相互接触，能引起燃烧、爆炸的气瓶不得混装
轻装轻卸	不抛、不滑、不碰、不撞、不得用电磁起重机搬运
禁止烟火	禁止吸烟，不得接触明火
遮阳防雨	夏季要有遮阳防雨设施，以防暴晒和雨淋
灭火防毒	车上应备有灭火器材或防毒用具
安全标志	车前应悬挂黄底黑字"危险品"字样的三角旗

【任务实施】

（1）气体钢瓶的安全检查和运输演练方案的编制及演练

第一步：列出气体钢瓶的安全检查和运输关键要素。查阅 2021 年国家市场监督管理总局发布的《气瓶安全技术规程》（TSG 23—2021）等相关资料，列出气体钢瓶的安全检查和运输演练关键要素。

第二步：编制演练方案。结合上一环节归纳演练方案涵盖的核心要素和主要内容，完成演练方案的编制。组织全组人员对演练流程、内容、分工进行讨论，确保每个人都有任务，记录员做好记录。

第三步：组织实战演练。各小组根据制订的演练实施方案进行实战演练，将演练过程拍摄成短视频。演练结束后进行评价和小结，总结演练过程中的不足和问题。组内成员在演练中进行角色互换，实施第二轮实战演练。

（2）气体钢瓶的安全检查和运输演练　请按照任务单元所介绍的相关知识和技能，将气体钢瓶的安全检查和运输演练的步骤编写如下：

第一步，_____。
第二步，_____。
第三步，_____。
第四步，_____。

关键与要点

1. 气瓶在正常环境下（-40~60℃）可重复充气使用的，公称工作压力为 0.1~30MPa（表压），公称容积为 0.4~1000L 的盛装压缩气体、液化气体或溶解气体等的移动式压力容器。

2. 气瓶按制造方法分类为钢制无缝气瓶、钢制焊接气瓶、缠绕玻璃纤维气瓶。

3. 气瓶按公称工作压力分类为高压气瓶（300MPa、20MPa、15MPa、12.5MPa、8MPa）和低压气瓶（5MPa、3MPa、2MPa、1.6MPa、1MPa）。

4. 为保障气瓶安全，常配有安全附件，如安全泄压装置（爆破片、易熔塞）和其他附件（防振圈、瓶帽、瓶阀）。

5. 在气瓶上，要对气瓶的充装量严格控制，对于高压气体或高压液化气体气瓶在最高使用温度下的压力不高于气瓶的最高允许压力，对于低压液化气体气瓶要保证瓶内始终保留有一定的气相空间。

【考核评价】

对各小组分析及讨论情况进行自我评价、小组评价和教师评价，具体内容见附表 5-3。

 事故案例分析

卸瓶瓶内沾有油脂的气瓶未采取加垫橡胶垫引起爆炸

2017 年 9 月 29 日下午，驾驶员兼卸瓶员郭某、押运员兼卸瓶员李某驾驶普通货物运输车辆，在某气体公司装载 60 瓶氧气送往某建筑公司在某多晶硅公司的拆迁工地。到某多晶硅公司南大门后，由建筑公司气瓶管理员王某骑着电动车领路，约 15 时 30 分，到达还原车间东大门卸瓶。王某把电动车停稳后绕到驾驶室驾驶员位置时听到一声爆炸声，气瓶发生爆炸。爆炸造成郭某、李某当场死亡，王某受轻伤，小货车后门、侧门损坏严重，距离小货车 10m 远的还原车间东面墙上玻璃被震碎。爆炸的气瓶瓶体碎片内表面发现油脂、炭黑等痕迹，且未发现橡胶垫。

1. 请分析事故的成因。
2. 请给出事故的应对方案。

【直击工考】

一、单项选择题

1. 《气瓶安全技术规程》规定，盛装一般气体的气瓶每（　　）年检验1次。
   A. 2　　　　B. 3　　　　C. 5　　　　D. 6
2. 气瓶的瓶体有肉眼可见的凸起（鼓包）缺陷的，应（　　）。
   A. 作报废处理　　B. 维修处理　　C. 改造使用　　D. 不用处理
3. 下列措施中，（　　）是处理气瓶受热或着火时应首先采用的。
   A. 设法把气瓶拉出扔掉　　　　　　B. 用水喷洒该气瓶
   C. 接近气瓶，试图把瓶上的气门关掉　D. 迅速远离气瓶
4. 在气瓶运输过程中，下列操作不正确的是（　　）。
   A. 装运气瓶中，横向放置时，头部朝向一方
   B. 车上备有灭火器材
   C. 同一辆车尽量多地装载不同种性质的气瓶
   D. 注意防滚动

二、简答题

1. 气体钢瓶的外层标志颜色有哪些？分别表示充装哪些气体？
2. 气体钢瓶充装前，应该做哪些检查工作？
3. 氧气钢瓶减压阀的工作原理是什么？
4. 气瓶的最高使用温度指什么？

任务5.4　制订工业锅炉事故处置措施

【任务描述】

观看老师播放的视频，通过查找资料，从用途、结构、安全使用和管理的角度认识和了解锅炉的性质。以小组为单位展示汇报、评价。

【学习目标】

1. 熟悉锅炉的基本知识和安全运行规程。
2. 能对常见锅炉事故进行相应的处理和预防。

 案例导入

2003年，某化工厂供热的一台锅炉在夜班运行中水位不断下降，当水位降到下限时报警铃没有将已睡着的操作工人惊醒，致使后续工段操作温度下降并难以调解，生产岗位的工人将情况报告给调度和值班班长。当调度和值班班长到达锅炉操作间时发现，锅筒和锅炉管已被烧红。

分析与讨论：判断一下案例中的事故，应该如何处理？

锅炉是压力容器的主要品种之一，作为提供热能的承压设备，在化工生产和社会生活中被广泛应用。锅炉工作条件复杂，连续运行时间长，是具有爆炸危险的特种设备，一旦发生爆炸，不仅本身遭到损毁，还会破坏其他设备及周围的建筑物并伤害人员。因此，锅炉设备的安全管理是实现化工行业安全生产的主要环节之一。

【必备知识】

5.4.1 锅炉的概念、分类和组成

5.4.1.1 锅炉的概念

《特种设备安全监察条例》规定：锅炉指利用各种燃料、电或者其他能源，将所盛装的液体加热到一定的参数，并承载一定压力的密闭设备，其范围包括容积大于等于 30L 承压蒸汽锅炉、出口水压大于或等于 0.1MPa（表压）且额定功率大于或等于 0.1MW 的承压热水锅炉、有机热载体锅炉。锅炉如图 5-4-1 所示。

5.4.1.2 锅炉的分类

锅炉有多种分类方法：按用途分为电站锅炉、工业锅炉、船用锅炉、机车锅炉、生活锅炉；按压力分为低压锅炉、中压锅炉、高压锅炉、亚临界压力锅炉、超临界压力锅炉；按结构分为火管锅炉、水管锅炉、水火管组合锅炉；按锅炉出厂形式分为快装锅炉、组装锅炉和散装锅炉。

图 5-4-1 锅炉

5.4.1.3 锅炉的组成

锅炉由锅和炉以及相配套的附件、自控装置、附属设备组成。

① 锅：指锅炉接受热量，并将热量传给工质的受热面系统，是锅炉中储存或输送工质的密封受压部分，主要包括锅筒（锅壳）、炉胆、水冷壁、过热器、省煤器、对流管束及集箱等。

② 炉：指锅炉中燃料进行燃烧、放出热能的部分，是锅炉的放热部分。

③ 锅炉自控装置：包括给水调节装置，燃烧调节装置，点火装置，熄火保护及送、引风机联锁装置等。锅炉附属设备包括燃料制备和输送系统、通风系统、给水系统以及出渣、除灰、除尘等装置。

④ 锅炉附件有安全附件和其他附件：安全阀、压力表、水位表被称为锅炉三大安全附件。高低水位报警器、锅炉排污装置、汽水管道、阀门、仪表等都是锅炉附件。

5.4.2 锅炉的安全使用与管理

5.4.2.1 锅炉的安全管理要点

锅炉是一个复杂的组合体，除了锅炉本体庞大、复杂外，还有众多的辅机、附件和仪表。锅炉运行时必须严加管理才能保证锅炉的安全运行。锅炉的安全管理流程及管理要点见表 5-4-1。

表 5-4-1　锅炉的安全管理流程及管理要点

管理流程	锅炉的安全管理
专责管理	使用锅炉压力容器的单位应对设备进行专责管理，并设置专门机构，责成专门的领导和技术人员负责管理设备
持证上岗	锅炉司炉、水质化验人员及压力容器操作人员，应分别接受专业安全技术培训并考试合格，持证上岗
照章运行	锅炉压力容器必须严格依照操作规程及其他法规操作运行，任何人在任何情况下不得违章作业
定期检验	定期检验指在设备的设计使用期限内，每隔一定的时间对其承压部件和安全装置进行检查，或做必要的试验。定期检验是及早发现缺陷、消除隐患、保证设备安全运行的一项行之有效的措施。实施特种设备法定检验的单位必须取得国家市场监督管理总局的核准资格
监控水质	水中杂质使锅炉结垢、腐蚀及产生汽水共腾，降低锅炉效率、供汽质量，缩短使用寿命。必须严格监督、控制锅炉给水及水质，使之符合锅炉水质标准规定
报告事故	锅炉压力容器在运行中发生事故，除紧急妥善处理外，应按规定及时、如实上报主管部门及当地特种设备安全监察部门

5.4.2.2　锅炉的使用管理规范

（1）保温　化工压力容器大多数需要保温。新安装的压力容器要按照图样要求对其进行保温。随着时间的推移，保温层性能会下降。因此，要加大保温层检测和维修力度，确保保温质量。

（2）检修　压力容器在日常生产中，需经常进行各种检修，如换热器列管的疏通、清洗，塔内填料的充装等，往往要拆开封头、法兰，更换其密封垫。

（3）维护　由于生产经营的调节或其他原因，有些系统需暂停或停车检修，一般系统停车检修时，出于检修安全需要，对系统均能进行认真置换、清洗，保证系统介质排放清理干净，也便于检修动火安全。

（4）防腐　压力容器防腐有两个目的，一是进行介质区分，刷上不同的表面颜色，使人一目了然；二是保护外壳体，防止环境的腐蚀，即表面除锈。近年来，根据现代防腐技术发展，结合北方冬季气候干燥、夏季炎热、昼夜温差大的特点，选择耐温差、耐老化、适合北方气候的氯磺化面漆，其防腐效果好。

5.4.2.3　锅炉的定期检验

锅炉的定期检验包括外部检验、内部检验和水压试验。一般每年进行一次外部检验，每两年进行一次内部检验，每六年进行一次水压试验。当内部检验与外部检验在同一年进行时，应当先进行内部检验，然后再进行外部检验。对于不能进行内部检验的锅炉（如小型直流锅炉），应当每三年进行一次水压试验。

除定期检验外，有下列情况之一者，也应当进行内部检验：

① 移装锅炉投运前。

② 锅炉停止运行一年以上需恢复运行。受压元件经大修或改造后重新运行一年后。

③ 根据上次内部检验结果和锅炉运行情况，对设备安全可靠性有怀疑时。

锅炉受压元件经大修或改造后，也需要进行水压试验。

锅炉定期检验工作，由具有法定资格证的锅炉压力容器检验单位及检验员担任。锅炉检验报告应当存入锅炉技术档案。

5.4.2.4 锅炉的登记

凡使用固定式承压锅炉的单位,应向锅炉所在地县级及以上的锅炉压力容器监察机构办理锅炉使用手续并取得锅炉使用登记证,没有取得锅炉使用登记证的锅炉,不准投入使用。

5.4.3 锅炉事故类别和处理

5.4.3.1 锅炉缺水事故

当锅炉水位低于最低许可水位时称为缺水。缺水事故是工业锅炉中常见的多发事故,据统计,全国发生的严重缺水事故约占锅炉事故总数的56%。

5-6 锅炉的安全启动、运行和停炉

(1) 锅炉缺水出现的现象

① 水位表看不见水位。
② 水位报警器发出低水位声光报警信号。
③ 有过热器的锅炉,过热蒸汽温度上升。
④ 装有流量计的锅炉,蒸汽流量大于给水流量。
⑤ 严重时,锅炉房闻到烧焦味和冒烟。
⑥ 炉膛内受热面变形,甚至发生爆管或拉脱胀管。

(2) 缺水的主要原因

① 违规脱岗、工作疏忽、判断失误或误操作。
② 水位测量或报警系统失灵。
③ 自动给水控制设备故障。
④ 排污不当或排污设施故障。
⑤ 加热面损坏。
⑥ 负荷骤变。

发生锅炉缺水后,应立即停止供给燃料,停止送风,并应立即查明是轻微缺水还是严重缺水,若是轻微缺水,且不是因给水系统故障、受压泄漏或排污泄漏造成,则可以继续进水到正常水位,投入正常运行。如果是严重缺水,则必须按紧急停炉办法处理并严禁再往锅炉内进水。

(3) 锅炉缺水事故的预防措施

① 司炉工必须有较高的操作水平和较强的工作责任心,严密监视水位。
② 定期校对水位计和水位警报器,发现缺陷及时消除。
③ 注意监视和调整给水压力和给水流量,与蒸汽流量相适应。
④ 监视汽水品质,控制炉水含量。
⑤ 必须做好锅炉的运行记录和维修保养记录。

5.4.3.2 锅炉满水事故

锅炉满水事故指锅炉内水位超过了最高许可水位引起的事故,也是常见事故之一。严重时蒸汽管道内会发出水击声,可造成过热器结垢而爆管,蒸汽大量带水,发电锅炉则会因蒸汽带水损坏汽轮机。

如果是轻微满水,应关小鼓风机和引风机的调节门,使燃烧减弱,停止给水,开启排污阀门放水,直到水位正常;如果是严重满水,应先按紧急停炉程序停炉,停止给水,开启排污阀门放水,开启蒸汽母管及过热器疏水阀门,迅速疏水。

5.4.3.3 汽水共腾事故

汽水共腾指锅筒内蒸汽和炉水共同升腾产生泡沫,汽水界面模糊不清,使蒸汽大量带水的现象。此时,蒸汽品质急剧恶化,使过热器积附盐垢,影响传热而使过热器超温,严重时引发爆管事故。

汽水共腾事故的原因有：锅炉水质没有达到标准，没有及时排污或排污不够，锅炉水中油污或悬浮物过多，负荷突然增加。

5.4.3.4　锅炉管爆管事故

锅炉管爆管事故指水冷壁和对流管束的管子破裂事故。其症状是炉内烟道内发生爆破声或喷汽声，紧接着炉内出现正压，水汽带烟火从炉门等处喷出，水位急剧下降，如处理不及时会并发缺水事故，所以发生严重爆管时，必须采取紧急停炉措施。锅炉管爆管是锅炉运行中性质严重的事故。

锅炉管爆管事故的原因有以下几种：

① 水处理不达标，导致管内严重结垢，造成过热破裂。
② 管子因腐蚀、磨损、壁厚减薄，承压能力随之降低而爆裂。
③ 升火过猛，停炉过快，使锅炉管受热不均匀，造成焊口破裂。
④ 因异物堵塞而过热破裂。

应针对上述原因，区分情况予以解决。重点应是抓好水处理工作，以防止管内结垢。

5.4.3.5　过热器爆管事故

过热器爆管指在过热器烟道内发生爆裂声，炉膛和烟道内负压降低，严重时，会从门孔处喷出蒸汽和烟水，蒸汽量明显减少，排烟温度降低的现象。发生这种事故应及时停炉修理。

发生事故的主要原因如下：

① 锅炉水品质不好或发生汽水共腾，使蒸汽中带水过多，造成过热器管内积盐垢而过热破裂。
② 因错用材料或设计、安装、运行不当，导致金属壁温超过允许温度而发生蠕变破坏。
③ 因磨损、壁厚减薄而破裂。

事故发生后，如果损坏不严重，可启用备用炉后再停炉；如果损坏严重则必须立即停炉。控制水汽品质、防止热偏差、注意疏水、注意安全检修即可预防这类事故。

5.4.3.6　省煤器管破裂事故

（1）省煤器管破裂的现象

① 省煤器处炉墙冒水冒汽且有异常响声。
② 锅内水位急剧下降，给水量明显大于蒸发量。
③ 排烟温度和出口水温升高。

（2）发生事故的原因

① 给水质量差，水中溶有氧和二氧化碳发生内腐蚀，这是钢管式省煤器破坏的主要原因。
② 飞灰磨损和低温腐蚀。
③ 材质不合格或制造安装质量差。
④ 非沸腾式省煤器因操作不当造成汽化，发生水击，使管子破裂。

处理措施：对于沸腾式省煤器，如加大给水后能保持锅炉内水位，则按正常停炉处理。反之，则应采取紧急停炉措施。利用旁路给水系统尽力维持水位。对于非沸腾式省煤器，开启旁路阀门，关闭出入口的风门，使省煤器与高温烟气隔绝。

5.4.3.7　炉膛爆炸事故

以煤粉、气体、油为燃料的锅炉，在点火过程中或灭火后，当炉膛内的可燃物质与空气混合物的浓度达到爆炸极限时，遇明火就会爆炸，造成炉膛爆炸事故。

在锅炉事故中有80%以上的事故都是由使用管理不当引起的,其中判断或操作失误、水质管理不善、无证操作是这些事故的主要原因。另外,设计不合理也有可能导致锅炉发生事故。

【任务实施】

锅炉事故的类别主要有锅炉缺水事故、锅炉满水事故、锅炉管爆管事故、汽水共腾事故、过热器爆管事故、省煤器管破裂事故和炉膛爆炸事故。

(1) 分析案例,明确事故类别案例现象分析及事故类别 分析案例,明确事故类别案例现象分析及事故类别如表5-4-2所示。

表 5-4-2 案例现象分析及事故类别

	案例现象分析	事故类别
案例一	通过描述得知由于操作人员在岗睡觉,使锅炉水位下降到最低下限以下,水位警报器报警	锅炉缺水事故
案例二	工人点火时,煤气进气阀没有关闭,致使点火前炉膛、烟道、烟囱内聚集大量煤气和空气的混合气,且混合比达到爆轰极限值,因而在点火瞬间发生爆炸	炉膛爆炸

(2) 分析事故原因,正确处理事故 案例事故分析及处理方法如表5-4-3所示。

表 5-4-3 案例事故分析及处理方法

	事故分析	处理方法
案例一	操作人员在岗睡觉,没有严密监视水位,致使锅筒和锅炉管被烧红,此时若向锅炉注水,则水接触到烧红的锅筒和锅炉管会产生大量蒸汽使气压剧增,导致锅炉烧坏,甚至爆炸	紧急停车,进行熄火降温处理
案例二	当班人员未按规定进行全面的认真检查,在点火时未按规程进行操作,使点火装置的手动蝶阀在点火前处于开启状态	立即停炉,防止二次爆燃和连锁反应

关键与要点

1. 锅炉发生事故时,运行人员应沉着冷静,对机组工况进行全面分析后迅速找出故障点和事故根源。

2. 在确保人身和设备不受损害的前提下,尽可能保持和恢复机组的正常运行。当判定锅炉丧失运行能力或运行条件时以及对设备和人身安全构成威胁时才可停止锅炉的运行。

3. 锅炉发生故障或事故时,不慌乱,及时查看压力表和水位表,观察现场情况确定事故类型,及时汇报现场情况,统一服从现场值班主任指挥。

【考核评价】

对各小组分析及讨论情况进行自我评价、小组评价和教师评价,具体内容见附表5-4。

事故案例分析

正常燃烧运行中的锅炉发生爆炸

2006年7月30日21点,温州某皮革厂一台锅炉发生爆炸,共造成5人死亡,9人受伤(其中2人重伤,6人轻伤,1人轻微伤),直接经济损失约150万元。

该锅炉用途为加热皮革生产用水。2006年5月9日由检验机构对该锅炉进行了内部检验,指出"安全阀、压力表已超期未校验,应及时校验",但使用单位一直未安排人员落实整改。6月下旬一天晚上,该锅炉因两个出汽阀关闭、安全阀未启跳而超压造成锅壳一处泄漏,使用单位生产管理负责人徐某私自请人非法维修锅炉后继续投入使用,此后司炉工苏某(无证)发现锅炉安全阀有问题并报告徐某,徐某让其自行修理,苏某修理无效后提出更换安全阀,但徐某一直未安排更换。

事故当晚20时30分左右,程某(晚班转轴工兼司炉,无证)给锅炉加水、加煤,锅炉处于正常运行状态。此后不久,吴某发现圆形水箱中水温达80℃左右(正常工作温度为50℃左右),担心过高的水温进入转轴会把皮料烫坏,于是往圆形水箱中加了些冷水,然后将分汽缸上通往圆形水箱的出汽阀关闭,而此时通往方形水箱的另一出汽阀已处于基本关闭状态,锅炉内压力因无法有效释放而迅速上升,约半小时后锅炉发生超压爆炸。爆炸产生的巨大冲击波推倒了部分厂房、厂区东侧围墙,并压塌了围墙外三间简易房,倒塌面积近400m²,简易房内16人被埋;锅壳部分炸飞10m左右,封头沿西北方向飞出300m左右,炉胆部分飞出15m左右落到三间简易房附近。

1. 请分析事故的成因。
2. 请给出事故的防范措施。

【直击工考】

一、选择题

1. 锅炉的三大安全附件是安全阀、水位表和( )。
A. 电表　　　　B. 温度计　　　　C. 压力表　　　　D. 体积表
2. 压力表在刻度盘上刻的红线是表示( )。
A 最低工作压力　B. 最高工作压力　C. 中间工作压力　D. 设计压力
3. 在对锅炉、压力容器维修的过程中,应使用( )V的安全灯照明。
A. 36　　　　　B. 24　　　　　　C. 12　　　　　　D. 6
4. 在锅炉房中长时间工作要留意( )。
A. 高噪声　　　B. 高温中暑　　　C. 饮食问题　　　D. 休息问题
5. ( )不准在锅炉炉膛内燃烧。
A. 煤炭　　　　B. 汽油　　　　　C. 油渣　　　　　D. 焦炭
6. 可能导致锅炉爆炸的主要原因是( )。
A. 一天24小时不停地使用锅炉　　　B. 炉水长期处理不当
C. 炉渣过多　　　　　　　　　　　D. 间歇使用

二、简答题

1. 进入锅炉内部工作时,应采取哪些安全措施?
2. 工业生产中常见的锅炉事故有哪些?

单元5 承压设备安全技术

任务 5.5 制订压力管道泄漏处置措施

【任务描述】

浏览老师下发的案例资料,通过查找资料了解认识压力管道。针对压力管道的用途、安全使用、维护保养等方面知识展开学习,以小组为单位进行展示汇报、评价。

【学习目标】

1. 掌握压力管道的安全装置功能特点。
2. 掌握压力管道安全管理工作基本工作内容。
3. 熟悉压力管道事故类型和特点,掌握处理事故类型的方法。

  案例导入

2004年10月16日20时40分,某纸业有限公司发生一起压力管道爆炸严重事故,造成2人死亡,2人重伤,直接经济损失0.6万元。发生爆炸的压力管道为蒸汽管道,设计压力为0.49MPa,规格为直径426mm。爆炸部位为蒸汽管网波纹管补偿器。10月16日18时20分,该公司工程师付某去巡视蒸汽管道的运行情况,发现2号、3号波纹管金属膨胀节有漏气现象,随后,他将漏气情况电话报告该公司李总。经研究决定用短管连接代替泄漏的膨胀节。20时20分,维修人员到场并组织相应的维修设备到场。20时40分,一声闷响,2号波纹管金属膨胀节发生爆炸。事故造成4位维修人员被炸倒在地上,蒸汽管网金属波纹膨胀节爆炸的碎块掉落在地上,相邻冷凝回水管道受爆炸影响从管架上掉落,膨胀节拉杆全部断裂,4个混凝土管道支架倾斜。事故直接原因:发生事故的蒸汽管道在安装前,安装单位未到当地特种设备安全监督管理部门办理安装告知手续,安装开始直至试运行,也未经核准的检验检测机构进行监督检验。经调查,该纸业有限公司不能提供压力管道系统产品的质量证明书、安装及使用维修说明书等文件。发生爆炸的蒸汽管网波纹管补偿器未见产品铭牌或其他标记,仅有一复印件的产品合格证(经调查该复印件是伪造的)。

分析与讨论: 针对案例中的事故,如何预防和避免事故的发生?

在化工生产工艺中,存在着大量的压力管道。《特种设备安全监察条例》(国务院令549号)规定,压力管道指利用一定的压力输送气体或者液体的管状设备,其范围规定为最高工作压力大于或者等于0.1MPa(表压)的气体、液化气体、蒸汽介质或者可燃、易爆、有毒、有腐蚀性、最高工作温度高于或者等于标准沸点的液体介质,且公称直径大于25mm的管道。

【必备知识】

5.5.1 压力管道安全装置

在生产过程中,为避免管道内介质的压力超过允许的操作压力而造成灾害性事故的发生，一般是利用泄压装置来及时排放管道内的介质，使管道内介质的压力迅速下降。管道中采用的安全泄压装置主要有安全阀、爆破片、视镜、阻火器，或在管道上加安全水封和安全放空管。

5.5.1.1 安全阀

安全阀作为超压保护装置，其功能是：当管道压力升高超过允许值时，阀门开启全量排放，以防止管道压力继续升高，当压力降低到规定值时，阀门及时关闭，以保护设备和管路的安全运行。

压力管道中常用的安全阀有弹簧式安全阀和隔离式安全阀。弹簧式安全阀可分为封闭式弹簧安全阀、非封闭式弹簧安全阀、带扳手的弹簧式安全阀；隔离式安全阀是在安全阀入口串联爆破片装置。在采用隔离式安全阀时，对爆破片有一定的要求，首先要求爆破过程不得产生任何碎片，以免损伤安全阀，或影响安全阀的开启与回座的性能；其次是要求爆破片抗疲劳和承受背压的能力强等。

5.5.1.2 爆破片

爆破片功能是：当压力管道中的介质压力大于爆破片的设计承受压力时，爆破片破裂，介质释放，压力迅速下降，从而起到保护主体设备和压力管道的作用。

爆破片的品种规格很多，有反拱带槽型、反拱带刀型、反拱脱落型、正拱开缝型、普通正拱型，应根据操作要求允许的介质压力、介质的相态、管径的大小等来选择合适的爆破片。有的爆破片最好与安全阀串联，如反拱带刀型爆破片；有的爆破片不能与安全阀串联，如普通正拱形爆破片。从爆破片的发展趋势看，带槽型爆破片的性能在各方面均优于其他类型，尤其是反拱带槽型爆破片，具有抗疲劳能力强、耐背压、允许工作压力高和动作响应时间短等优点。

5.5.1.3 视镜

视镜多用在排液或受槽前的回流、冷却水等液体管路上，以观察液体流动情况。

常用的视镜有钢制视镜、不锈钢视镜、铝制视镜、硬聚氯乙烯视镜、耐酸酚醛塑料视镜、玻璃管视镜等。

视镜是根据输送介质的化学性质、物理状态及工艺对视镜功能的要求来选用。视镜的材料基本上和管子材料相同。如碳钢管采用钢制视镜，不锈钢管子采用不锈钢视镜，硬聚氯乙烯管子采用硬聚氯乙烯视镜，需要变径的可采用异径视镜，需要多面窥视的可采用双面视镜，需要它代替三通功能的可选用三通视镜。一般视镜的操作压力$\leqslant 0.25$MPa。钢制视镜，操作压力$\leqslant 0.6$MPa。

5.5.1.4 阻火器

阻火器是一种防止火焰蔓延的安全装置，通常安装在易燃易爆气体管路上。当某一段管道发生事故时，不至于影响另一段的管道和设备。某些易燃易爆的气体如乙炔气，充灌瓶与压缩机之间的管道，要求设3个阻火器。

阻火器的种类较多，主要有：碳素钢壳体镀锌铁丝网阻火器，不锈钢壳体不锈钢丝网阻火器，钢制砾石阻火器，碳钢壳体铜丝网阻火器，波形散热片式阻火器，铸铝壳体铜丝网阻火器等。

阻火器的选用应满足以下要求：

① 阻火器的壳体要能承受介质的压力和允许的温度，还要能耐介质的腐蚀；
② 填料要有一定强度，且不能和介质起化学反应；
③ 根据介质的化学性质、温度、压力来选用合适的阻火器。

一般介质，使用压力$\leqslant 1.0$MPa，温度<80℃时均采用碳钢镀锌铁丝网阻火器。特殊的

介质如乙炔气管道，要采用特殊的阻火器。

5.5.1.5 其他安全装置

压力管道的安全装置还有压力表、安全水封及安全放空管等。压力表的作用主要是显示压力管道内的压力大小。安全水封既能起到安全泄压的作用，还能在发生火灾事故时起到阻止火势蔓延的作用。放空管主要起到安全泄压的作用。

5.5.2 压力管道安全管理

5.5.2.1 压力管道安全管理的职责

按照《压力管道安全技术监察规程——工业管道》(TSGD 0001—2009)，压力管道使用单位负责本单位的压力管道安全管理工作，并应履行以下职责：

① 贯彻执行有关安全法律、法规和压力管道的技术规程、标准，建立、健全本单位的压力管道安全管理制度；

② 配备专职或兼职专业技术人员负责压力管道安全管理工作；

③ 确保压力管道及其安全设施符合国家的有关规定，对于新建、改建、扩建的压力管道及其安全设施不符合国家有关规定时，应拒绝验收；

④ 建立压力管道技术档案，并到企业所在地的主管部门办理登记手续；

⑤ 对压力管道操作人员和压力管道检查维护人员进行安全技术培训，经考试合格后，才能上岗；

⑥ 制定并实施压力管道定期检验计划，安排附属仪器仪表、安全保护装置、测量调控装置的定期校验和检修工作；

⑦ 对事故隐患及时采取措施进行整改，重大事故隐患应以书面形式报告省级以上安全主管部门和省级以上行政主管部门；

⑧ 对输送可燃、易爆或有毒介质的压力管道建立巡线检查制度，制定应急措施和救援方案，根据需要建立抢险队伍，并定期演练；

⑨ 按有关规定及时如实向主管部门和当地劳动行政部门报告压力管道事故，并协助做好事故调查和善后处理，认真总结经验教训，防止事故的再次发生；

⑩ 压力管道管理人员、检查人员和操作人员应严格遵守有关安全法律、法规、技术规程、标准和企业的安全生产制度。

5.5.2.2 压力管道的日常安全管理的主要内容

在压力管道的日常安全管理过程中，加强对压力管道的维护保养至关重要。主要内容有：

① 经常检查压力管道的防腐措施，保证其完好无损，保持管道表面的光洁，从而减少各种腐蚀；

② 阀门的操作机构要经常除锈上油，并配置保护塑料套管，定期进行活动，确保其开关灵活；

③ 安全阀、压力表要经常擦拭，确保其灵活、准确，并按时进行检查和校验；

④ 定期检查紧固螺栓完好状况，做到齐全、不锈蚀、丝扣完整，连接可靠；

⑤ 压力管道因外界因素产生较大振动时，应采取隔断振源、加强支撑等减振措施；

⑥ 静电跨接、接地装置要保持良好完整，及时消除缺陷；

⑦ 停用的压力管道应排除内部的腐蚀性介质，并进行置换、清洗和干燥，必要时做惰性气体保护，外表面应涂刷防腐油漆，防止环境因素腐蚀；

⑧ 禁止将管道及支架作电焊的零线和起重作业的支点；

⑨ 及时消除"跑、冒、滴、漏"现象；

⑩ 管道的底部和弯曲处是系统的薄弱环节，这些地方最易发生腐蚀和磨损，因此必须经常对这些部位进行检查，以便及时发现问题、及时进行修理或更换。

5-7 压力管道事故特点及应急措施

【任务实施】

利用现有实训条件，设定蒸汽泄漏情景，制订应急处理方案，参考方案如下：

① 发现管道蒸汽泄漏时，要立刻、马上向当班班长、段长、车间及调度汇报。

② 处置人员立即到达现场，在保证人身安全的前提下，查找泄漏点，确定泄漏影响范围，关闭相关阀门，必要时关停总阀。

③ 对泄漏处周围做好安全措施，防止蒸汽伤人。同时密切监视损坏部位的发展态势，做好事故预想。

④ 维修相关人员要尽快决定抢修方案，并上报上级部门。

⑤ 根据抢修方案，维修人员组织抢修力量，准备抢修所需材料、工器具等，装设照明，搭设脚手架，办理工作许可证后，对泄漏点进行抢修。（注意：处理人员一定要做好防烫准备，按要求穿戴防烫服、防烫面具和防烫手套，同时有人进行安全监护。）

⑥ 泄漏点冷却下来后，应组织人员查明泄漏原因，焊接管道，更换发生损坏的阀门或垫。

关键与要点

1. 安全阀、爆破片、视镜、阻火器等安全泄压装置十分重要，可以避免事故的发生。
2. 压力管道事故按事故类型和原因进行分类，为事故排查和分析提供重要依据。

【考核评价】

对各小组分析及讨论情况进行自我评价、小组评价和教师评价，具体内容见附表5-5。

事故案例分析

压力管道爆炸事故

2004年10月16日20时40分，广东省东莞市某纸业有限公司发生一起压力管道爆炸严重事故，造成2人死亡，2人重伤，直接经济损失0.6万元。

发生爆炸的压力管道为蒸汽管道，设计压力为0.49MPa，规格为直径426mm。爆炸部位为蒸汽管网波纹管补偿器。

10月16日18时20分，该公司工程师付某去巡视蒸汽管道的运行情况，发现2号、3号波纹管金属膨胀节有漏气现象，随后，他将漏气情况电话报告该公司李总。18时45分，李总带设备主任余某、调度室主任周某以及主管施工的付某来到现场，研究处理方案，最后决定用短管连接代替泄漏的膨胀节。20时20分，维修人员到场并组织相应的维修设备到场。20时40分，一声闷响，2号波纹管金属膨胀节发生爆炸。事故造成4位维修人员被炸倒在地上，蒸汽管网金属波纹膨胀节爆炸的碎块掉落在地上，相邻冷凝回水管道受爆炸影响从管架上掉落，膨胀节拉杆全部断裂，4个混凝土管道支架倾斜。

发生事故的蒸汽管道在安装前，安装单位未到当地特种设备安全监督管理部门办理安装告知手续，安装开始直至试运行，也未经核准的检验检测机构进行监督检验。

经调查，该纸业有限公司不能提供压力管道系统产品的质量证明书、安装及使用维修说明书等文件。发生爆炸的蒸汽管网波纹管补偿器未见产品铭牌或其他标记，仅有一复印件的产品合格证（经调查该复印件是伪造的）。

1. 请分析事故的成因。
2. 请给出事故的应对方案。

【直击工考】

一、单项选择题

1. 在中低压化工设备和管道中，常用法兰的密封面结构有平面、凹凸面和榫槽面三种形式，其适用压力由高到低的排列顺序为（　　）。

A. 平面、凹凸面、榫槽面　　　　　　B. 凹凸面、平面、榫槽面
C. 榫槽面、凹凸面、平面　　　　　　D. 平面、榫槽面、凹凸面

2. 生产、储存危险化学品的单位，应当对其铺设的危险化学品管道设置（　　），并对危险化学品管道定期检查、检测。

A. 警示牌　　　　B. 明显标志　　　　C. 文字提示　　　　D. 图案标识

二、多项选择题

1. 依据《特种设备安全监察条例》的规定，未经许可，擅自从事锅炉、压力容器及其安全附件、安全保护装置的（　　）以及压力管道元件制造活动的，由特种设备安全监督管理部门予以取缔。

A. 销售　　　　B. 制造　　　　C. 改造　　　　D. 安装

2. 管道在满足工艺性要求的同时，还应满足安全性能的要求，包括（　　）的要求。

A. 强度　　　　B. 刚度　　　　C. 密封　　　　D. 使用年限

三、简答题

1. 工业生产中常见的压力管道装置有哪些？
2. 压力管道事故的特征有哪些？

单元6

电气安全与静电防护技术

单元引入

　　电能的开发和应用给人类的生产和生活带来了巨大的变化,大大促进了社会的文明与进步。在现代社会中,电能已被广泛应用于工、农业生产和人民生活等各个领域。然而,在用电的同时,如果对电能可能产生的危害认识不足,控制和管理不当,防护措施不到位,在电能的传递和转换过程中,将会发生异常情况,造成电气事故,进而引发火灾和爆炸等更为严重的事故,给人们的健康、生命安全和财产带来重大损失。因此,掌握电气事故的特点及相关知识,制订电气事故的预防和急救措施,对于做好电气安全工作、防止事故的发生具有重要的意义。

单元目标

知识目标　　1. 掌握电气安全事故的基本类型及技术对策。
　　　　　　　2. 掌握触电急救的基本方法。
　　　　　　　3. 掌握静电危害及静电防护技术。
　　　　　　　4. 了解雷电危害及防护技术。

能力目标　　1. 初步具有实施触电急救的能力。
　　　　　　　2. 初步具有静电防护的能力。

素质目标　　1. 弘扬电气与静电安全领域科学家的爱国和奋斗精神,激发对科学的热爱和追求。
　　　　　　　2. 尊重生命、互爱互助,具有奉献精神,具有社会责任感。

单元解析

　　本单元主要包括电气安全和静电防护技术,包括电气安全技术、触电急救、静电防护技术、防雷技术 4 个任务。**重点**:掌握电气安全知识和防触电方法。**难点**:电气技术知识和防雷技术。

任务 6.1　认识触电危害及防护措施

【任务描述】

阅读案例，分析引起事故的原因，列举出触电后的表现，思考触电伤亡的原因，归纳常见的触电伤害种类及预防措施。

【学习目标】

1. 能够表述电气事故的种类和电对人体的危害。
2. 能够识别触电方式，造成触电事故的主要原因和影响触电危险程度的主要因素。
3. 能够阐述预防触电的技术措施。

 案例导入

案例 1：1996 年 1 月 8 日凌晨，某工厂分厂一变电所的高压负荷开关 B 相保险管爆裂，上支座被烧坏，变电所班长和车间电力调度在现场研究决定，由副班长用导线将保险管下支座与高压铝排直接连通，事后既没有向车间汇报，也未作正规处理。1996 年 9 月 7 日上午，车间变电班在对该变电所进行小修时，拉下 10kV 高压负荷开关，听到变压器的声响停止后，便以为已经断电，作业者爬上高压铝排准备清扫铝排，当即被电击倒在三根高压铝排上丧命。

案例 2：1999 年 7 月 31 日上午，某厂职工子弟中学校办工厂的一名青年管工，在承包工程的室外地沟里进行管道作业时，脚上穿的塑料底布鞋和手上戴的帆布手套被地沟中的积水湿透，该管工右手接电焊机回路线往钢管上搭接时，裸露的线头触到戴手套的左手掌上，触电倒地，又将回路线压在身下触电身亡。

案例 3：某化工厂一民工韩某与其他 3 名工友从事化工产品的包装作业。韩某去取塑料编织袋回来时，一脚踏在盘在地上的电缆线上，触电摔倒，并出现昏迷、呼吸困难、脸与嘴唇发紫等症状。

分析与讨论：请分析以上安全事故属于哪种类型的安全事故？这些安全事故的产生原因有哪些？

【必备知识】

6.1.1　电气安全基本知识

6.1.1.1　电流对人体的伤害

当人体接触带电体时，电流会对人体造成程度不同的伤害，即发生触电事故。触电事故可分为电击和电伤两种类型。

（1）电击　电击指电流通过人体时所造成的身体内部伤害，它会破坏人的心脏、呼吸及神经系统的正常工作，使人出现痉挛、窒息、心颤、心搏骤停等症状，甚至危及生命。

（2）电伤　电伤指由电流的热效应、化学效应或机械效应对人体造成的伤害。电伤可伤及人体内部，但多见于人体表面，且常会在人体上留下伤痕。电伤可分为以下几种情况。

① 电弧烧伤。又称为电灼伤，是电伤中最常见也最严重的一种。多由电流的热效应引起，但与一般的水、火烫伤性质不同。

② 电烙印。指电流通过人体后，在接触部位留下的瘢痕。瘢痕处皮肤变硬，失去原有弹性和色泽，表层坏死，失去知觉。

③ 皮肤金属化。指由于电流或电弧作用产生的金属微粒渗入了人体皮肤，造成受伤部位变得粗糙坚硬并呈特殊颜色（多为青黑色或褐红色）。

④ 电光眼。表现为角膜炎或结膜炎。在弧光放电时，紫外线、可见光、红外线均可能损伤眼睛。对于短暂的照射，紫外线是引起电光眼的主要原因。

6.1.1.2　引起触电的三种情形

发生触电事故的情况是多种多样的，但归纳起来主要包括以下三种情形：单相触电，两相触电，跨步电压、接触电压和雷击触电。

（1）单相触电　在电力系统的电网中，有中性点直接接地系统中的单相触电和中性点不接地系统中的单相触电两种情况。

① 中性点直接接地系统中的单相触电如图6-1-1所示。当人体接触导线时，人体承受相电压。电流经人体、大地和中性点接地装置形成闭合回路。触电电流的大小取决于相电压和回路电阻。

② 中性点不接地系统中的单相触电如图6-1-2所示。因为中性点不接地，所以有两个回路的电流通过人体。一个是从W相导线出发，经人体、大地、线路对地阻抗Z到U相导线，另一个是同样路径到V相导线。触电电流的数值取决于线电压、人体电阻和线路的对地阻抗。

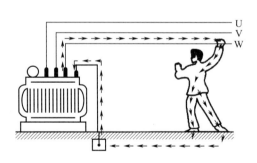

图6-1-1　中性点直接接地系统中的单相触电

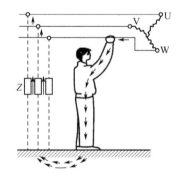

图6-1-2　中性点不接地系统中的单相触电

（2）两相触电　人体同时与两相导线接触时，电流就由一相导线经人体至另一相导线，这种触电方式称为两相触电，如图6-1-3所示。

（3）跨步电压、接触电压和雷击触电　当一根带电导线断落地上时，落地点的电位就是导线所具有的电位，电流会从落地点直接流入大地。离落地点越远，电流越分散，地面电位也就越低。对地电位的分布曲线如图6-1-4所示。以电线落地点为圆心可画出若干同心圆，它们表示了落地点周围的电位分布。离落地点越近，地面电位越高。跨步电压触电如图6-1-5所示。此时由于电流通过人的两腿而较少通过心脏，故危险性较小。接触电压触电如图6-1-6所示。此外，雷电时发生的触电现象称为雷击触电。

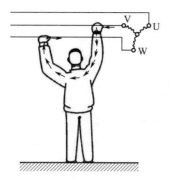

图 6-1-3 两相触电

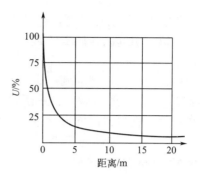

图 6-1-4 对地电位的分布曲线

图 6-1-5 跨步电压触电

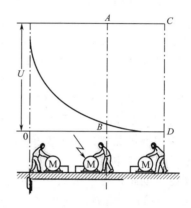

图 6-1-6 接触电压触电

6.1.1.3 影响触电伤害程度的因素

触电所造成的各种伤害，都是由电流对人体的作用而引起的。如电流通过人体时，会引起针刺感、压迫感、打击感、痉挛、疼痛、血压升高、心律不齐、昏迷，甚至心室颤动等症状。

通过人体的电流越大，人体的生理反应越明显，感觉越强烈，引起心室颤动所需的时间越短，致命的危险性就越大。对于常用的工频交流电，按照通过人体的电流大小，将会呈现出不同的人体生理反应，详见表 6-1-1。

表 6-1-1 工频电流所引起的人体生理反应

电流范围/mA	通电时间	人体生理反应
0~0.5	连续通电	没有感觉
0.5~5	连续通电	开始有感觉，手指、腕等处有痛感，没有痉挛，可以摆脱带电体
5~30	数分钟以内	痉挛，不能摆脱带电体，呼吸困难，血压升高，是可以忍受的极限
30~50	数秒钟到数分钟	心脏跳动不规则，昏迷，血压升高，强烈痉挛，时间过长可引起心室颤动
50~数百	低于心脏搏动周期	受强烈冲击，但未发生心室颤动
	超过心脏搏动周期	昏迷，心室颤动，接触部位留有电流通过的痕迹
超过数百	低于心脏搏动周期	在心脏搏动周期特定相位触电时，发生心室颤动，昏迷，接触部位留有电流通过的痕迹
	超过心脏搏动周期	心脏停止跳动，昏迷，可能产生致命的电灼伤

根据人体对电流的生理反应,还可将电流划分为以下三级。

① 感知电流。引起人体感觉的最小电流称为感知电流。人体对电流最初的感觉是轻微的发麻和刺痛。

② 摆脱电流。当电流增大到一定程度,触电者将因肌肉收缩、发生痉挛而紧抓带电体,将不能自行摆脱电源。触电后能自主摆脱电源的最大电流称为摆脱电流。

③ 致命电流。在较短时间内会危及生命的电流称为致命电流。电击致死的主要原因大都是由电流引起了心室颤动而造成的。因此,通常也将引起心室颤动的电流称为致命电流。

6.1.2　电气安全技术措施

如前所述,化工生产中所使用的物料多为易燃易爆、易导电及腐蚀性强的物质,且生产环境条件较差。为了防止触电事故,除了在思想上提高对安全用电的认识,树立"安全第一"的思想,严格执行安全操作规程,以及采取必要的组织措施外,还必须依靠一些完善的技术措施。

6-1 人体触电

6.1.2.1　隔离带电体的防护措施

有效隔离带电体是防止人体遭受直接电击事故的重要措施,通常采用以下几种方式。

(1) 绝缘　绝缘是用绝缘物将带电体封闭起来的技术措施。良好的绝缘既是保证设备和线路正常运行的必要条件,也是防止人体触及带电体的基本措施。

屏护是采用屏护装置控制不安全因素,即采用遮栏、护罩、护盖、箱(匣)等将带电体同外界隔绝开来的技术措施。

(2) 间距　间距是将可能触及的带电体置于可能触及的范围之外。为了防止人体及其他物品接触或过分接近带电体、防止火灾、防止过电压放电和各种短路事故及操作方便,在带电体与地面之间、带电体与其他设备设施之间、带电体与带电体之间均须保持一定的安全距离。

6.1.2.2　采用安全电压

安全电压值取决于人体允许电流和人体电阻的大小。我国规定工频有效值 42V、36V、24V、12V、6V 为安全电压的额定值。凡手提照明灯、特别危险环境的携带式电动工具,如无特殊安全结构或安全措施,应采用 42V 或 36V 安全电压;金属容器内、隧道内等工作地点狭窄、行动不便以及周围有大面积接地体的环境,应采用 24V 或 12V 安全电压。

6.1.2.3　保护接地

保护接地就是把在正常情况下不带电、在故障情况下可能呈现危险的对地电压的金属部分同大地紧密地连接起来,把设备上的故障电压限制在安全范围内的安全措施(保护接地原理如图 6-1-7 所示)。保护接地常简称为接地。保护接地应用十分广泛,属于防止间接接触电击的安全技术措施。

6-2 电压指示器

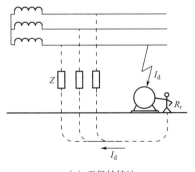
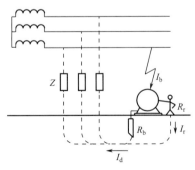

(a) 无保护接地　　(b) 有保护接地

图 6-1-7　保护接地原理示意图

采用保护接地的电力系统不宜配置中性线，以简化过电流保护和便于寻找故障。

（1）保护接地应用范围　保护接地适用于各种中性点不接地电网。在这类电网中，凡由于绝缘破坏或其他原因而可能呈现危险电压的金属部分，除另有规定外，均应接地。

（2）接地装置　接地装置是接地体和接地线的总称。运行中电气设备的接地装置应始终保持在良好状态。

① 接地体。接地体有自然接地体和人工接地体两种类型。

② 接地线。接地线即连接接地体与电气设备应接地部分的金属导体。有自然接地线与人工接地线之分，接地干线与接地支线之分。

如果生产现场电气设备较多，宜敷设接地线，如图6-1-8所示。外壳应分别与接地干线连接（各设备的接地支线不能串联）；接地干线应经两条连接线与接地体连接。

6.1.2.4 保护接零

保护接零时将电气设备在正常情况下不带电的金属部分用导线与低压配电系统的零线相连接的技术防护措施，如图6-1-9所示，常简称为接零。与保护接地相比，保护接零能在更多的情况下保证人身的安全，防止触电事故。

如果同时采用了接地与接零两种保护方式，如图6-1-10所示，当实行保护接地的设备M_2发生了碰壳故障，则零线的对地电压将会升高到电源相电压的一半或更高。这时，实行保护接零的所有设备（如M_1）都会带有同样高的电位，使设备外壳等金属部分呈现较高的对地电压，从而危及操作人员的安全。

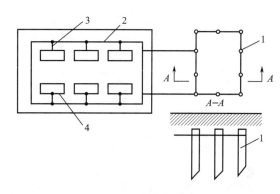

图6-1-8　接地装置示意图
1—接地体；2—接地干线；3—接地支线；4—电气设备

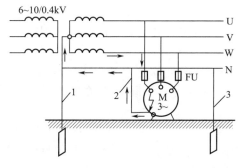

图6-1-9　工作接地、保护接零、重复接地示意图
1—工作接地；2—保护接零；3—重复接地

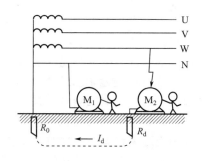

图6-1-10　同一配电系统内保护接地与接零混用

保护接地与保护接零的比较　详见表6-1-2。

6.1.2.5 采用漏电保护器

漏电保护器主要用于防止单相触电事故，也可用于防止由漏电引起的火灾，有的漏电保护器还具有过载保护、过电压和欠电压保护、缺相保护等功能。快速型和定时限型漏电保护器的动作时间见表6-1-3。

6-3 漏电保护器

表 6-1-2　保护接地与保护接零的比较

种类	保护接地	保护接零
含义	用电设备的外壳接地装置	用电设备的外壳接电网的零干线
适用范围	中性点不接地电网	中性点不接地电网
目的	起安全保护作用	起安全保护作用
作用原理	平时保持零电位不显作用；当发生碰壳或短路故障时能降低对地电压，从而防止触电事故	平时保持零干线电位不显作用；且与相线绝缘；当发生碰壳或短路时能促使保护装置速动以切断电源
注意事项	必须克服零线、接地线并不重要的错误认识，而要树立零线、接地线对于保证电气安全比相线更具重要意义的科学观念 确保接地可靠。在中性点接地系统，条件许可时要尽可能采用保护接零方式，在同一电源的低压配电网范围内，严禁混用接地与接零保护方式	禁止在零线上装设各种保护装置和开关等；采用保护接零时必须有重复接地才能保证人身安全，严禁出现零线断线的情况

表 6-1-3　快速型和定时限型漏电保护器的动作时间

额定动作电流 I/mA	额定电流/A	动作时间/s		
		I	$2I$	$5I$
≤30	任意值	0.2	0.1	—
>50	任意值	0.2	0.1	0.04
	≥40①	0.2	—	0.15①

① 适用于组合型漏电保护器。

6.1.2.6　正确使用防护用具

为了防止操作人员发生触电事故，必须正确使用相应的电气安全用具。常用电气安全用具主要有如下几种。

(1) 绝缘杆　绝缘杆是一种主要的基本安全用具，又称绝缘棒或操作杆，其结构如图 6-1-11 所示。绝缘杆在变配电所里主要用于闭合或断开高压隔离开关、安装或拆除携带型接地线以及进行电气测量和试验等工作。

(2) 绝缘夹钳　其结构如图 6-1-12 所示。绝缘夹钳只允许在 35kV 及以下的设备上使用。使用绝缘夹钳夹熔断器时，工作人员的头部不可超过握手部分，并应戴护目镜、绝缘手套，穿绝缘靴（鞋）或站在绝缘台（垫）上；绝缘夹钳的定期检验为每年一次

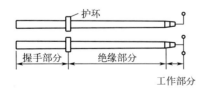

图 6-1-11　绝缘杆

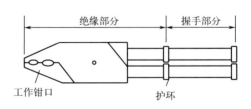

图 6-1-12　绝缘夹钳

(3) 绝缘手套 绝缘手套是在电气设备上进行实际操作时的辅助安全用具,也是在低压设备的带电部分上工作时的基本安全用具。绝缘手套一般分为12kV和5kV两种,这都是以试验电压值命名的。

(4) 绝缘靴(鞋) 绝缘靴(鞋)是在任何等级的电气设备上工作时,用来与地面保持绝缘的辅助安全用具,也是防跨步电压的基本安全用具。

6-4 电绝缘鞋

(5) 绝缘垫 绝缘垫是在任何等级的电气设备上带电工作时,用来与地面保持绝缘的辅助安全用具。使用电压在1000V及以上时,可作为辅助安全用具;1000V以下时可作为基本安全用具。绝缘垫的规格:厚度有4mm、6mm、8mm、10mm、12mm 5种,宽度为1m,长度为5m。

(6) 绝缘台 绝缘台是在任何等级的电气设备上带电工作时的辅助安全用具。其台面用干燥的、漆过绝缘漆的木板或木条做成,四角用绝缘瓷瓶作台角,如图6-1-13所示。

(7) 携带型接地线 可用来防止设备因突然来电如错误合闸送电而带电、消除临近感应电压或放尽已断开电源的电气设备上的剩余电荷。其结构如图6-1-14所示。短路软导线与接地软导线应采用多股裸软铜线,其截面不应小于$25mm^2$。

 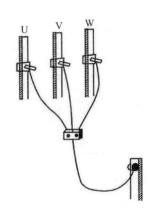

图 6-1-13 绝缘台　　　　图 6-1-14 携带型接地线

(8) 验电笔 有高压验电笔和低压验电笔两类。它们都是用来检验设备是否带电的工具。当设备断开电源、装设携带型接地线之前,必须用验电笔验明设备是否确已无电。

① 高压验电笔是一个用绝缘材料制成的空心管,管上装有金属制成的工作触头,触头里装有氖光灯和电容器。绝缘部分和握柄用胶木或硬橡胶制成。其结构如图6-1-15所示。

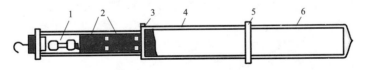

图 6-1-15 高压验电笔
1—氖光灯;2—电容器;3—接地螺钉;4—绝缘部分;5—护环;6—握柄

② 低压验电笔是用来检查低压设备是否有电以及区别火线(相线)与地线(中性线)的一种验电工具。其外形通常为钢笔式或旋凿式,前端有金属探头,后端有金属挂钩(使用时,手必须接触金属挂钩),内部有发光氖泡、降压电阻及弹簧,其结构如图6-1-16所示。

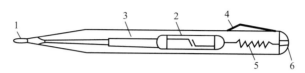

图 6-1-16 低压验电笔

1—工作触头（金属探头）；2—氖灯；3—炭精电阻；
4—金属挂钩；5—弹簧；6—中心螺钉

6-5 验电笔

【任务实施】

（1）列举电流对人体的伤害　具体格式可以参考表 6-1-4。

表 6-1-4　电流对人体的伤害类型及伤害内容

伤害类型	伤害内容
电击	
电伤	

（2）列出预防措施　以思维导图的形式列出电气安全的预防措施。

（3）以小组为单位汇报展示　各小组将完成的成果进行展示，每组派 1 名同学进行汇报讲解，完成后进行小组自评和互评。

关键与要点

1. 电流会对人体造成不同的伤害，可分为电击和电伤。电击会破坏人的心脏、呼吸及神经系统的正常工作，使人出现痉挛、窒息、心颤、心搏骤停等，甚至危及生命。电击可分为直接电击和间接电击；电伤可分为电弧烧伤、电烙印和皮肤金属化。

2. 引起触电的三种情况包括单相触电，两相触电，跨步电压、接触电压和雷击触电。

3. 电流对人体的伤害程度的主要因素包括：通过人体的电流大小、电流通过人体的持续时间与具体途径、电流的种类与频率高低等。

4. 电气安全的预防技术措施包括了隔离带电体的防护措施、采用安全电压、保护接地、保护接零、采用漏电保护器和使用各种防护用具等。

【考核评价】

对各小组分析及讨论情况进行自我评价、小组评价和教师评价，具体内容见附表 6-1。

事故案例分析

手持电动工具安装未执行安装规范引发触电死亡

某集团公司安装钳工朱某在抛光车间通风过滤室安装过滤网，用手持电钻在角铁架上钻孔。使用时，电钻没有装三芯插头，而是把电钻三芯导线中的工作零线和保护零线扭在一起，与另一根火线分别插入三孔插座的两个孔内。当他钻几个孔后，由于位置改变，导线拖动，工作零线打结后比火线短，先脱离插座，致电钻外壳带220V电压，通过身体、铁架、大地形成回路触电死亡。

1. 请分析事故的成因。
2. 请分析这起事故该怎样预防？

【直击工考】

一、单项选择题

1. 电器设备着火后（　　）。
   A. 用泡沫灭火器灭火　　B. 用二氧化碳灭火器灭火　　C. 用水灭火
2. （　　）的连接方式称为保护接地。
   A. 将电气设备金属外壳与中性线相连
   B. 将电气设备金属外壳与接地装置相连
   C. 将电气设备金属外壳与其中一条相线相连
3. 高压绝缘棒属于（　　）。
   A. 绝缘安全用具　　　　　　　　B. 防护安全用具
   C. 基本安全用具　　　　　　　　D. 辅助安全用具
4. 绝缘靴（鞋）由特种橡胶制成，以保证足够的（　　）。
   A. 导电性　　B. 防水性　　C. 耐热性　　D. 绝缘性
5. 行灯的电压不应超过（　　）。
   A. 42V　　B. 36V　　C. 24V　　D. 12V

二、多项选择题

1. 紧急切断电源灭火，切断带电线路导线时，切断点应选择在电源侧的支持物附近，以防导线断落后（　　）。
   A. 触及人身　　　　　　　　B. 引起跨步电压触电
   C. 短路　　　　　　　　　　D. 断路
2. 在电气设备上工作保证安全的技术措施有（　　）。
   A. 停电　　　　　　　　　　B. 验电
   C. 放电　　　　　　　　　　D. 装设遮栏和悬挂标识牌
   E. 挂接地线　　　　　　　　F. 安全巡视
3. 人体触电方式有（　　）。
   A. 两相触电　　　　　　　　B. 直接接触触电
   C. 跨步电压触电　　　　　　D. 间接接触触电

三、判断题

1. 在工程技术中，常选大地作为零电位点。（　　）
2. 在特别潮湿场所或工作地点狭窄、行动不方便场所（如金属容器内）应采用12V、

6V 安全电压。（　　）

3. 电流通过人体非常危险，尤其是通过心脏、中枢神经和呼吸系统危险性更大。（　　）

4. 电流通过人体，对人的危害程度与人体电阻状况和人身体健康状况等有密切关系。（　　）

任务 6.2　触电急救

【任务描述】
分析讨论案例中事故的原因，讨论死者死亡的原因是什么，思考如何进行触电急救。

【学习目标】
1. 能够分析出触电急救的重要性及"八字原则"、解救触电者脱离电源的方法、脱离电源后的现场救护措施。
2. 能够正确实施心肺复苏术。
3. 尊重生命、互爱互助，具有奉献精神，具有社会责任感。

案例导入

某日，某矿地面检修车间电工班，刚分配入矿的职工李某在检修电器配件的操作台旁因触碰了带电芯子导致触电，突然倒地。当其他人员发现后，一名职工误以为中暑，于是采取掐人中的方法急救，其他人员拨打矿急救站电话呼救。当急救人员赶到并送医院途中，因抢救无效死亡。

分析与讨论：李某死亡的原因是什么？发生心搏骤停时有哪些表现？如果你在现场，你该怎么做？

【必备知识】

6.2.1　触电急救的要点与原则

触电急救的要点是抢救迅速与救护得法。发现有人触电后，首先要尽快使其脱离电源；然后根据触电者的具体情况，迅速对症救护。现场常用的主要救护方法是心肺复苏法，它包括口对口人工呼吸和胸外心脏按压法。

人触电后会出现神经麻痹、呼吸中断、心脏停止跳动等症状，外表呈现昏迷不醒状态，即"假死状态"，有触电者经过 4h 甚至更长时间的连续抢救而获得成功的先例。据资料统计，从触电后 1min 开始救治的约 90% 有良好效果；从触电后 6min 开始救治的约 10% 有良好效果；从触电后 12min 开始救治的，则救活的可能性就很小了。所以，抢救及时并坚持救护是非常重要的。

触电急救的基本原则是：应在现场对症地采取积极措施保护触电者生命，并使其能减轻伤情、减少痛苦。具体而言就是应遵循：迅速（脱离电源）、就地（进行抢救）、准确（姿势)、坚持(抢救)的"八字原则"。

6.2.2 解救触电者脱离电源的方法

使触电者脱离电源,就是要把触电者接触的那一部分带电设备的开关或其他断路设备断开;或设法将触电者与带电设备脱离接触。

6.2.2.1 使触电者脱离电源的安全注意事项

① 救护人员不得采用金属和其他潮湿的物品作为救护工具。

② 在未采取任何绝缘措施前,救护人员不得直接触及触电者的皮肤和潮湿衣服。

③ 在使触电者脱离电源的过程中,救护人员最好用一只手操作,以防再次发生触电事故。

④ 当触电者站立或位于高处时,应采取措施防止脱离电源后触电者的跌倒或坠落。

⑤ 夜晚发生触电事故时,应考虑切断电源后的事故照明或临时照明,以利于救护。

6.2.2.2 使触电者脱离电源的具体方法

① 触电者若是触及低压带电设备,救护人员应设法迅速切断电源,如拉开电源开关,拔出电源插头等;或使用绝缘工具、干燥的木棒、绳索等不导电的物品帮助触电者脱离电源。

② 低压触电时,如果电流通过触电者入地,且触电者紧握电线,可设法用干木板塞进其身下,使触电者与地面隔开。

③ 触电者若是触及高压带电设备,救护人员应迅速切断电源;或用适合该电压等级的绝缘工具(戴绝缘手套、穿绝缘靴并用绝缘棒)去帮助触电者脱离电源(抢救过程中应注意保持自身与周围带电部分有必要的安全距离)。

④ 如果触电发生在杆塔上,若是低压线路,凡能切断电源的应迅速切断电源;不能立即切断时,救护人员应立即登杆(系好安全带),用带有绝缘胶柄的钢丝钳或其他绝缘物使触电者脱离电源。如是高压线路且又不可能迅速切断电源时,可用抛铁丝等办法使线路短路,从而导致电源开关跳闸。抛挂前要先将短路线固定在接地体上,另一段系重物(抛掷时应注意防止电弧伤人或因其断线危及人员安全)。

⑤ 不论是高压或低压线路上发生的触电,救护人员在使触电者脱离电源时,均要预先注意防止发生高处坠落和再次触及其他有电线路的可能。

⑥ 若触电者触及了断落在地面上的带电高压线,在未确认线路无电或未做好安全措施(如穿绝缘靴等)之前,救护人员不得接近断线落地点 8~12m 范围内,以防止跨步电压伤人(但可临时将双脚并拢蹦跳地接近触电者)。

6.2.3 脱离电源后的现场救护

抢救触电者使其脱离电源后,应立即就近移至干燥与通风场所,切勿慌乱和围观,首先应进行情况判别,再根据不同情况进行对症救护。

6.2.3.1 情况判别

① 触电者若出现闭目不语、神志不清等情况,应让其就地仰卧平躺,且确保气道通畅。可迅速呼叫其名字或轻拍其肩部(时间不超过5s),以判断触电者是否丧失意识。但禁止摇动触电者头部进行呼叫。

② 触电者若神志不清、意识丧失,应立即检查是否有呼吸、心跳,具体可用"看、听、试"的方法尽快(不超过10s)进行判定:所谓看,即仔细观看触电者的胸部和腹部是否还有起伏动作;所谓听,即用耳朵贴近触电者的口鼻与心房处,细听有无微弱呼吸声和心跳音;所谓试,即用手指或小纸条测试触电者口鼻处有无呼吸气流,再用手指轻按触电者左侧

或右侧喉结凹陷处的颈动脉有无搏动,以判定是否还有心跳。

6.2.3.2 对症救护

触电者除出现明显的死亡症状外,一般均可按以下三种情况分别进行对症处理。

① 伤势不重、神志清醒但有点心慌、四肢发麻、全身无力;或触电过程中曾一度昏迷、但已清醒过来。此时应让触电者安静休息,不要走动,并严密观察。也可请医生前来诊治,或必要时送往医院。

② 伤势较重、已失去知觉,但心脏跳动和呼吸存在,应使触电者舒适、安静地平卧。不要围观,让空气流通,同时解开其衣服包括领口与裤带以利于呼吸。

③ 伤势严重、呼吸或心跳停止,甚至都已停止,即处于所谓"假死状态"。则应立即施行口对口人工呼吸及胸外心脏按压进行抢救,同时速请医生或送往医院。应特别注意,急救要尽早进行,切不能消极地等待医生到来;在送往医院途中,也不应停止抢救。

6.2.4 心肺复苏法

6.2.4.1 心肺复苏的方法

心肺复苏法包括人工呼吸法与胸外按压法两种急救方法。

6.2.4.2 采用心肺复苏法的基本措施

采用心肺复苏法进行抢救,以维持触电者生命的三项基本措施是:通畅气道、口对口人工呼吸和胸外心脏按压。

(1) 通畅气道　触电者呼吸停止时,最主要的是要始终确保其气道通畅;若发现触电者口内有异物,则应清理口腔阻塞。即将其身体及头部同时侧转,并迅速用一个或两个手指从口角处插入以取出异物。

采用使触电者鼻孔朝天头后仰的"仰头抬颌法"(图6-2-1)通畅气道。具体做法是用一只手放在触电者前额,另一只手的手指将触电者下颌骨向上抬起,两手协同将头部推向后仰,此时舌根随之抬起,气道即可通畅(图6-2-2)。禁止用枕头或其他物品垫在触电者头下,因为头部太高更会加重气道阻塞,且使胸外按压时流向脑部的血流减少。

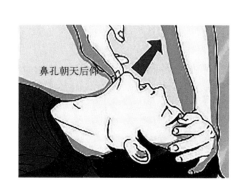

图 6-2-1　仰头抬颌法

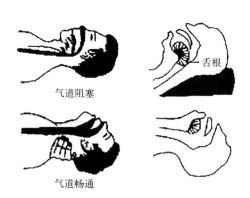

图 6-2-2　气道阻塞与通畅

(2) 口对口人工呼吸　口对口人工呼吸就是采用人工机械的强制作用维持气体交换,并使其逐步地恢复正常呼吸。具体操作方法如下。

① 在保持气道畅通的同时,救护人员在用放在触电者额上那只手捏住其鼻翼,深深地吸足气后,与触电者口对口接合并贴近吹气,然后放松换气,如此反复进行,如图6-2-3所示。

② 除开始施行时的4次大口吹气外。此后正常的口对口吹气量均不需过大(但应达

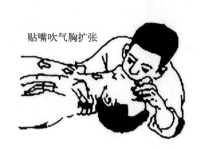 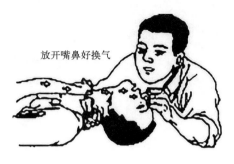

图 6-2-3　口对口人工呼吸法

800～1200mL），以免引起胃膨胀。施行速度为每分钟 12～16 次；对儿童为每分钟 20 次。吹气和放松时，应注意触电者胸部要有起伏状呼吸动作。吹气中如遇有较大阻力，可能是头部后仰不够或气道不畅，要及时纠正。

③ 触电者如牙关紧闭且无法弄开时，可改为口对鼻人工呼吸。口对鼻人工呼吸时，要将触电者嘴唇紧闭以防止漏气。

（3）胸外心脏按压（人工循环）　胸外心脏按压法就是采用人工机械的强制作用维持血液循环，并使其逐步过渡到正常的心脏跳动。

① 正确的按压位置。正确按压位置（称"压区"）是保证胸外按压效果的重要前提，正确的按压部位为胸骨下三分之一处或双乳头与前正中线交界处。其步骤［图 6-2-4（a）］如下：

a. 右手食指和中指沿触电者右侧肋弓下缘向上，找到肋骨和胸骨结合处的中点；

b. 两手指并齐，中指放在切迹中点（剑突底部），食指平放在胸骨下部；

c. 另一手的掌根紧挨食指上缘，置于胸骨上，此处即为正确的按压位置。

② 正确的按压姿势。正确按压姿势是达到胸外按压效果的基本保证，其方法如下。

a. 使触电者仰面躺在平硬的地方，救护人员立或跪在伤员一侧肩旁，两肩位于伤员胸骨正上方，两臂伸直，肘关节固定不屈，两手掌根相叠［图 6-2-4（b）］。此时，贴胸手掌的中指尖刚好抵在触电者两锁骨间的凹陷处，然后再将手指翘起，不触及触电者胸壁，或者采用两手指交叉抬起法（图 6-2-5）。

b. 以髋关节为支点，利用上身的重力，垂直地将成人的胸骨压陷至少 5cm（儿童和瘦弱者酌减，约 2.5～4cm，对婴儿则为 1.5～2.5cm）。

c. 按压至要求程度后，要立即全部放松，但放松时救护人员的掌根不应离开胸壁，以免改变正确的按压位置（图 6-2-6）。

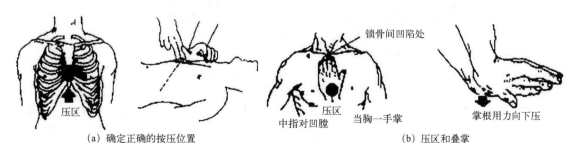

(a) 确定正确的按压位置　　　　　　　　　　　　(b) 压区和叠掌

图 6-2-4　胸外按压的准备工作

  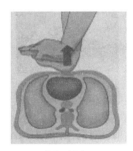

(a) 下压　　　　　(b) 上压

图 6-2-5　两手指交叉抬起法　　　　　图 6-2-6　胸外心脏按压法

按压时，正确的操作是关键。尤应注意，抢救者双臂应绷直，双肩在患者胸骨上方正中，垂直向下用力按压。按压时应利用上半身的体重和肩、臂部肌肉力量（图 6-2-7），避免不正确的按压（图 6-2-8）。

图 6-2-7　正确的按压姿势　　　　　　图 6-2-8　不正确的按压姿势

③ 胸外按压方法。

a. 胸外按压的动作要平稳，不能冲击式地猛压。而应以均匀的速度有规律地进行，每分钟至少 100 次，每次按压和放松的时间要相等。

b. 胸外按压与口对口人工呼吸两种方法同时进行时，其节奏为：单人抢救时，按压 30 次，吹气 2 次，如此反复进行；双人抢救时，每按压 30 次，由另一人吹气 2 次，反复进行（图 6-2-9）。

(a) 单人操作　　　　　　　　(b) 双人操作

图 6-2-9　胸外按压与口对口人工呼吸同时进行

【任务实施】

（1）归纳总结解救触电者脱离电源的方法和脱离电源后的现场救护。具体格式可参考表 6-2-1。

表 6-2-1　脱离电源的方法及脱离后的现场救护表

解救触电者脱离电源的方法	脱离电源后的现场救护
…	

（2）归纳总结心肺复苏的步骤　以图表的形式总结归纳心肺复苏的步骤。

（3）每个同学进行心肺复苏的展示　每位同学都要认真练习心肺复苏，然后进行展示。

关键与要点

1. 触电急救应遵循的基本原则是：迅速、就地、准确、坚持。

2. 应使触电者安全地脱离电源，脱离电源后，首先判断情况，对于伤势不重神志较清醒的伤者应让其安静休息，不要走动；对于伤势较重，已失去知觉，但心跳和呼吸存在，应使患者安静地平卧，让空气流通；对于伤势严重，呼吸或者心跳停止，应在医护人员来之前，迅速准确实施心肺复苏术。

3. 心肺复苏包括三个基本措施：通畅气道、口对口人工呼吸、胸外心脏按压。

【考核评价】

对各小组分析及讨论情况进行自我评价、小组评价和教师评价，具体内容见附表 6-2。

　事故案例分析

抢救不及时导致的意外触电死亡

某日某电厂检修班职工王某带领张某检修 380V 直流焊机。电焊机修后进行通电试验良好并将电焊机开关断开。王某安排工作组成员张某拆除电焊机二次线，自己拆除电焊机一次线。王某蹲着身子拆除电焊机电源线中间接头，在拆完一相后，拆除第二相的过程中意外触电，因张某未学习过心肺复苏术，只能选择打电话等待救援，耽误了抢救的最好时机，后王某经抢救无效死亡。

1. 请分析事故的成因。

2. 试归纳心肺复苏的要点有哪些。

【直击工考】

一、单项选择题

1. 现场心肺复苏包括 A、B、C 三个步骤，其中 A 是（　　）。

A. 人工循环　　　　B. 人工呼吸　　　　C. 开放气道　　　　D. 胸外按压

2. 心肺复苏胸外按压的频率为（　　）。
A. 至少 100 次/min　B. 100～120 次/min　C. 至少 120 次/min　D. 60～80 次/min
3. 心肺复苏中单或双人复苏时胸外按压与通气的比率为（　　）。
A. 30∶2　　　　　　B. 15∶2　　　　　　C. 30∶1　　　　　　D. 15∶1
4. 现场进行心肺复苏术患者的正确体位是（　　）。
A. 侧卧位　　　　　　　　　　　　　B. 仰卧在比较舒适的软床上
C. 仰卧在坚硬的地面上　　　　　　　D. 俯卧位
5. 成人心肺复苏打开气道最常用的方法是（　　）。
A. 仰额举颌法　　　　　　　　　　　B. 双手推举下颌法
C. 拖颌法　　　　　　　　　　　　　D. 环状软骨压迫法

二、简答题
1. 解救触电者脱离电源的方法有哪些？
2. 心肺复苏的步骤都有哪些？请具体说说。

任务 6.3　认识静电危害及防护措施

【任务描述】

阅读两个案例后思考：静电的危害有哪些？怎样预防静电的产生？归纳总结防护静电的措施。

【学习目标】

1. 能够表述不同物态的静电产生过程和静电产生的有关因素。
2. 能够阐述静电的危害和静电导致火灾爆炸的条件。
3. 能够归纳防静电、消除静电的措施。
4. 弘扬电气与静电安全领域科学家的爱国和奋斗精神，激发对科学的热爱和追求。

案例导入

案例 1：某日，某厂浆料车间，工人用真空泵吸乙酸乙烯到反应釜，桶中约剩下 30kg 时，突然发生了爆炸。工人自行扑灭了大火，1 名工人被烧伤。经现场察看未发现任何曾发生事故的痕迹，电器开关、照明灯具都是全新的防爆电器。吸料的塑料管悬在半空，管子上及附近无接地装置，有一只底部被炸裂的铁桶。

分析与讨论：发生爆炸的原因是什么？应采取什么预防措施？

案例 2：某日，一辆油罐车从甲油库运一车 93#汽油到乙加油站，站长按照接卸规程接静电接地线，完成油品计量之后，准备接卸。突然发现油罐车的卸油口距离油罐的卸油口较远，罐车必须往前开走几步方可卸油，于是便把静电接地线取下来，卸油员引导驾驶员开始动车。站长到配电室内关 3#加油机及抄记卸油前尺。当站长回到卸油区时，罐车已停放好位置，驾驶员和卸油员正准备从罐车上取卸油管，站长到卸油口边打开卸油口时，发现罐车在动车时取下的静电接地线忘记夹上，站长立刻叫卸油员夹好静电接地线。如果当时没夹好静电接地线就贸然卸油，由静电引起事故，后果将不堪设想。

分析与讨论：思考为什么会有大量静电产生，怎样采取预防措施？

【必备知识】

6.3.1 静电的危害及特性

6.3.1.1 静电的产生

静电通常指静止的电荷,它是由物体间的相互摩擦或感应而产生的。静电现象是一种常见的带电现象。在干燥的天气中用塑料梳子梳头,可以听到清晰的噼啪声;夜晚脱衣服时,还能够看见明亮的蓝色小火花;冬、春季节的北方或西北地区,有时会在客人握手寒暄之际,出现双方骤然缩手或几乎跳起的喜剧场面。这是由于客人在干燥的地毯或木质地板上走动,电荷积累又无法泄漏,握手时发生了轻微电击。这些生活中静电现象,一般由于电量有限,尚不致造成多大危害。

6.3.1.2 静电的特性

① 化工生产过程中产生的静电电量都很小,但电压却很高,其放电火花的能量大大超过某些物质的最小点火能,所以易引起着火爆炸,因此是很危险的。

② 在绝缘体上静电泄漏很慢,这样就使带电体保留危险状态的时间也长,危险程度相应增加。

③ 绝缘的静电导体所带的电荷平时无法导走,一有放电机会,全部自由电荷将一次经放电点放掉,因此带有相同数量静电荷和表观电压的绝缘的导体要比非导体危险性大。

④ 远端放电(静电于远处放电)。若厂房中一条管道或部件产生了静电,其周围与地绝缘的金属设备就会在感应下将静电扩散到远处,并可在预想不到的地方放电,或使人受到电击,它的放电发生在与地绝缘的导体上,自由电荷可一次全部放掉,因此危害性很大。

⑤ 尖端放电。静电电荷密度随表面曲率增大而升高,因此在导体尖端部分电荷密度最大,电场最强,能够产生尖端放电。尖端放电可导致火灾、爆炸事故的发生,还可使产品质量受损。

⑥ 静电屏蔽。静电场可以用导体的金属元件加以屏蔽。如可以用接地的金属网、容器等将带静电的物体屏蔽起来,不使外界遭受静电危害。相反,使被屏蔽的物体不受外电场感应起电,也是一种"静电屏蔽"。静电屏蔽在安全生产上被广为利用。

6.3.1.3 静电的危害

化工生产中,静电的危害主要有三个方面,即引起火灾和爆炸、静电电击和引起生产中各种困难而妨碍生产。

(1) 静电引起火灾和爆炸 静电放电可引起可燃、易燃液体蒸气、可燃气体以及可燃性粉尘的着火、爆炸。在化工生产中,由静电火花引起爆炸和火灾事故是静电最为严重的危害。

(2) 静电电击 橡胶和塑料制品等高分子材料与金属摩擦时,产生的静电荷往往不易泄漏。当人体接近这些带电体时,就会受到意外的电击。这种电击是由带电体向人体放电,电流流向人体而产生的。同样,当人体带有较多静电电荷时,电流流向接地体,也会发生电击现象。

上海某轮胎厂的卧式裁断机上,测得橡胶布静电的电位是 $20\sim28kV$,当操作人员接近橡胶布时,头发会竖立起来。当手靠近时,会受到强烈的电击。人体受到静电电击时的反应见表 6-3-1。

(3) 静电妨碍生产 静电对化工生产的影响,主要表现在粉体筛分、塑料、橡胶和感光胶片行业中。

表 6-3-1　静电电击时人体的反应

静电电压/kV	人体反应	备注
1.0	无任何感觉	
2.0	手指外侧有感觉但不痛	发生微弱的放电响声
2.5	放电部分有针刺感，有些微颤样的感觉，但不痛	
3.0	有像针刺样的痛感	可看到放电时的发光
4.0	手指有微痛感，好像用针深深地刺一下的痛感	
5.0	手掌至前腕有电击痛感	由指尖延伸放电的发光
6.0	感到手指强烈疼痛，受电击后手腕有沉重感	
7.0	手指、手掌感到强烈疼痛，有麻木感	
8.0	手掌至前腕有麻木感	
9.0	手腕感到强烈疼痛，手麻木而沉重	
10.0	全手感到疼痛和电流流过感	
11.0	手指感到剧烈麻木，全手有强烈的触电感	
12.0	有较强的触电感，全手有被狠打的感觉	

① 在粉体筛分时，由于静电电场力的作用，筛网吸附了细微的粉末，使筛孔变小降低了生产效率；粉体装袋时，因为静电斥力的作用，使粉体四散飞扬，既损失了物料，又污染了环境。

② 在塑料和橡胶行业，由于制品与辊轴的摩擦或制品的挤压或拉伸，会产生较多的静电。因为静电不能迅速消失，会吸附大量灰尘，而为了清扫灰尘要花费很多时间，浪费了工时。塑料薄膜还会因静电作用而缠卷不紧。

但静电也有其可被利用的一面。静电技术作为一项先进技术，在工业生产中已得到了越来越广泛的应用。如静电除尘、静电喷漆、静电植绒、静电选矿、静电复印等都是利用静电的特点来进行工作的。它们是利用外加能源来产生高压静电场，与生产工艺过程中产生的有害静电不尽相同。

6.3.2　静电防护技术

防止静电引起火灾爆炸事故是化工静电安全的主要内容。为防止静电引起火灾爆炸所采取的安全防护措施，对防止其他静电危害也同样有效。

6.3.2.1　场所危险程度的控制

为了防止静电危害，可以采取减轻或消除所在场所周围环境火灾、爆炸危险性的间接措施。如用不燃介质代替易燃介质、通风、惰性气体保护、负压操作等。在工艺允许的情况下，采用较大颗粒的粉体代替较小颗粒粉体，也是减轻场所危险性的一个措施。

6-6　静电的防护

6.3.2.2　工艺控制

工艺控制是从工艺上采取措施，以限制和避免静电的产生和积累，是消除静电危害的主要手段之一。

（1）控制输送物料的流速以限制静电的产生　输送液体物料时允许流速与液体电阻率有

着十分密切的关系,当电阻率小于 $10^7 \Omega \cdot cm$ 时,允许流速不超过 10m/s;当电阻率为 $1 \times (10^7 \sim 10^{11}) \Omega \cdot cm$ 时,允许流速不超过 5m/s;当电阻率大于 $10^{11} \Omega \cdot cm$ 时,允许流速取决于液体的性质、管道直径和管道内壁光滑程度等条件。例如,烃类燃料油在管内输送,管道直径为 50mm 时,流速不得超过 3.6m/s;直径 100mm 时,流速不得超过 2.5m/s。但是,当燃料油带有水分时,必须将流速限制在 1m/s 以下。

(2) 选用合适的材料　在工艺允许的前提下,适当安排加料顺序,也可降低静电的危险性。例如,某搅拌作业中,最后加入汽油时,液浆表面的静电电压高达 11~13kV。

(3) 增加静止时间　化工生产中将苯、二硫化碳等液体注入容器、贮罐时,都会产生一定的静电荷。液体内的电荷将向器壁及液面集中并可慢慢泄漏消散,操作人员懂得这个道理后,就应自觉遵守安全规定,千万不能操之过急。

静电消散静止时间应根据物料的电阻率、槽罐容积、气象条件等具体情况决定,也可参考表 6-3-2 的经验数据。

表 6-3-2　静电消散静止时间　　　　　　　　　　　　　　单位:min

物料电阻率/ $(\Omega \cdot cm)$		$1 \times 10^8 \sim 1 \times 10^{12}$	$1 \times 10^{12} \sim 1 \times 10^{14}$	$>1 \times 10^{14}$
物料容积	$<10m^3$	2	4	10
	$10 \sim 50m^3$	3	5	15

(4) 改变灌注方式　为了减少从贮罐顶部灌注液体时的冲击而产生的静电,要改变灌注管头的形状和灌注方式。

6.3.2.3　接地

接地是消除静电危害最常见的措施。在化工生产中,以下工艺设备应采取接地措施。

① 凡用来加工、输送、贮存各种易燃液体、气体和粉体的设备必须接地。

② 倾注溶剂漏斗、浮动罐顶、工作站、磅秤等辅助设备,均应接地。

③ 在装卸汽车槽车之前,应与贮存设备跨接并接地;装卸完毕,应先拆除装卸管道,静置一段时间后,然后拆除跨接线和接地线。

④ 可能产生和积累静电的固体和粉体作业设备,如压延机、上光机、砂磨机、球磨机、筛分机、捏合机等,均应接地。

⑤ 在具有火灾爆炸危险的场所、静电对产品质量有影响的生产过程以及静电危害人身安全的作业区内,所有的金属用具及门窗零部件、移动式金属车辆、梯子等均应接地。

静电接地的连接线应保证足够的机械强度和化学稳定性,连接应当可靠,操作人员在巡回检查中,须经常检查接地系统是否良好,不得有中断处。防静电接地电阻不超过规定值(现行有关规定为小于等于 100Ω)。

6.3.2.4　增湿

存在静电危险的场所,在工艺条件许可时,宜采用安装空调设备、喷雾器等办法,以提高场所环境相对湿度,消除静电危害。用增湿法消除静电危害的效果显著。

6.3.2.5　抗静电剂

抗静电剂具有较好的导电性能或较强的吸湿性。因此,在易产生静电的高绝缘材料中,加入抗静电剂,使材料的电阻率下降,加快静电泄漏,消除静电危险。

6.3.2.6　静电消除器

静电消除器是一种产生电子或离子的装置,借助于产生的电子或离子

6-7 静电消除器

中和物体上的静电,从而达到消除静电的目的。

6.3.2.7 人体的防静电措施

人体的防静电主要是防止带电体向人体放电或人体带静电所造成的危害,具体有以下几个措施。

① 采用金属网或金属板等导电材料遮蔽带电体,以防止带电体向人体放电。操作人员在接触静电带电体时,宜戴用金属线和导电性纤维做的混纺手套、穿防静电工作服。

6-8 防静电服

② 穿防静电工作鞋。防静电工作鞋的电阻为 $1\times(10^5 \sim 10^7)$ Ω,穿着后人体所带静电荷可通过防静电工作鞋及时泄漏掉。

③ 在易燃场所入口处,安装硬铝或铜等导电金属的接地通道,操作人员从通道经过后,可以导除人体静电。同时,入口门的扶手也可以采用金属结构并接地,当手触碰门扶手时可导除静电。

④ 采用导电性地面是一种接地措施,不但能导走设备上的静电,而且有利于导除积累在人体上的静电。导电性地面指用电阻率在 1×10^6 Ω·cm 以下的材料制成的地面。

【任务实施】

(1) 静电引起的危害 可参照表 6-3-3 的格式归纳出危害的种类及具体危害内容。

表 6-3-3 静电引起的危害种类及具体危害内容

危害的种类	具体危害内容
爆炸和火灾	
静电电击	
静电妨碍生产	

(2) 预防静电的措施技术 可按照表 6-3-4 中的内容归纳出预防静电的技术措施。

表 6-3-4 预防静电的技术措施

防护措施	具体内容
工艺控制	
条件控制	
人体防静电措施	

(3) 以小组为单位汇报展示 各小组将完成的成果进行展示,每组派 1 名同学进行汇报讲解,完成后进行小组自评和互评。

关键与要点

1. 静电是由物体间的相互摩擦或感应而产生的,静电的危害主要有三方面:第一,引起火灾和爆炸,一般在有机物质的运输,易燃液体的灌注、取样、过滤、摩擦等过程中都可能积累静电火花，引起火灾或者爆炸；同时还会产生静电电击；工厂中的粉料加工、塑料、橡胶和感光胶片的工艺中易引起静电。

2. 化工生产中产生的静电电量虽然都很小，但电压高。静电引起燃烧的四个条件：一是产生静电的来源，二是静电得以积累，并达到足以引起火花放电的可燃性气体，三是静电放电的火花能量达到爆炸性混合物的最小点火能量，四是静电火花周围有可燃性气体、蒸汽和空气形成的可燃性气体混合物。

3. 防止静电引起的火灾爆炸措施包括场所危险程度的控制、工艺控制、接地、增湿、抗静电剂、静电消除器和人体的防静电措施七个方面的内容。

【考核评价】

对各小组分析及讨论情况进行自我评价、小组评价和教师评价，具体内容见附表6-3。

 事故案例分析

无接地操作引起静电火灾

某日，某危险化学品生产企业发生一起由静电引起的危险品火灾事故。1名员工对搅拌缸的油漆进行调色，在投加溶剂油时，右手用小铁棒（无接地）将溶剂沿缸壁边投加到大缸内，过滤网突然起火，因溶剂挥发性大，员工穿着的防静电服瞬间被点燃。

1. 请分析事故的成因。
2. 试分析这起事故怎样避免？

【直击工考】

一、单项选择题

1. 在爆炸危险场所，如有良好的通风装置，则能（　　）爆炸性混合物的浓度，场所危险等级也可以适当降低。
　　A 增加　　　　　　B. 提高　　　　　　C. 降低

2. 静电电击不是电流持续通过人体的电击，而是由静电放电造成的（　　）冲击性电击。
　　A 瞬间　　　　　　B. 间隔　　　　　　C. 断续

3. 施工现场照明设施的接电应采取的防触电措施为（　　）。
　　A. 戴绝缘手套　　　B. 切断电源　　　　C. 站在绝缘板上

4. 被电击的人能否获救，关键在于（　　）。
　　A. 触电的方式　　　　　　　　B. 人体电阻的大小
　　C. 触电电压的高低　　　　　　D. 能否尽快脱离电源和实施紧急救护

二、判断题

1. 电击伤害指电流通过人体造成人体内部的伤害。（　　）
2. 电伤伤害指电流对人体内部造成的局部伤害。（　　）
3. 爆炸性粉尘环境内所用有可能过负荷的电气设备，应装可靠的过负荷保护。（　　）
4. 爆炸性粉尘环境内，应尽量不安装插座及局部照明灯具。（　　）
5. 电气设备线路应定期进行绝缘试验，保证其处于正常状态。（　　）

6. 静电指静止状态的电荷，它是由物体间的相互摩擦或感应而产生的。（　　）

三、简答题

1. 静电引起燃烧爆炸的基本条件有哪几点？
2. 防止静电危害主要应从哪几个方面入手？

任务 6.4　雷电安全管理与预防

【任务描述】

阅读老师下发的雷电的基本知识资料，列举出雷电的分类，归纳常用防雷装置的种类与作用，建（构）筑物、化工设备及人体的防雷方法。

【学习目标】

1. 能够阐述雷电现象的分类及危害。
2. 能够分类归纳防雷装置的分类及用途。
3. 能够阐述建（构）筑物、化工设备及人体的防雷措施。

  案例导入

某年某日，某油库库区遭受对地雷击产生感应火花而引爆油气。23万 m^3 原油储量的 5 号混凝土油罐突然爆炸起火。到下午 2 时 35 分，该地区刮起西北风，风力增至 4 级以上，几百米高的火焰向东南方向倾斜。燃烧了 4 个多小时，5 号罐里的原油随着轻油馏分的蒸发燃烧，形成速度大约每小时 1.5m、温度为 150～300℃ 的热波向油层下部传递。大约 600t 油水在某海湾海面形成几条十几海里长、几百米宽的污染带，造成某海湾有史以来最严重的海洋污染。

中国科学院空间中心测得，当时该地区曾有过两三次落地雷，最大一次电流 104A。根据电气原理，50～60m 以外的天空或地面雷感应，可使电气设施 100～200mm 的间隙放电。从 5 号油罐的金属间隙看，在周围几百米内有对地的雷击时，只要有几百伏的感应电压就可以产生火花放电。

分析与讨论： 以上事故产生的原因是什么？有哪些预防措施？

【必备知识】

6.4.1　雷电的形成、分类及危害

6.4.1.1　雷电的形成

地面蒸发的水蒸气在上升过程中遇到上部冷空气凝成小水滴而形成积云，此外，水平移动的冷气团或热气团在其前锋交界面上也会形成积云。云中水滴受强气流吹袭时，通常会分成较小和较大的部分，在此过程中发生了电荷的转移，形成带相反电荷的雷云。随着电荷的增加，雷云的电位逐渐升高。当带有不同电荷的雷云或雷云与大地凸出物相互接近到一定程度时，将会发生激烈的放电，同时出现强烈闪光。由于放电时瞬间产生高温，使空气受热急

剧膨胀，随之发生爆炸的轰鸣声，这就是电闪与雷鸣。

6.4.1.2 雷电的分类

如前所述，雷电实质上就是大气中的放电现象，最常见的是线形雷，有时也能见到片形雷，个别情况下还会出现球形雷。雷电通常可分为直击雷和感应雷两种。

（1）直击雷　大气中带有电荷的雷云对地电压可高达几十万千伏。当雷云同地面凸出物之间的电场强度达到该空间的击穿强度时所产生的放电现象，就是通常所说的雷击。这种对地面凸出物直接的雷击称为直击雷。

（2）感应雷　也称雷电感应，分为静电感应和电磁感应两种。静电感应是在雷云接近地面，在架空线路或其他凸出物顶部感应出大量电荷引起的。

6.4.1.3 雷电的危害

雷击时，雷电流很大，其值可达数十至数百千安培，由于放电时间极短，故放电陡度甚高，每秒达 50kA；同时雷电压也极高。因此雷电有很大的破坏力，它会造成设备或设施的损坏，造成大面积停电及生命财产损失。其危害主要有以下几个方面。

（1）电性质破坏　雷电放电产生极高的冲击电压，可击穿电气设备的绝缘，损坏电气设备和线路，造成大面积停电。绝缘损坏还会引起短路，导致火灾或爆炸事故。

（2）热性质破坏　强大雷电流通过导体时，在极短的时间内转换为大量热量，产生的高温会造成易燃物燃烧，或金属熔化飞溅，而引起火灾、爆炸。

（3）机械性质破坏　由于热效应使雷电通道中木材纤维缝隙或其他结构中缝隙里的空气剧烈膨胀，同时使水分及其他物质分解为气体，因而在被雷击物体内部出现强大的机械压力，使被击物体遭受严重破坏或造成爆裂。

（4）电磁感应　雷电的强大电流所产生的强大交变电磁场会使导体感应出较大的电动势，并且还会在构成闭合回路的金属物中感应出电流，这时如果回路中有的地方接触电阻较大，就会发生局部发热或发生火花放电，这对于存放易燃、易爆物品的场所是非常危险的。

（5）雷电波入侵　雷电在架空线路、金属管道上会产生冲击电压，使雷电波沿线路或管道迅速传播。若侵入建筑物内，可造成配电装置和电气线路绝缘层击穿，产生短路，或使建筑物内易燃易爆品燃烧和爆炸。

（6）防雷装置上的高电压对建筑物的反击作用　当防雷装置受雷击时，在接闪器、引下线和接地体上均具有很高的电压。如果防雷装置与建筑物内、外的电气设备、电气线路或其他金属管道的相隔距离很近，它们之间就会产生放电，这种现象称为反击。反击可能引起电气设备绝缘破坏，金属管道烧穿，甚至造成易燃、易爆品着火和爆炸。

（7）雷电对人的危害　雷击电流若迅速通过人体，可立即使人的呼吸中枢麻痹，心室颤动、心搏骤停，致使脑组织及一些主要脏器受到严重损坏，出现休克甚至突然死亡。雷击时产生的火花、电弧，还会使人遭到不同程度的灼伤。

6.4.2 常用防雷装置的种类与作用

常用防雷装置主要包括避雷针、避雷线、避雷网、避雷带、保护间隙及避雷器。完整的防雷装置包括接闪器、引下线和接地装置。而上述避雷针、避雷线、避雷网、避雷带及避雷器实际上都只是接闪器。

6.4.2.1 避雷针

主要用来保护露天变配电设备及比较高大的建（构）筑物。它是利用尖端放电原理，避免设置处所遭受直接雷击。

6.4.2.2 避雷线

主要用来保护输电线路，线路上的避雷线也称为架空地线。避雷线可以限制沿线路侵入变电所的雷电冲击波幅值及陡度。

6.4.2.3 避雷网

主要用来保护建（构）筑物。分为明装避雷网和笼式避雷网两大类。沿建筑物上部明装金属网格作为接闪器，沿外墙装引下线接到接地装置上，称为明装避雷网，一般建筑物中常采用这种方法。而把整个建筑物中的钢筋结构连成一体，构成一个大型金属网笼，称为笼式避雷网。

6.4.2.4 避雷带

主要用来保护建（构）筑物。该装置包括沿建筑物屋顶四周易受雷击部位明设的金属带、沿外墙安装的引下线及接地装置构成。多用于民用建筑，特别是山区的建筑。

一般而言，避雷带或避雷网的保护性能比避雷针的要好。

6.4.2.5 保护间隙

是一种最简单的避雷器。将它与被保护的设备并联，当雷电波袭来时，间隙先行被击穿，把雷电流引入大地，从而避免被保护设备因高幅值的过电压而被击穿。保护间隙的原理结构如图6-4-1所示。

保护间隙主要由直径6～9mm的镀锌圆钢制成的主间隙和辅助间隙组成。主间隙做成羊角形，以便其间产生电弧时，因空气受热上升，被推移到间隙的上方，拉长而熄灭。因为主间隙暴露在空气中，比较容易短接，所以加上辅助间隙，防止意外短路。保护间隙的击穿电压应低于被保护设备所能承受的最高电压。

保护间隙的灭弧能力有限，主要用于缺乏其他避雷器的场合。

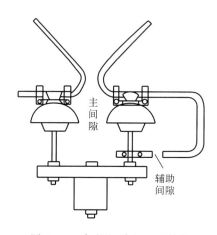

图6-4-1 保护间隙的原理结构

6.4.2.6 避雷器

主要用来保护电力设备，是一种专用的防雷设备。分为管型和阀型两类。它可进一步防止沿线路侵入变电所或变压器的雷电冲击波对电气设备的破坏。防雷电波的接地电阻一般不得大于5～30Ω，其中阀型避雷器的接地电阻不得大于5～10Ω。

6.4.3 建（构）筑物、化工设备及人体的防雷

6.4.3.1 建（构）筑物的防雷

建（构）筑物的防雷保护按各类建（构）筑物对防雷的不同要求，可将它们分为三类。

(1) 第一类建筑物及其防雷保护 凡在建筑物中存放爆炸物品或正常情况下能形成爆炸性混合物，因电火花会发生爆炸，致使房屋毁坏和造成人身伤亡者。

(2) 第二类建筑物及其防雷保护 划分条件同第一类，但在因电火花而发生爆炸时，不致引起巨大破坏或人身事故，或政治、经济及文化艺术上具有重大意义的建筑物。这类建筑物可在建筑物上装避雷针或采用避雷针和避雷带混合保护，以防直击雷。

(3) 第三类建筑物及其防雷保护 凡不属第一、二类建筑物但需实施防雷保护者。这类建筑物防止直击雷可在建筑物最易遭受雷击的部位（如屋脊、屋角、山墙等）装设避雷带或避雷针，进行重点保护。若为钢筋混凝土屋面，则可利用其钢筋作为防雷装置；为防止高电位侵入，可在进户线上安装放电间隙或将其绝缘子铁脚接地。

对建（构）筑物防雷装置的要求如下。

① 建（构）筑物防雷接地的导体截面不应小于表6-4-1中所列数值。

表 6-4-1 建（构）筑物防雷接地装置的导体截面

防雷装置		钢管直径/mm	扁钢截面/mm²	角钢厚度/mm	钢绞线面/mm²	备注
接闪器	避雷针在 1m 及以下时	φ12	—	—	—	镀锌或涂漆，在腐蚀性较大的场所，应增大一级或采取其他防腐蚀措施
	避雷针在 1~2m 时	φ16	—	—	—	
	避雷针装在烟囱顶端	φ20	—	—	—	
	避雷带（网）	φ8	48，厚 4mm	—	—	
	避雷带装在烟囱顶端	φ12	100，厚 4mm	—	—	
	避雷网	—	—	—	35	
引下线	明设	φ8	48，厚 4mm	—	—	镀锌或涂漆，在腐蚀性较大的场所，应增大一级或采取其他防腐蚀措施
	暗设	φ10	60，厚 5mm	—	—	
	装在烟囱上时	φ12	100，厚 4mm	—	—	
接地线	水平埋设	φ12	100，厚 4mm	—	—	在腐蚀性土壤中应镀锌或加大截面
	垂直埋设	φ50，壁厚 3.5	—	4.0	—	

② 引下线要沿建筑物外墙以最短路径敷设，不应构成环套或锐角，引下线的一般弯曲点为软弯，且不小于 90°；弯曲过大时，必须满足 $D \geqslant L/10$ 的要求。D 指弯曲时开口点的垂直长度（m），L 为弯曲部分的实际长度（m）。若因建筑艺术有专门要求时，也可采取暗敷设方式，但其截面要加大一级。

③ 建（构）筑物的金属构件（如消防梯）等可作为引下线，但所有金属部件之间均应连接成良好的电气通路。

④ 采取多根引下线时，为便于检查接地电阻及检查引下线与接地线的连接状况，宜在各引下线距地面 1.8m 处设置断续卡。

⑤ 易受机械损伤的地方，在地面上约 1.7m 至地下 0.3m 的一段应加保护管。保护管可为竹管、钢管或塑料管。如用钢管则应顺其长度方向开一豁口，以免高频雷电流产生的磁场在其中引起涡流而导致电感量增大，加大了接地阻抗，不利于雷电流入地。

⑥ 建（构）筑物过电压保护的接地电阻值应符合要求，具体规定可见表 6-4-2。

表 6-4-2 建（构）筑物过电压保护的接地电阻值

建（构）筑物类型		直击雷冲击接地电阻/Ω	感应雷工频接地电阻/Ω	利用基地钢筋工频接地电阻/Ω	电气设备与避雷器的共用工频接地电阻/Ω	架空引入线间隙及金属管道的冲击接地电阻/Ω
工业建筑	第一类	≤10	≤10	—	≤10	≤20
	第二类	≤10	与直击雷共同接地≤10	—	≤5	入户处 10 第一根杆 10 第二根杆 20 架空管道 10
	第三类	20~30	—	≤5	—	≤30
	烟囱	20~30	—	—	—	—
	水塔	≤30	—	—	—	—

续表

建(构)筑物类型		直击雷冲击接地电阻/Ω	感应雷工频接地电阻/Ω	利用基地钢筋工频接地电阻/Ω	电气设备与避雷器的共用工频接地电阻/Ω	架空引入线间隙及金属管道的冲击接地电阻/Ω
民用建筑	第一类	5~10	—	1~5	≤10	第一根杆 10 第二根杆 30
	第二类	20~30	—	≤5	20~30	≤30

⑦ 对垂直接地体的长度、极间距离等要求，与接地或接零中的要求相同，而防止跨步电压的具体措施，则和对独立避雷针时的要求一样。

6.4.3.2 化工设备的防雷

① 当罐顶钢板厚度大于 4mm，且装有呼吸阀时，可不装设防雷装置。但油罐体应作良好的接地，接地点不少于两处，间距不大于 30m，其接地装置的冲击接地电阻不大于 30Ω。

② 当罐顶钢板厚度小于 4mm 时，虽装有呼吸阀，也应在罐顶装设避雷针，且避雷针与呼吸阀的水平距离不应小于 3m，保护范围高出呼吸阀不应小于 2m。

③ 浮顶油罐（包括内浮顶油罐）可不设防雷装置，但浮顶与罐体应有可靠的电气连接。

④ 非金属易燃液体的贮罐应采用独立的避雷针，以防止直接雷击。同时还应有防止感应雷措施。避雷针冲击接地电阻不大于 30Ω。

⑤ 覆土厚度大于 0.5m 的地下油罐，可不考虑防雷措施，但呼吸阀、量油孔、采气孔应做良好接地。接地点不少于两处，冲击接地电阻不大于 10Ω。

⑥ 易燃液体的敞开贮罐应设独立避雷针，其冲击接地电阻不大于 5Ω。

⑦ 户外架空管道的防雷。

a. 户外输送可燃气体、易燃或可燃体的管道，可在管道的始端、终端、分支处、转角处以及直线部分每隔 100m 处接地，每处接地电阻不大于 30Ω。

b. 当上述管道与爆炸危险厂房平行敷设而间距小于 10m 时，在接近厂房的一段，其两端及每隔 30~40m 应接地，接地电阻不大于 20Ω。

c. 当上述管道连接点（弯头、阀门、法兰盘等）不能保持良好的电气接触时，应用金属线跨接。

d. 接地引下线可利用金属支架，若是活动金属支架，在管道与支持物之间必须增设跨接线；若是非金属支架，必须另作引下线。

e. 接地装置可利用电气设备保护接地的装置。

6.4.3.3 人体的防雷

雷电活动时，由于雷云直接对人体放电，产生对地电压或二次反击放电，都可能对人造成电击。因此，应注意必要的安全要求。

① 雷电活动时，非工作需要，应尽量少在户外或旷野逗留；在户外或野外处最好穿塑料等不浸水的雨衣。

② 雷电活动时，应尽量离开小山、小丘或隆起的小道，应尽量离开海滨、湖滨、河边、池旁，应尽量离开铁丝网、金属晾衣绳以及旗杆、烟囱、高塔、孤独的树木附近，还应尽量离开没有防雷保护的小建筑物或其他设施。

③ 雷电活动时，在户内应注意雷电侵入波的危险，应离开照明线、动力线、电话线、广播线、收音机电源线、收音机和电视机天线以及与其相连的各种设备，以防止这些线路或设备对人体的二次放电。

④ 防雷装置在接受雷击时，雷电流通过会产生很高电位，可引起人身伤亡事故。为防止反击发生，应使防雷装置与建筑物金属导体间的绝缘介质网络电压大于反击电压，并划出一定的危险区，人员不得接近。

⑤ 当雷电流经地面雷击点的接地体流入周围土壤时，会在它周围形成很高的电位，如有人站在接地体附近，就会受到雷电流所造成的跨步电压的危害。

⑥ 当雷电流经引下线接地装置时，由于引下线本身和接地装置都有阻抗，因而会产生较高的电压降，这时人若接触，就会受接触电压危害，均应引起人们注意。

⑦ 为了防止跨步电压伤人，防直击雷接地装置距建筑物、构筑物出入口和人行道的距离不应小于3m。当小于3m时，应采取接地体局部深埋、隔以沥青绝缘层、敷设地下均压条等安全措施。

6.4.4 防雷装置的检查

为了使防雷装置具有可靠的保护效果，不仅要有合理的设计和正确的施工，还要建立必要的维护保养制度，进行定期和特殊情况下的检查。

① 对于重要设施，应在每年雷雨季节以前做定期检查。对于一般性设施，应每2～3年在雷雨季节前做定期检查。如有特殊情况，还要做临时性的检查。

② 检查是否由于维修建筑物或建筑物本身变形，使防雷装置的保护情况发生变化。

③ 检查各处明装导体有无因锈蚀或机械损伤而折断的情况，如发现锈蚀在30%以上，则必须及时更换。

④ 检查接闪器有无因遭受雷击后而发生熔化或折断，避雷器瓷套有无裂纹、碰伤的情况，并应定期进行预防性试验。

⑤ 检查接地线在距地面2m至地下0.3m的保护处有无被破坏的情况。

⑥ 检查接地装置周围的土壤有无沉陷现象。

⑦ 测量全部接地装置的接地电阻，如发现接地电阻有很大变化，应对接地系统进行全面检查，必要时设法降低接地电阻。

⑧ 检查有无因施工挖土、敷设其他管道或种植树木而损坏接地装置的情况。

【任务实施】

(1) 列举雷电的危害　以思维导图的方式列举雷电的危害。

(2) 分析归纳建（构）筑物、化工设备、人体的防雷措施　具体格式可参考表6-4-3。

表 6-4-3　建（构）筑物、化工设备、人体的防雷措施

种类	防护措施
建（构）筑物的防雷	
化工设备	……
人体防雷	……

(3) 以小组为单位汇报展示　各小组将完成的成果进行展示，每组派1名同学进行汇报讲解，完成后进行小组自评和互评。

> **关键与要点**

1. 雷电是大气中的放电现象，可分为直击雷和感应雷。
2. 雷电会造成极高的冲击电压，可造成电气设备的损坏，大面积的停电，会造成热性质破坏、机械性质的破坏，强大的电流会发出感应电流，雷电波侵入建筑物可造成配电装置和电气线路绝缘层击穿，造成燃烧爆炸；雷电流若迅速通过人体，可使人呼吸中枢麻痹，心室颤动，心搏骤停，甚至休克或死亡。
3. 常用防雷装置有避雷针、避雷线、避雷网、避雷带、保护间隙及避雷器。
4. 为了使防雷装置具有可靠的保护效果，要进行合理的设计和正确的施工，还要进行必要的维护保养；在雷电活动中应尽量少在户外和旷野逗留等。

【考核评价】

对各小组分析及讨论情况进行自我评价、小组评价和教师评价，具体内容见附表6-4。

 事故案例分析

> 受雷击过重重大伤亡
>
> 某日下午，某市一学校篮球场东南角遭受雷击，将当时正在篮球场进行军训的6位女同学和一名教官击倒在地，其中3名同学是趴着倒下的，3名同学是仰着倒下的，其中刘某因受雷击过重，抢救无效，不幸去世。雷击前的天气情况：当时天气闷热，天空积雨云底较低，但没有刮风下雨。
> 1. 请分析事故的成因。
> 2. 如何避免此类事故的发生？

【直击工考】

一、单项选择题

有一种防雷装置，当雷电冲击波到来时，该装置被击穿，将雷电波引入大地，而在雷电冲击波过去后，该装置自动恢复绝缘状态，这种装置是（　　）。

A. 接闪器　　　　B. 接地装置　　　　C. 避雷针　　　　D. 避雷器

二、简答题

1. 在何种情况下容易发生雷电？
2. 雷电有哪些危害？

单元 7

化工装置运行与检修安全技术

单元引入

化工装置在生产运行中,要经受高温、高压、强腐蚀、疲劳以及自然侵蚀等因素影响,造成个别部件或整体改变原有尺寸、形状,力学性能下降、强度降低等隐患和缺陷,严重威胁着安全生产。所以,为了实现安全生产,提高设备效率,降低能耗,保证产品质量,要对装置、设备定期进行计划检修,及时消除缺陷和隐患,使化工生产装置能够安全、高效、稳定地运行。

单元目标

知识目标
1. 了解化工装置运行与安全。
2. 掌握化工装置检修前的准备工作。
3. 熟悉化工装置安全检修中的安全管理要求及技术措施。
4. 掌握化工装置检修后安全开车的技术要点及防范措施。

能力目标
1. 初步具有化工装置停车的安全处理能力。
2. 初步具有化工装置安全检修的能力。

素质目标
1. 树立干一行爱一行的职业操守和爱岗敬业的职业道德。
2. 树立严谨踏实的工作态度和钻研技术的决心。

单元解析

本单元主要介绍化工装置运行与检修安全技术,包括认识化工装置运行与安全,掌握化工装置检修前的准备工作,化工装置安全检修的安全管理要求及技术措施,掌握化工装置检修后安全开车的基本知识 4 个任务。重点:掌握化工装置停车处理程序。难点:掌握化工装置安全检修的安全管理要求及技术措施。

安全,对于职工意味着机器设备的正常运转,更意味着千家万户的幸福与安康,安全工作没有终点,只有起点。

所有课程任务学习结束后,要求同学们整理归还教具,并清扫实训场地卫生,培养同学们的劳动精神。

任务 7.1 认识化工装置运行与安全

【任务描述】
　　阅读老师下发的化工装置运行资料，找出化工装置运行的特点，归纳常见的化工装置的用途和安全技术要点。以某一种化工装置为例，将其安全操作要点和技术要点以提纲或图表的方式绘制在纸上，以小组为单位展示汇报、评价。

【学习目标】
　　1. 能够表述化工装置的分类。
　　2. 能够正确安全使用常见的化工装置。

 案例导入

　　2017 年 7 月 26 日下午，某化工有限公司安排施工作业人员对南造气三号系统气化炉（11#、12#、13#、14#，以及 15#）及相关管道进行防腐保温工作，同时，当班操作人员对 12# 气化炉进行进料（从气化炉顶端加煤机进料）。在事故现场周边有相关作业人员共 135 人。18 时 5 分左右。12# 气化炉在进料过程中发生燃爆，造成 5 人死亡、27 人受伤。事故直接原因：事故电石炉内水冷设备漏水，料面石灰遇水粉化板结，料层透气性差，形成积水；现场作业人员停电处理炉况作业期间，积水遇高温熔融物料导致电石炉喷料，造成操作人员灼烫。

　　分析与讨论：通过案例分析为什么会发生该起事故？通过独立思考和阅读资料找到问题答案。

　　每一个企业在生产中都非常重视生产设备的安全运行，然而设备并不是一直完好无损的，因此，抓好管理、使用、检修三个环节就显得尤为重要。

【必备知识】

7.1.1 化工装置的类型

　　化工生产条件苛刻，技术含量高，所用设备种类多。各种工艺装置的任务不同，所采用的设备也不尽相同，按化工设备在生产中的作用可将其归纳为流体输送设备、加热设备、换热设备、传质设备、反应设备及存储设备等几种类型，各种类型设备中，有些设备是依靠自身的运转进行工作的，如各种泵、压缩机、风机等，称为"转动设备"，习惯上也叫作"动设备"或"机器"，有些设备工作时不运动，而是依靠特定的机械结构及工艺等条件，让物料通过设备时自动完成工作任务，如各种塔类设备、换热设备、反应设备、加热设备等，称为"工艺设备"，习惯上也叫作"静设备"或"设备"。

7.1.1.1　流体输送设备

　　流体输送设备是将原料、成品及半成品，包括水和空气等各种液体和气体从一个设备输送到另一个设备,或者使其压力升高以满足化工工艺的要求,包括各种泵、压缩机、鼓风机以及与其相配套的管线和阀门等。这类设备的一个共同特点是它们都可用于许多场合,不仅限于化工或炼油生产,因此也称其为通用设备。

7.1.1.2 加热设备

加热设备是将原料加热到一定的温度,使其汽化或为其进行反应提供足够的热量。在石油化工生产中常用的加热设备是管式加热炉,它是一种火力加热设备,按其结构特征有圆筒炉、立式炉及斜顶炉等,其中应用较多的是圆筒炉。

7.1.1.3 换热设备

换热设备是将热量从高温流体传给低温流体,以达到加热、冷凝、冷却的目的,并从中回收热量,节约燃料。换热设备的种类很多,按其使用目的有加热器、换热器、冷凝器、冷却器及再沸器等,按换热方式可分为直接混合式、蓄热式和间壁式,在石油化工生产中,应用最多的是各种间壁式换热设备。

7.1.1.4 传质设备

传质设备是利用物料之间某些物理性质,如沸点、密度、溶解度等的不同,将处于混合状态的物质(气态或液态)中的某些组分分离出来。在进行分离的过程中物料之间发生的主要是质量的传递,故称其为传质设备。传质设备就其外形而言,大多为细而高的塔状,所以通常也叫塔设备。

7.1.1.5 反应设备

反应设备是完成一定的化学和物理反应的设备,其中化学反应是起主导和决定作用的,物理过程是辅助的或伴生的。反应设备在石油化工生产中应用也是很多的,如生产苯乙烯、乙烯、高压聚乙烯、聚丙烯、合成橡胶、合成氨、苯胺染料和油漆颜料等的工艺过程,都要用到反应设备。

7.1.1.6 存储设备

存储设备是用来盛装生产用的原料气、液体、液化气等物料的设备,这类设备属于结构相对比较简单的容器类设备,所以又称为存储容器或储罐,按其结构特征有立式储罐及球形储罐等。

7.1.2 化工装置的使用安全

一般来说,化工装置由化工设备和化工机器组成,能否正确安全使用化工装置关系到化工企业的健康发展。

7.1.2.1 化工设备的安全使用

(1) 换热设备的安全使用与维护 在化工生产中,通过换热器的介质,有些含有沉积物,有些具有腐蚀性,所以换热器使用一段时间后,会在换热管及壳体等过流部位积垢和形成锈蚀物,它们一方面降低了传热效率,另一方面使管子流通截面减小而流阻增大,甚至造成堵塞。介质腐蚀也会使管束、壳体及其他零件受损。另外,设备长期运转振动和受热不均匀,使管子胀接口及其他连接处也会发生泄漏。这些都会影响换热器的正常工作,甚至迫使装置停工,因此对换热器必须加强日常维护,定期进行检查、检修,以保证生产的正常安全进行。

(2) 反应器的安全运行 生产高密度低压聚乙烯的搅拌聚合系统是目前典型的、在工业上应用广泛的聚合系统,以该系统说明反应器的安全操作。

聚合系统的操作要求,控制好聚合温度、压力、聚合浆液浓度对于聚合系统操作是最关键的。

控制聚合温度一般有如下三种方法:

① 通过夹套冷却水换热。

② 气相外循环换热。由循环风机、气相换热器、聚合釜组成气相外循环系统，通过气相换热器能够调节外循环气体的温度，并使其中的易冷凝气相冷凝，冷凝液流回聚合釜，从而达到控制聚合温度的目的。

③ 浆液外循环换热。由浆液循环泵、浆液换热器和聚合物组成浆液外循环系统，通过浆液换热器能调节循环浆液的温度，从而达到控制聚合温度的目的。

压力控制是在聚合温度恒定的情况下进行的，聚合单体为气相时聚合反应压力主要通过催化剂的加料量和聚合单体的加料量来控制，聚合单体为液相时聚合反应压力主要决定于单体的蒸气分压，也就是聚合温度。聚合反应气相中，不凝的惰性气体的含量过高是造成聚合反应釜压力超高的原因之一，此时需放火炬，以降低聚合釜内压力。

控制聚合浆液浓度也非常重要，浆液过浓，造成搅拌器电动机电流过高，引起超负载跳闸，停转。这就会造成反应釜内聚合物结块，甚至引发飞温、爆聚事故，停止搅拌是造成爆聚事故的主要原因之一。控制浆液浓度主要是通过控制溶剂的加入量和聚合产率来实现的。聚合产率的高低在聚合温度和单体加入量不变的情况下，主要通过催化剂加入量来调节。在发生聚合温度失控时，应立即停进催化剂、增加溶剂进料量，加大循环冷却水量，紧急放火炬泄压，向后系统排聚合浆液，并适时加入阻聚剂。发生停搅拌事故应立即加入阻聚剂，并采取其他相应的措施。

(3) 化工管道的使用安全　管道是化工设备的重要组成部分，原料及其他辅助物料从不同的管路进入生产装置，加工成产品，再进入罐区，最后外输或外运。可见管道是化工生产的大动脉，它将整个生产连接起来构成一个整体。所以保持管路的畅通是保证化工生产正常进行的重要环节。

新设管道施工完毕或在用管道维修完毕后，在管内往往留有焊渣、铁锈、泥土等杂物，如不及时清除，在使用中可能会堵塞管路、损坏阀门，甚至污染管内介质，因此管道在投用前必须进行清洗和吹扫。具体方法是：先用水清洗，再用压缩空气吹净管内存水，若吹扫经过过滤器则应在吹扫后打开过滤器，清除过滤网上的杂质，防止堵塞，影响管路的畅通。

为了检查管道的强度、焊缝的致密性和密封结构的可靠性，对清扫后的管道应进行耐压试验。耐压试验应以水作为试压介质，对承受内压的地上钢管道及有色金属管道试验压力取设计压力的 1.5 倍，埋地钢管道的试验压力取设计压力的 1.5 倍和 0.4MPa 之小者。承受内压的埋地铸铁管道，当设计压力小于等于 0.5MPa 时，试验压力取设计压力的 2 倍；当设计压力大于 0.5MPa 时，取设计压力再加 0.5MPa。对承受外压的管道，其试验压力取设计内外压力差的 1.5 倍且不小于 0.2MPa。对于不宜做水压试验的可做气压试验，气压试验时应做好安全措施，试验压力及其他具体要求查阅有关规范。

管道投用后应进行定期检查，管道的定期检查分为外部检查、重点检查和全面检查，检查的周期应根据管道的综合分类等级确定。各类管道每年至少进行一次外部检查，每 6 年至少进行一次全面检查，Ⅰ、Ⅱ、Ⅲ类管道每年至少进行一次重点检查，Ⅳ、Ⅴ类管道每 2 年至少进行一次重点检查。管道的外部检查主要是观察管道外表面有无裂纹、腐蚀及变形等缺陷，连接法兰有无偏口，紧固件是否齐全、有无腐蚀、松动等现象，用听声法检查管内有无异物的撞击、摩擦声等。

(4) 阀门的使用与维护　为了使阀门使用长久、开关灵活、保证安全生产，应正确使用和合理维护。一般应注意以下几点。

① 新安装的阀门应有产品合格证，外观无砂眼、气孔或裂纹、填料压盖应压平整，开关要灵活；使用阀门的压力、温度等级应与管道工作压力相一致，不可将低压阀门装在高压管道上。

② 阀门开完应回半圈，以防误以为关；阀门关闭费力时应用特制扳手，尽量避免用管钳，不可用力过猛或用工具将阀门关得过死。

③ 阀门的填料、大盖、法兰、螺纹等连接和密封部位不得有泄漏，若发现问题应及时紧固或更换，更换时不可带压操作，特别是高温、易腐蚀介质，以防伤人。

④ 室外阀门，特别是有杆闸门阀，阀杆上应加保护套，以防侵蚀和尘土锈污；对用于水、蒸汽、重油管道上的阀门，冬天应做好防冻保暖工作，防止阀门冻凝，阀体冻裂。

⑤ 对减压阀、调节阀、疏水阀等自动阀门在启用时，应先将管道冲洗干净，未安装旁路和冲洗管的疏水阀，应将疏水阀拆下，吹净管道后再装上使用。

⑥ 对蒸汽阀在开启前应先预热并排除凝结水，然后慢慢开启阀门以免汽、水冲击，当阀全开后，应将手轮再倒转半圈，使螺纹之间严密，对长期关停的水阀、汽阀应注意排除积水。

⑦ 应经常保持阀门的清洁，不能利用阀门支持其他重物，更不能在阀门上站人；阀门的阀体与手轮应按工艺设备的管理要求，做好刷漆防腐，系统管道上的阀门应按工艺要求编号，启闭阀门时应对号挂牌，以防误操作。

7.1.2.2 化工机器的使用安全

化工机器主要有泵等，泵属于转动设备，在石油化工行业中的使用量较多。如炼油厂的各类油泵、化工厂的各类酸泵、氮肥厂的尿素泵及给排水系统用的各种水泵等。泵性能的优劣直接影响着生产的正常进行，如果泵出现故障，整个生产系统就会停止工作。

【任务实施】

收集和阅读化工装置的相关资料，以某一化工装置为例，将其安全操作要点和注意事项以提纲或图表的方式绘制在纸上，表格样式可参考表7-1-1。

表 7-1-1　化工装置技术要点解析

装置名称	空压机
结构简图	
用途	1. 可以作为空气动力：气体经压缩后可用作动力驱动机械和风动工具，能够控制仪表和自动装置等 2. 可以用于气体输送：空气压缩机可用于管道运输和气体的瓶装等方面，比如远距离输送气体和天然气，以及氧气和二氧化碳的充装 3. 用于气体合成及聚合：化工厂常使用压缩机对气体进行加压，加压后的部分气体有利于产品的合成和聚合。例如氢气、一氧化碳和二氧化碳合成甲醇，二氧化碳和氨合成尿素等等；高压下的乙烯聚合生产聚氯乙烯

续表

装置名称	空压机
用途	4. 用于制冷和气体分离：通过空气压缩机对气体进行压缩、冷却、膨胀，使其液化，用于人工制冷，这种类型的压缩机通常称为制冰机或冰机。若液化气体为混合气时，可在分离装置中将各组分分别分离出来，得到合格纯度的各种气体。如石油裂解气的分离，先是经过压缩，然后在不同的温度下将各组分分别分离出来
安全操作要点	1. 操作人员应熟知空压机各零、部件的构造、性能及工作原理。经培训、考试合格后，方可独立操作 2. 开车前检查各运转部位、润滑、冷却系统、压力表、安全阀等是否正常。机器周围有无障碍物，确无问题方可开车 3. 运行中，操作者应时刻注意和调整油、水、电、气各压力温度，使设备处于正常运行状态。严禁超温超压 4. 不准擦拭运转中的部件，禁止在机器上放置工具及其他物品，不准在正在旋转的部位做清洗、校准和修理等工作 5. 常规压力表至少每半年应校验一次，安全阀通常每年至少校验一次，经校验后的压力表和安全阀应加铅封 6. 在运行中出现下列情况，应紧急停车，并向车间报告： ① 机器内部有剧烈的冲击和敲打声 ② 某一级压力表指针显著上升超过标准无法控制 ③ 油压表指针下降到零时 ④ 某一级气缸温度显著上升，超过标准无法控制时 ⑤ 冷却水停止供应时 ⑥ 某部分机件突然断裂，无法运行或电机发生故障时 7. 检查或修理空压机时，防止其他物体落入气缸、贮气罐，以免机内发生事故。修理或焊接压力容器部位，必须泄压 8. 工作完毕，放掉余气，关好水、电并做好交接班工作 9. 应定时排放集气罐内的油和水
风险及防范措施	危险点1：空压机更换滤芯或加油时，由于油温较高，易发生烫伤事故 防范措施： ① 停机5h以上，方可进行更换、加油作业 ② 穿戴好劳动保护用品，尤其是劳保手套和工作鞋 ③ 杜绝习惯性违章作业 危险点2：空压机属于高压装置，液压油、气管等耐压介质和零件如不定期更换，形成泄漏，极易造成人身伤害和设备损坏 防范措施： ① 操作人员熟练掌握空压机及油、气管使用期限，做好跟踪记录，定期进行更换 ② 更换过程中，严格按操作规程操作，杜绝习惯性违章操作 危险点3：检维修主机和电机，由于惯性转动部位没有全部停下，如果精力不集中，用手和工器具盘车，易造成人身伤害及设备损坏 防范措施： ① 严格按检维修操作规程操作 ② 穿戴好劳动保护用品 ③ 杜绝习惯性违章操作 ④ 操作过程中，精力集中

【考核评价】

对各小组分析及讨论情况进行自我评价、小组评价和教师评价，具体内容见附表7-1。

> **事故案例分析**
>
> 济南市某化工厂氮氢气压缩机放空管雷击着火事故
>
> 2004年8月26日,济南市某化工厂一台4M20-75/320型压缩机放空管因遭雷击发生着火事故。2004年8月26日9时,正值雷雨天气,厂内设备运行正常。忽然一声雷鸣过后,厂内巡视检查工人发现厂区内8号氮氢气压缩机放空管着火。在通知厂领导的同时,立即向厂消防救援队报警。厂消防救援队在最短的时间内赶到着火现场,在消防救援队和闻讯赶来的厂干部及职工的共同努力下,扑灭了着火处,没有酿成重大火灾,避免了更大的损失。
>
> 1. 请分析事故的成因。
> 2. 请给出事故的应对方案。

【直击工考】

一、单项选择题

1. 换热器的常见故障不包括(　　)。
   A. 管子的振动　　　B. 管壁积垢　　　C. 泵气蚀　　　D. 管子的泄漏
2. 管子选材原则中不包括(　　)。
   A. 满足工艺的要求　　　　　　　B. 针对某一介质的适应性
   C. 良好的力学性能　　　　　　　D. 良好的制造性、可焊性、热处理性等
3. 反应釜的作用不包括(　　)。
   A. 使气体在液相中作均匀分散
   B. 通过对参加反应的介质的充分搅拌,使物料混合均匀
   C. 减弱传热效果和相间传热
   D. 使不相溶的另一相液相均匀悬浮或充分乳化

二、填空题

1. 化工设备的四大类分别是_____设备、_____设备、分离设备及存储设备。
2. 常用的反应设备主要有_____、_____和搅拌反应器。

任务7.2　制订化工装置检修前的方案

> 【任务描述】
>
> 　　分析讨论案例中事故的原因,制订防护措施,归纳成条款或图表,以小组为单位进行汇报。
>
> 　　此任务是要深入分析导致案例事故发生的原因和形成事故的主要条件。要完成此任务,应该认真分析案例中包含的基本信息,归纳信息的具体内容,并能根据具体事故原因,制订相应的安全防护措施。
>
> 【学习目标】
>
> 1. 能够分析出案例中事故的原因,列举出对应的措施。
> 2. 能够归纳出化工装置在检修前的准备工作。

案例导入

2007年9月19日14:00左右,某炼钢厂废钢跨天车轨道准备检修,15:30分左右电工将15号天车滑线电源切断,赵某等维修工到15号天车上做准备工作,需要焊的工作是将80mm×900mm的每截槽钢焊到天车轨道大梁的下端。一开始,南面由刘某焊接,焊最北边一截时,组长李某安排张某去焊,赵某给扶着。当时二人都系着安全带,由于两人的位置不顺手,改由赵某焊,张某扶着。16:00左右,槽钢焊好后,李某就安排往上搭新槽钢,在搭新槽钢的过程中,赵某就站到新焊的槽钢上(大约离地面5~6m高),突然槽钢坠落,赵某随着槽钢下落,在下落的过程中安全带将他挂住,但由于受到冲击力的作用,安全带断裂,赵某摔落到地面上。新焊的槽钢焊接不牢固,在赵某踩到刚焊完的槽钢时就开焊,是造成此次事故的直接原因。

分析与讨论:请分析应该如何做好检修前准备工作,以避免类似的事故发生。

【必备知识】

7.2.1 检修前的准备

检修前的准备工作是保证装置停好、修好、开好的主要前提条件,必须做到集中领导,统筹规划,统一安排,并做好"四定""八落实"。"四定"指定项目、定质量、定进度、定人员;"八落实"指组织落实、思想落实、任务落实、物资(包括材料与备品备件)落实、劳动力落实、工器具落实、施工方案落实、安全措施落实。

7.2.1.1 设置检修指挥部

厂长(经理)为总指挥,主管设备、生产技术、人事保卫的副厂长为副总指挥,成立检修指挥部,负责检修计划、调度,安排人力、物力、运输及安全工作。

在各级检修指挥机构中要设立安全组,由指挥部、安全组、车间负责人和安全员构成安全联络网。

7.2.1.2 制订检修计划

化工生产是一个有机整体,一个装置的开停车必然要影响到其他装置的生产,因此,在进行检修时要有一个全盘计划。在检修计划中,根据生产工艺过程及所用工程之间的相互关联,规定各装置先后停车顺序,停水、停汽、停电的具体时间。

7.2.1.3 进行技术交流,做好安全教育

化工检修不但有化工操作人员参加,还有大量检修人员参加,对参加检修的人员,必须进行安全教育,学习停工检修有关规定、进入设备有关规定、用火有关规定、动土有关规定及科学文明检修相关规定,经考试合格后才能准许参加检修。为保证安全检修,参检单位及员工还应摒弃怕麻烦思想、急躁情绪和急功近利思想。

检修的技术准备包括:施工项目、内容的审定;施工方案和停车、开车方案的制订;综合计划进度的制订;施工图样、施工部门和施工任务以及施工安全措施的落实等。

7.2.1.4 全面检查,消除隐患

对检修项目、检修机器和检修现场等进行检查,尤其要对所有检修用具,特别是起重用具、电焊设备、手持电动工具都要进行安全检查,检修合格后由主管部门审查并发放合格证,贴在设备明显处,未经检验合格的设备、机器不准进入检修现场和使用。

7.2.2 装置停车的安全处理

7.2.2.1 停车操作的注意事项

停车方案一经确立,应严格按照停车方案确定的停车时间、停车程序以及各项安全措施有秩序地进行停车,停车操作注意事项如下:

(1) 降温

① 在停车过程中,降温的速度不宜过快,尤其在高温条件下。

② 加热炉停炉操作应按工艺规程中规定的降温曲线进行,并注意炉膛各处降温的均匀性,一般要求设备内介质温度要低于60℃。

(2) 卸压

① 系统卸压要缓慢,由高压降至低压,应注意压力不得降至零,更不能造成负压,一般要求系统内部保持微弱正压,在未做好卸压前,不得拆动设备。

② 高温真空设备停车,必须先把真空等设备内的介质温度降到自燃点以下后方可与大气相连,以防空气进入引起介质的燃爆。

(3) 排净 装置停车时,应尽可能将设备、管道内储存的气液固体物料排净,有毒及腐蚀性介质严禁就地排放,可燃有毒气体排至火炬烧掉。

特别注意:凡是运行中的设备、带有压力或盛有物料的设备不能检修!

7.2.2.2 停车后的安全处理

停车后的安全处理的主要步骤有隔绝、置换、吹扫与清洗。待检修生产部门与检修部门应严格遵守办理安全检修交接手续等制度。

(1) 隔绝 由于隔绝做得不好,致使有毒、易燃易爆、有腐蚀性、令人窒息和高温的介质进入检修设备而造成的重大事故时有发生,因此检修设备必须进行可靠隔绝。最安全可靠的隔绝方法是拆除管线和抽插盲板。

(2) 置换 为保证检修动火和进入设备内作业安全,在检修范围内所有设备和管线中的易燃易爆、有毒有害气体应进行置换。对易燃易爆有毒气体的置换大多采用氮气等惰性气体作为置换介质,也可采用注水排气法,将易燃有毒气体排出设备。经置换后,需要进入其内工作还必须用新鲜空气置换惰性气体,以防发生缺氧窒息。置换的注意事项如下。

盲板结构:一块比管径略大的圆形金属板,板上有一个小手柄。

做法:将板插入管道的连接处,隔绝两边通路,作为安全措施。

注意:抽插盲板属于危险作业,应办理抽插盲板作业许可证并同时落实各项安全措施。

① 被置换的设备、管道等必须与系统进行可靠隔离。

② 置换前应制订置换方案,绘制置换流程图,根据置换和被置换介质密度不同,合理选择置换介质入口、被置换介质排出口及取样部位,防止出现死角。

③ 用水作为置换介质时,一定要保证设备内注满水,且在设备顶部最高处的溢流口溢出并持续一段时间,严禁注水不满;用惰性气体作为置换介质时,必须保证惰性气体用量,一般为被置换介质的3倍以上。

④ 按置换流程图规定的取样点取样分析并应达到合格。

(3) 吹扫 停车后的安全处理,对设备和管道内没有排净的易燃有毒液体一般采用水蒸气或惰性气体进行吹扫的方法清除。吹扫作业应根据停车方案中规定的吹扫流程图,按管段号和设备号逐一进行并填写登记表,在登记表上注明管段号、设备位号、吹扫压力、进气点负责人、排气点负责人等。

(4) 清洗和铲除 停车后的安全处理,对置换和吹扫都无法清除的黏结在设备内壁的易燃有毒物质的沉积物及结垢等,还必须采用清洗和铲除的办法处理,避免因为动火时沉积物或结垢遇高温迅速分解或挥发，使空气中可燃物质或有毒物质浓度大大增加而发生燃烧爆炸或中毒事故。

（5）其他方面　停车后的安全处理其他方面的注意事项如下：

① 清理检修现场和通道，检修现场应根据 GB 2894—2008 的规定，设立相应的安全标志，并且检修现场应有专人负责监护，与检修无关人员禁止入内。

② 切断待检设备的电源，并经启动复查确定无电后，在电源开关处挂上禁止启动的安全标志并加锁。

③ 及时与公用工程系统（水、电、汽）联系并妥善处理。

④ 检修前，生产部门与检修部门应严格办理安全检修交接手续，交接双方按上述要求进行认真检查和确认，符合安全检修交接条件后，双方负责人在安全交接书上签字。

【任务实施】

制订化工装置检修前的工作计划。结合实训设备情况，以典型化工装置——精馏塔为例，将其检修前工作计划、要点、注意事项以提纲或图表的方式绘制在纸上，表格样式可参考表 7-2-1。

表 7-2-1　化工装置检修前工作计划

阶段	主要操作任务	注意事项
停车阶段	1. 降负荷：降低进料至正常进料量的 70% 2. 停进料和再沸器：在负荷降至正常的 70%，且产品已大部分采出后，停进料和再沸器 3. 停回流：停进料和再沸器后，回流罐中的液体全部通过回流泵打入塔内，以降低塔内温度 4. 降压、降温：将塔压降至接近常压，同时将塔内温度降至 50℃ 以下	1. 降负荷时要逐步关小进料阀，不可一步到位 2. 控制好塔温度。关键在于处理好进料流量、塔顶回流量、加热蒸汽流量以及塔的压力
准备阶段	1. 备齐图纸、技术资料、工机具、材料、劳动保护用品和编制施工方案 2. 设备与连接管线应加盲板隔离。塔内部经过吹扫（蒸煮）、置换、清洗干净，并符合有关规定 3. 加工高含硫原油装置的塔设备经吹扫置换后，内部残留的硫化亚铁遇空气会引起自燃，在塔设备吹扫（蒸煮）后用钝化剂进行钝化和水清洗。拆卸与检查人孔拆卸自上而下逐只打开 4. 进入塔内筒检查内容有检查塔体腐蚀、变形、壁厚减薄、裂纹及各部件焊接情况，筒体有内衬的还应检查其腐蚀、鼓泡和焊缝情况；检查塔内污垢情况；检查塔体的附件完好情况	1. 塔内吹扫是关键，安全使用蒸汽或安全气体，严格执行安全规程 2. 进入塔内前一定要做好气体含量检测工作，不达标坚决不进入
风险及防范措施	1. 作业风险 精馏塔内泄漏的腐蚀性液体、气体介质可能会对作业人员的肢体、衣物、工具产生不同程度的损坏，并对环境造成污染 2. 安全措施 ① 检修作业前，必须联系工艺人员把腐蚀性液体、气体介质吹净、置换、冲洗，分析合格，办理作业许可证 ② 作业人员应按要求穿戴劳保用品，熟知工作内容，特别是有关部门签署的意见 ③ 低洼处检修，场地内不得有积聚的腐蚀性液体，以防作业时滑倒伤人	

续表

阶段	主要操作任务	注意事项
风险及防范措施	④ 腐蚀性液体的作业面应低于腿部，否则应联系相关人员搭设脚手架，以防残留液体淋伤身体、衣物，但不得以铁桶等临时支用 ⑤ 作业时，根据具体情况戴橡胶手套、防护面罩，穿胶鞋等相应的特殊劳保用品 ⑥ 拆卸时，可用清水冲洗连接面，以减少腐蚀性液体、气体介质的侵蚀作用 ⑦ 接触到腐蚀性介质的肢体、衣物、工具等应及时清洗；若有不适，应及时治疗	

【考核评价】

对各小组分析及讨论情况进行自我评价、小组评价和教师评价，具体内容见附表7-2。

 事故案例分析

违反离心机操作规程引起闪爆

2008年6月16日16时30分左右，淄博某公司黄原胶技改项目提取岗位一台离心机在由生产厂家技术员李某检修完毕后，试车过程中发生闪爆，并引起火灾，造成7人受伤，直接经济损失达12万元。

该公司位于临淄区东外环路中段，现有职工400人，主要产品为黄原胶。该公司6000t/年黄原胶技改项目于2007年7月5日取得设立和安全设施设计审查手续，2007年12月21日取得试生产方案备案告知书。事发时正处于试生产阶段。

1. 请分析事故的成因。
2. 请给出事故的应对方案。

【直击工考】

一、多项选择题

1. 属于换热器检修内容的是（　　）。
A. 清扫管束和壳体
B. 管束焊口、胀口处理及单管更换
C. 检查修复管箱、前后盖、大小浮头、接管及其密封面，更换垫片
D. 检查校验安全附件

2. 下列关于进入设备内作业的安全要求说法正确的是（　　）。
A. 设备内作业必须办理设备内安全作业证，并要严格履行审批手续
B. 在进入设备前60min必须取样分析，严格控制可燃气体、有毒气体浓度及含氧量在安全指标范围内，分析合格后才允许进入设备内作业。如在设备内作业时间长，至少每隔3h分析一次，如发现超标，应立即停止作业，迅速撤出人员
C. 应有足够的照明，设备内照明电压应不大于48V，在潮湿容器、狭小容器内作业应小于等于36V，灯具及电动工具必须符合防潮、防爆等安全要求

D. 在检修作业条件发生变化，并可能危及作业人员安全时，必须立即撤出；若需继续作业，必须重新办理进入设备内作业审批手续

二、判断题

某公司分包商员工在常减压检修现场进行工程收尾。10时左右，管工刘某与辅助工许某到空冷器顶部平台更换阀门螺栓。刘某站在平台北侧作业，站位距平台边缘约0.6m。11时左右，刘某在作业过程中，扳手与螺母松脱，站立不稳，从平台上后仰、坠落至下层平台，落差5.64m，头部受伤，经医院抢救无效于下午3时死亡。根据上述描述，高处作业必须系挂安全带。（　　）

任务7.3　了解化工装置检修中的技术措施

【任务描述】
　　根据案例分析，通过综合考虑检修作业时的安全问题，合理地制订检修工作方案。

【学习目标】
　　1. 掌握化工检修的特点和分类。
　　2. 掌握检修安全管理和特殊作业工作的要点。

案例导入

2019年2月15日，广东省东莞市某纸业有限公司环保部主任安排2名车间主任组织7名工人对污水调节池（事故应急池）进行清理作业。当晚23时许，3名作业人员在池内吸入硫化氢后中毒晕倒，池外人员见状立刻呼喊救人，先后有6人下池施救，其中5人中毒晕倒在池中，1人感觉不适自行爬出。事故最终造成7人死亡、2人受伤，直接经济损失约1200万元。事故直接原因是企业未履行有限空间作业审批手续，作业前未检测、未通风，作业人员未佩戴个体防护用品，违规进入有限空间作业。事故发生后，现场人员盲目施救造成伤亡扩大。

分析与讨论：请分析应该如何避免类似的事故发生。

【必备知识】

7.3.1　化工装置检修的特点

化工生产一般具有"高温、高压、低温（盐水）、低压（真空），易燃易爆，有毒有害，腐蚀性强，生产的连续性"等特点。此外，化工还有安装和检修工作量大、技术复杂、精度较高等特点。与其他行业检修相比，化工检修具有频繁性、复杂性、危险性等特点。

7.3.1.1　化工检修的频繁性

所谓频繁指计划检修、计划外检修次数多；化工生产的复杂性，决定了化工设备及管道的故障和事故的频繁性，因而也决定了检修的复杂性。

7.3.1.2　化工检修的复杂性

化工生产中使用的设备、机械、仪表、管道、阀门等，种类繁多，规格不一，结构、性能和特点各异，同时检修中由于受到环境、气候、场地的限制，有些要在露天作业，有些要在设备内作业，有些要在地坑或井下作业，有时还要上、中、下立体交叉作业，加上外来务工、临时工进入现场机会多，而且对检修环境不熟悉，这些因素都增加了化工检修的复杂性。

7.3.1.3　化工检修的危险性

化工生产的危险性决定了化工检修的危险性。化工设备和管道在检修前做过充分的吹扫置换，但其中仍不可避免会存在易燃易爆、有毒有害、有腐蚀性的物质，而检修又离不开动火、进罐作业，稍有疏忽就会发生火灾爆炸、中毒和灼伤等事故。

7.3.2　化工装置检修分类

化工设备、管道、阀件、仪表等运行中的不稳定因素很多，如介质自身的危险性，对设备的腐蚀性，高温、高压的生产条件，设备的设计及制造错误，材料及制造的缺陷，安全装置或控制装置的失灵，安装、修理不当，违章操作等，都可能导致设备突发性的损坏，因此，为了维持正常生产，尽量减少非正常停车给生产造成的损失，必须加强对化工设备的维护、保养、检测和维修。

根据化工生产中机械设备的实际运转和使用情况，化工检修可分为计划检修和计划外检修。

7.3.2.1　计划检修

计划检修指企业根据设备管理、使用的经验以及设备状况，制定设备检修计划，对设备进行有组织、有准备、有安排、按计划进行的检修。根据检修的内容、周期和要求不同，计划检修又可分为大修、一般性检修（包括中修和小修）。

7.3.2.2　计划外检修

在生产过程运行中因突发性的故障或事故而造成设备或装置临时性停车的检修称为计划外检修。计划外检修事先难以预料，无法按计划安排，而且要求检修时间短，检修质量高，检修的环境及工况复杂，故难度较大。计划外检修是目前化工企业不可避免的检修作业之一，因此计划外检修的安全管理也是检修安全管理的一个重要内容。

由于化工设备在运行中受到腐蚀和磨损程度不同，除计划检修和计划外检修，临时性的停工抢修也极为频繁。由上可见化工安全检修的重要性。

7.3.3　检修安全管理技术

实现化工检修安全不仅确保了职工在检修工作中的安全，防止发生各类安全事故，保护广大职工的健康与安全，而且还能保质保量及时完成检修任务，为下一步的安全生产创造有利的条件。

不论是计划检修还是计划外检修，都必须严格遵守检修工作的各项规章制度，办理各种安全检修许可证（如动土证）的申请、审核和批准等手续。

检修安全管理工作是化工安全检修的一个重要环节。主要做好以下工作。

7.3.3.1　组织准备

在化工企业中，不论大修、中修、小修，都要杜绝各类事故的发生。为此必须建立健全的检修指挥机构，负责检修项目的落实、物资准备、施工准备、人员准备和开停车、置换方案的拟定工作。检修指挥机构中要设立安全组，各级安全员与各级安全负责人及安全组要构成联络网。计划外检修和日常维护，也必须指定专人负责，办理申请、审批手续，指定安全负责人。

7.3.3.2 技术准备

检修的技术准备包括施工项目、内容的审定；施工方案和停、开车方案的制定；计划进度的制定；施工图表的绘制；施工部门和施工任务以及施工安全措施的落实等。

7.3.3.3 材料准备

根据检修项目、内容和要求，准备好检修所需的材料、附件和设备，并严格检查是否合格，不合格的不可以使用。

7.3.3.4 安全用具准备

为了保证检修的安全，检修前必须准备好安全及消防用具，如安全帽、安全带、防毒面具、脚手架以及测氧、测爆、测毒等分析化验仪器和消防器材、消防设施等。消防器材及设施应指定专人负责。检修中还必须保证消防用水的供应。

7.3.3.5 组织领导

大修和中修应成立检修指挥系统，负责检修工作的筹划、调度，安排人力、物力、运输及安全工作。在各级检修指挥机构中要设立安全组，各车间的安全负责人及安全员与厂指挥部安全组构成安全联络网。各级安全机构负责对安全规章制度的宣传、教育、监督、检查，并办理动火、动土及检修许可证。

7.3.3.6 制订检修计划

在化工生产中，各个生产装置之间，或厂与厂之间，是一个有机整体，它们相互制约、紧密联系。在检修计划中，根据生产工艺过程及公用工程之间的相互关系，确定各装置先后停车的顺序，停水、停气、停电的具体时间，灭火炬、点火炬的具体时间。还要明确规定各个装置的检修时间，检修项目的进度以及开车顺序，一般都要画出检修计划图（鱼翅图）。

7.3.3.7 安全教育

化工装置的检修的安全教育不仅包括对本单位参加检修人员的教育，也包括对其他单位参加检修人员的教育。对各类参加检修的人员都必须进行安全教育，并经考试合格后才能准许参加检修。安全教育的内容包括化工厂检修的安全制度和检修现场必须遵守的有关规定。

停工检修的有关规定有以下两个方面。

(1) 进入设备作业的有关规定

① 动火的有关规定；

② 动土的有关规定；

③ 科学文明检修的有关规定。

(2) 检修现场的十大禁令

① 不戴安全帽、不穿工作服者禁止进入现场；

② 穿凉鞋、高跟鞋者禁止进入现场；

③ 上班前饮酒者禁止进入现场；

④ 在作业中禁止打闹或其他有碍作业的行为；

⑤ 检修现场禁止吸烟；

⑥ 禁止用汽油或其他化工溶剂冲洗设备、机具和衣物；

⑦ 禁止随意泼洒油品、化学危险品、电石废渣等；

⑧ 禁止堵塞消防通道；

⑨ 禁止挪用或损坏消防工具和设备；

⑩ 禁止将现场器材挪作他用。

7.3.3.8 安全检查

安全检查包括对检修项目的检查、检修机具的检查和检修现场的巡回检查。检修项目，特别是重要的检修项目，在制订检修方案时，需同时制订安全技术措施。没有安全技术措施的项目，不准检修。检修所用的机具，检查合格后由安全主管部门审查并发放合格证，贴在设备醒目处，以便安全检查人员现场检查。没有检查合格证的设备、机具不准进入检修现场和使用。在检修过程中，要组织安全检查人员到现场巡回检查，检查各检修现场是否认真执行安全检修的各项规定，发现问题及时纠正、解决。如有严重违章者，安全检查员有权令其停止作业。

7.3.4 特殊作业安全规范

7.3.4.1 动火检修技术

加强火种管理是化工企业防火防爆的一个重要环节。化工生产设备和管道中的介质大多是易燃易爆的物质，设备检修时又离不开切割、焊接等作业，而助燃物——空气中的氧又是检修人员作业场所不可缺少的。对检修动火来说燃烧三要素随时可能具备，因此，检修动火具有很大危险性。多年来，由于一些企业的检修人员缺乏安全常识，或违反动火安全制度而发生的重大火灾、爆炸事故接连不断，重复发生，教训深刻。所以，检修动火已普遍引起了化工企业的重视，一般都制订了动火制度，严格动火的安全规定，这是十分必要的。

(1) 动火作业的含义　在化工企业中，凡使用气焊、电焊、喷灯等焊割工具，在煤气、氧气的生产设施、输送管道、储罐、容器和危险化学品的包装物、容器、管道及易燃易爆危险区域内的设备上，能直接或间接产生明火的施工作业都属于动火作业。例如，电焊、气焊、切割、喷灯、电炉、熬炼、烘炒、焚烧等明火作业；铁器工具敲击、铲、刮、凿、敲设备及墙壁或水泥构件，使用砂轮、电钻、风镐等工具，安装皮带传动装置，高压气体喷射等一切能产生火花的作业；采用高温能产生强烈热辐射的作业。在化工企业中，动火作业必须严格贯彻执行安全动火和用火的制度，落实安全动火的措施。

(2) 禁火区与动火区的划定　企业应根据生产工艺过程的危险程度及维修工作的需要，在厂区内划分固定动火区和禁火区。

固定动火区指允许从事各种动火作业的区域。固定动火区应符合以下条件。

① 距易燃、易爆物区域的距离，应符合国家有关防火规范的防火间距要求。

② 生产装置正常放空或发生事故时，要保证可燃气体不能扩散到固定动火区内，在任何情况下，要保证固定动火区内可燃气体的含量在允许含量以下。

③ 室内固定动火区应与危险源（如生产现场）隔开，门窗要向外开，道路要畅通。

④ 固定动火区要有明显标志，区内不允许堆放可燃杂物。

⑤ 固定动火区内必须配有足够适用的灭火器具，并设置"动火区"字样的明显标志。

禁火区化工厂厂区内除固定动火区外，其他区域均为禁火区。凡需要在禁火区内动火时，必须申请办理"动火证"。禁火区内动火可划分为两级：一级动火，指在正常生产情况下的要害部位、危险区域动火，一级动火由厂安全技术和防火部门审核，主管厂长或总工程师批准；二级动火，指固定动火区和一级动火区范围以外的动火，二级动火由所在车间主管主任批准即可。

(3) 动火安全要点

① 审证。禁火区内动火必须办理动火证的申请、审核和批准手续，要明确动火的地点、时间、范围、动火方案、安全措施、现场监护人等。审批动火应考虑两个问题：一是动火设

备本身，二是动火的周围环境。要做到"三不动火"，即没有动火证不动火，安全防火措施不落实不动火，监护人不在现场不动火。

② 联系。动火前要和有关生产车间、工段联系好，明确动火的设备、位置。事先由专人负责做好动火设备的置换、中和、清洗、吹扫、隔离等工作，并落实其他安全措施。

③ 隔离。动火设备应与其他生产系统可靠隔离，防止运行中设备、管道内的物料泄漏到动火设备中来；将动火地区与其他区域采取临时隔火墙等措施加以隔开，防止火星飞溅而引起事故。

④ 拆迁。凡能拆迁到固定动火区或其他安全地方进行的动火作业，不应在生产现场内进行，尽量减少禁火区内的动火作业。

⑤ 移去。可燃物将动火周围10m范围以内的一切可燃物，如溶剂、润滑油、未清洗的盛放过易燃液体的空桶、木筐等移到安全场所。

⑥ 灭火措施。动火期间动火地点附近的水源要保证充分，不能中断；动火场所要准备好足够数量的灭火器具；在危险性大的重要地段动火，消防车和消防人员要到现场做好充分准备。

⑦ 检查与监护。上述工作准备就绪后，根据动火制度的规定，厂、车间或安全、保卫部门的负责人应到现场检查，对照动火方案中提出的安全措施检查是否落实，并再次明确和落实现场监护人和动火现场指挥，交代安全注意事项。

⑧ 动火分析不宜过早，一般不要早于动火前的30min。如果动火中断30min以上，应重做动火分析。分析试样要保留到动火之后，分析数据应做记录，分析人员应在分析化验报告单上签字。

⑨ 动火应由经安全考核合格的人员担任。压力容器的焊补工作应由锅炉压力容器考试合格的工人担任。无合格证者不得独自从事焊接工作。动火作业出现异常时，监护人员或动火指挥应果断命令停止动火，并采取措施，待恢复正常，重新分析合格并经批准、同意后，方可重新动火。

电焊作业时，作业人员必须按规定穿戴劳动防护用品，戴护目镜或面罩保护眼睛和面部免受电焊火花和强光辐射的伤害。高处动火作业应戴安全帽、系安全带，遵守高处作业的安全规定。氧气瓶和移动式乙炔瓶发生器不得有泄漏，应距明火10m以上，氧气瓶和乙炔发生器的间距不得小于5m，有五级以上大风时不宜高处动火。电焊机应放在指定的地方，火线和接地线应完整无损、牢靠，禁止用铁棒等物代替接地线和固定接地点。电焊机的接地线应接在被焊设备上，接地点应靠近焊接处，不准采用远距离接地回路。

7-1 手持电焊面罩

7-2 头戴型电焊面具

⑩ 善后处理。动火作业结束后，应仔细清理现场，熄灭余火，做到不遗漏任何火种，切断动火作业使用的电源。动火作业还必须严格遵守和切实落实国家有关部门制定的防止违章动火禁令。

7.3.4.2 设备内检修技术

(1) 设备内作业的定义　进入化工生产区域内的各类塔、球、釜、槽、罐、炉膛、锅筒、管道、容器以及地下室、阴井、地坑、下水道或其他封闭场所内进行的作业均为进入设备作业。

(2) 进入设备作业证制度　进入设备作业前，必须办理进入设备作业证（表7-3-1）。进入设备作业证由生产单位签发，由该单位的主要负责人签署。

表 7-3-1　进入受限空间作业许可证（样例）

编号			施工单位	
所属单位			设施名称	
原有介质			主要危险因素	
作业内容			填写人	
作业人				
监护人				
采样分析数据	分析项目	氧含量	可燃气体			分析人	
	分析结果					采样时间	
开工时间			年　月　日　时　分				

序号	主要安全措施	确认人签名
1	作业前对进入受限空间危险性进行分析	
2	所有与受限空间有联系的阀门、管线加盲板隔离，列出盲板清单，落实拆装盲板责任人	
3	设备经过置换、吹扫、蒸煮	
4	设备打开通风孔进行自然通风，温度适宜人员作业；必要时采用强制通风或佩戴空气呼吸器，但设备内缺氧时，严禁用通氧气的方法补充氧	
5	对相关设备进行处理，带搅拌机的设备应切断电源，挂禁止合闸标志，设专人监护	
6	检查受限空间内部是否具备作业条件，清罐时应用防爆工具	
7	检查受限空间进出口通道，不得有阻碍人员进出的障碍物	
8	盛装过可燃有毒气体、液体的受限空间，应分析可燃、有毒有害气体含量	
9	作业人员清楚受限空间内存在的其他危险因素，如内部附件、集渣坑等	
10	作业监护措施：消防器材（　）救生绳（　）气防设备（　）	
11	30m 以上进行高处作业配备通信、联络工具	

补充措施：		
危害识别：		
施工作业负责人意见	基层单位现场负责人意见	基层单位领导审批意见
年　月　日	年　月　日	年　月　日
完工验收：	年　月　日　时　分	签名：

注：作业许可证有效期为作业项目一个周期。当作业中断 4h 以上时，再次作业前，应重新对环境条件和安全措施予以确认；条件变更时，需要重新变更许可证。

生产单位在对设备进行置换、清洗并进行可靠的隔离后，事先应进行设备内可燃气体分析和氧含量分析。有电动和照明设备时必须切断电源，并挂上"有人检修，禁止合闸"的牌子，以防止有人误操作伤人。

检修人员凭有负责人签字的"进入设备作业证"及"分析合格单",才能进入设备内作业。在进入设备内作业期间,生产单位和施工单位应有专人进行监护和救护,并在该设备外明显部位挂上"设备内有人作业"的牌子。

(3) 设备内作业安全要求

① 安全隔离。设备上所有与外界连通的管道、孔洞均应与外界有效隔绝。设备上与外界连接的电源应有效切断。管道安全隔绝可采用插入盲板或拆除一段管道进行隔绝,不能用水封或阀门等代替盲板或拆除管道。电源有效切断可采用取下电源保险熔丝或将电源开关拉下后上锁等措施,并加挂警示牌。

② 空气置换。凡用惰性气体置换过的设备,在进入之前必须用空气置换出惰性气体,并对设备内空气中的氧含量进行测定。设备内动火作业除了其中空气中的可燃物含量符合动火规定外,氧含量应在 18%～21% 的范围。若设备内介质有毒的话,还应测定设备内空气中有毒物质的浓度。有毒气体和可燃气体浓度符合《化工企业安全管理制度》的规定。

③ 通风。要采取措施,保持设备内空气良好流通。打开所有人孔、手孔、料孔等进行自然通风。必要时,可采取机械通风。采用管道空气送风时,通风前必须对管道内介质和风源进行分析确认。不准向设备内充氧气或富氧空气。

④ 定时监测。作业前 30min 内,必须对设备内气体进行采样分析,分析合格后办理设备内安全作业证,方可进入设备。采样点要有代表性。作业中要加强定时监测,情况异常立即停止作业,并撤离人员。作业现场经处理后,取样分析合格方可继续作业。涂刷具有挥发性溶剂的涂料时,应做连续分析,并采取可靠通风措施。

⑤ 用电安全。设备内作业照明使用的电动工具必须使用安全电压,在干燥的设备内电压≤36V,在潮湿环境或密闭性好的金属容器内电压≤12V;若有可燃物质存在时,还应符合防爆要求。悬吊行灯时不能使导线承受张力,必须用附属的吊具来悬吊;行灯的防护装置和电动工具的机架等金属部分应该预先可靠接地。

设备内焊接应准备橡胶板,穿戴其他电气防护工具,焊机托架应采用绝缘的托架,最好在电焊机上装上防止电击的装置再使用。

⑥ 设备外监护。设备内作业必须有专人监护,一般应指派两人以上作监护人。进入设备前,监护人应会同作业人员检查安全措施,统一联系信号。险情重大的设备内作业,应增设监护人员,并随时与设备内取得联系。监护人应了解介质的理化性能、毒性、中毒症状和火灾、爆炸性;监护人应位于能经常看见设备内全部操作人员的位置,眼光不得离开操作人员;监护人除了向设备内作业人员递送工具、材料外,不得从事其他工作,更不准擅离岗位;发现设备内有异常时,应立即召集急救人员,设法将设备内受害人员救出,监护人应从事设备外的急救工作;如果没有代理监护人,即使在非常时候,监护人也不得自己进入设备内;凡进入设备内抢救的人员,必须根据现场的情况穿戴防毒面具或氧气呼吸器、安全带等防护器具。绝不允许不采取任何个人防护而冒险进入设备救人。

⑦ 个人防护。设备内作业应使设备内及其周围环境符合安全卫生的要求。在不得已的情况下才戴防毒面具进入设备作业,这时防毒面具务必事先作严格检查,确保完好,并规定在设备内的停留时间,严密监护,轮换作业;在设备内空气中氧含量和有毒有害物质均符合安全规定时进行作业,还应该正确使用劳动保护用品。设备内作业人员必须穿戴好工作帽、工作服、工作鞋;衣袖、裤子不得卷起,作业人员的皮肤不要露在外面;不得穿戴沾附着油脂的工作服;有可能落下工具、材料及其他物体或漏滴液体等的场合,要戴安全帽;有可能接触酸、碱、苯酚之类腐蚀性液体的场合,应戴防护眼镜、面罩、毛巾等

7-3 防砸鞋

保护整个面部和颈部；设备内作业一般穿中筒或高筒橡胶靴，为了防止脚部伤害也可以穿反牛皮靴等工作鞋。其他防护还包括急救措施、升降机具等。

(4) 进入容器、设备的八个"必须"
① 必须申请、办证，并得到批准；
② 必须进行安全隔绝；
③ 必须切断动力电源，并使用安全灯具；
④ 必须进行置换、通风；
⑤ 必须按时间要求进行安全分析；
⑥ 必须佩戴规定的防护用具；
⑦ 必须有人在器外监护，并坚守岗位；
⑧ 必须有抢救后备措施。

7.3.4.3 动土检修技术

化工企业内外的地下有动力、通信和仪表等不同用途、不同规格的电缆，有消防用水等水管，还有煤气管、蒸汽管、各种化学物料管。电缆、管道纵横交错，编织成网。以往由于动土没有一套完善的安全管理制度，不明地下设施情况而进行动土作业，结果挖断了电缆、击穿了管道、土石塌方、人员坠落，造成人员伤亡或全厂停电等重大事故。因此，动土作业应该是化工检修安全技术管理的一个内容。

(1) 动土作业的定义　凡是影响到地下电缆、管道等设施安全的地上作业都包括在动土作业的范围之内，如挖土、打桩、埋设接地极等入地超过一定深度的作业；绿化植树、设置大型标语牌、宣传画廊以及排放大量污水等影响地下设施的作业；用推土机、压路机等施工机械进行填土或平整场地；除正规道路以外的厂内界区，物料堆放的荷重在 $5t/m^2$ 以上或者包括运输工具在内物件运载总重在 3t 以上的都应作为动土作业。堆物荷重和运载总重的限定值应根据土质而定。

(2) 动土作业的安全要求

① 动土作业前的准备工作。动土作业前必须持施工图纸及施工项目批准手续等有关资料，到有关部门办理动土安全作业证，没有动土安全作业证不准动土作业。

动土作业前，项目负责人应对施工人员进行安全教育；施工负责人应对安全措施进行现场交底，并督促落实。作业前必须检查工具、现场支护是否牢固、完好，发现问题应及时处理。

② 动土作业过程中的安全要求主要有以下几个方面。

　a. 防止损坏地下设施和地面建筑。动土作业中接近地下电缆、管道及埋设物的地方施工时，不准用铁镐、铁撬棍或铁楔子等工具进行作业，也不准使用机械挖土；在挖掘地区内发现事先未预料到的地下设备、管道或其他不可辨别的东西时，应立即停止工作，报告有关部门处理，严禁随意敲击；挖土机在建筑物附近工作时，与墙柱、台阶等建筑物的距离应在1m 以上，以免碰撞等。

　b. 防止坍塌。开挖没有边坡的沟、坑、池等必须根据挖掘深度装设支撑。开始装设支撑的深度，根据土壤性质和湿度决定。如果挖掘深度不超过 1.5m，可将坑壁挖成小于自然坍落角的边坡而不设支撑。一般情况下深度超过 1.5m 应设支撑。更换横支撑时，必须先安上新的，然后拆下旧的。

　c. 在施工中应经常检查支撑的安全状况，有危险征象时，应立即加固。

此外，动土作业要防止工具伤害、防止坠落，必须按动土安全作业证的内容进行，不得擅自变更动土作业内容、扩大作业范围或转移作业地点。在可能出现煤气等有毒有害气体的地点工作时，应预先通知工作人员，并做好防毒准备。在化工危险场所动土作业时，要与有关操作人员建立联系，当化工生产突然排放有毒有害气体时，应立即停止工作，撤离全部人员并报告有关部门处理，在有毒有害气体未彻底清除前不准恢复工作。

(3) 动土安全作业证的管理　动土安全作业证由基建或机动部门负责管理；动土申请单位在基建或机动部门领取动土安全作业证，填写有关内容后交施工单位；施工单位接到动土安全作业证，填写有关内容后将动土安全作业证交动土申请单位；动土申请单位从施工单位收到动土安全作业证后，交厂总图及有关水、电、汽工艺，设备，消防，安全等部门审核，由厂基建或机动部门审批；动土作业审批人员应到现场核对图纸，查验标志，检查确认安全措施，方可签发动土安全作业证；动土申请单位将办理好的动土安全作业证留存后，分别送总图室、机动部门、施工单位各一份。

7.3.4.4　高空检修技术

有关事故资料统计，化工企业高处坠落事故造成的伤亡人数仅次于火灾、爆炸和中毒事故，而高处坠落事故又往往是化工检修过程发生较多的事故，因此预防高处坠落事故对大幅度减少化工重大伤亡事故有很大作用。

(1) 高处作业的定义　凡距坠落高度基准面（指从作业位置到最低坠落着地点的水平面）2m 及其以上，有可能坠落的高处进行的作业，称为高处作业。

(2) 高处作业的分级　高处作业的分级具体如表 7-3-2 所示。

表 7-3-2　高处作业的分级

级别	一	二	三	特级
高度 H/m	$2<H\leqslant5$	$5<H\leqslant15$	$15<H\leqslant30$	$H\geqslant30$

(3) 高处作业的分类　高处作业分为特殊高处作业、化工工况高处作业和一般高处作业。

特殊高处作业，包括：

① 在阵风风力为 6 级（风速 10.8m/s）及以上情况下进行的强风高处作业；

② 在高温或低温环境下进行的异常温度高处作业；

③ 在降雪时进行的雪天高处作业；

④ 在降雨时进行的雨天高处作业；

⑤ 在室外完全采用人工照明进行的夜间高处作业；

⑥ 在接近或接触带电体条件下进行的带电高处作业；

⑦ 在无货物牢靠立足点的条件下进行的选矿高处作业等属于特殊高处作业。

化工工况高处作业，包括：

① 在坡度大于 45°的斜坡上面进行的高处作业；

② 在升降（吊装）口、坑、井、池、沟、洞等上面或附近进行的高处作业；

③ 在易燃、易爆、易中毒、易灼伤的区域或用电设备附近进行的高处作业；

④ 在无平台、无护栏的塔、釜、炉、罐等化工容器、设备及架空管道上进行的高处作业；

⑤ 在塔、釜、炉、罐等设备内进行的高处作业属于化工工况高处作业。

一般高处作业，除特殊高处作业和化工工况高处作业以外的高处作业。

(4) 高处安全作业证的管理　一级高处作业及化工工况①、②类高处作业由车间负责审批；二级、三级高处作业及化工工况③、④类高处作业由车间审核后，报厂安全管理部门审批；特级、特殊高处作业及化工工况⑤类高处作业由厂安全部门审核后报主管厂长或总工程师审批。

施工负责人必须根据高处作业的分级和类别向审批单位提出申请，办理高处安全作业证。高处安全作业证一式三份，一份交作业人员，一份交施工负责人，一份交安全管理部门留存。

对施工期较长的项目，施工负责人应经常深入现场检查，发现隐患及时整改，并做好记录。若施工条件发生重大变化，应重新办理高处安全作业证。

（5）高处作业的安全要求 患有精神病、癫痫病、高血压、心脏病等疾病的人不准参加高处作业。工作人员饮酒、精神不振时禁止登高作业，患深度近视眼病的人员也不宜从事高处作业；高处作业均需先搭脚手架或采取其他防止坠落的措施后，方可进行；在没有脚手架或者没有栏杆的脚手架上工作，高度超过 1.5m 时，必须使用安全带或采取其他可靠的安全措施；高处作业现场应设有围栏或其他明显的安全界标，除有关人员外，不准其他人在作业地点的下面通行或逗留；进入高处作业现场的所有工作人员必须戴好安全帽；高处作业应一律使用工具袋，防止工具材料坠落；脚手架搭建时应避开高压线，防止触电。

7-4 黄色安全帽

7-5 安全带

暴雨、打雷、大雾等恶劣天气，应停止露天高处作业。登高作业人员的鞋子不宜穿塑料底等易滑的或硬性厚底的鞋子；冬季在零下 10℃ 从事露天高处作业应注意防止冻伤，必要时应该在施工地附近设有取暖的休息所。不过取暖地点的选择和取暖方式应符合化工企业有关防火、防爆和防中毒窒息的要求。

7-6 全身式安全带

7.3.4.5 电气检修技术

（1）检修使用的电气设施 检修使用的电气设施有两种：一是照明电源，二是检修施工机具电源（卷扬机、空压机、电焊机）。以上电气设施的接线工作需由电工操作，其他工种不得私自乱接。

（2）电气设施检修的安全措施 电气设施检修应遵照《电气安全工作规程》做好相应的安全措施。

① 工作票制度。凡电气检修必须执行电气检修工作票制。工作票应填明工作内容、工作地点、工作时间、安全措施等内容。工作票签发人、工作负责人、工作许可人要各负其责。

7-7 安全带的正确佩戴

② 工作监护制度。电气检修工作应有人监护。根据工作需要，可设专职监护人，专职监护人不得同时兼任其他工作。

③ 检修停电安全技术措施。对于要停电检修的设备，必须要把各方面的电源全部断开；验电，验电需选用相应电压等级的验电器，应先在有电部位试验，以确认验电器完好。高压验电必须戴绝缘手套，装设接地线。验明设备确已无电后，应用临时接地线将检修设备接地并三相短路，以防突然来电造成危害；悬挂标示牌和装设遮栏。在一经合闸即可送电到工作地点的所有开关和闸刀处，均应悬挂"有人工作，禁止合闸"的标示牌。停电作业应履行停、复用电手续。

④ 低压带电操作安全措施。低压带电作业应当使用绝缘性能好的工具，应穿绝缘鞋、站在干燥的地方，戴手套、戴安全帽，穿长袖工作服，必要时戴护目镜。低压带电检修应设专人监护。检修前应分清火线、零线。如无绝缘措施，检修人员不得穿越带电导线。检修时应细心谨慎，防止操作失误造成短路事故。应注意人体不得同时触及两根导线。

⑤ 临时抢修时的操作安全措施。在生产装置运行过程中，临时抢修用电时，应办理用电审批手续。电源开关要采用防爆型，电线绝缘要良好，宜空中架设，远离传动设备、热

源、酸碱等。抢修现场使用的临时照明灯具宜为防爆型，严禁使用无防护罩的行灯，不得使用220V电源，手持电动工具应使用安全电压。

电气设备着火或有人触电时，应首先切断电源。不能用水来灭电气火灾，宜用干粉灭火器扑救；如触电，用木棍将电线挑开；当触电人停止呼吸时，应进行人工呼吸，送医院急救。

7.3.4.6 建筑维修技术

建筑作业时用的脚手架和吊架必须能足够承受站在上面的人员及材料等的重量。使用时禁止在脚手架和脚手板上超重聚集人员或放置超过计算荷重的材料。一般脚手架的荷重量不得超过 $270kg/m^2$。

（1）脚手架材料　脚手架杆柱可采用竹、木或金属管，根据化工检修作业的要求和就地取材的原则选用。

（2）脚手架的连接与固定　脚手架要同建筑物连接牢固。禁止将脚手架直接搭靠在楼板的木肋上及未经计算过补加荷重的结构部分上，也不得将脚手架和脚手板固定在栏杆、管子等不十分牢固的结构上；立杆或支杆的底端要埋入地下，深度根据土壤性质而定。在埋入杆子时要先将土夯实，如果是竹竿必须在基坑内垫以砖石，以防下沉。遇松土或者无法挖坑时，必须绑设地杆子；金属管脚手架的立杆，应垂直地稳放在垫板上，垫板安置前把地面夯实、整平。立杆应套上由支柱底板及焊在底板上管子组成的柱座，连接各个构件间的铰链螺栓，一定要拧紧。

7.3.4.7 其他检修技术

（1）焊接检修场所及消防措施　焊接检修技术是化工检修中常见的作业之一。焊接检修场所应有必要的通道，一旦发生事故便于撤离、消防和急救；焊接检修的设备、工具和材料等应排列整齐，管、线等不得互相缠绕，可燃气瓶和氧气瓶应分别存放，用完后气瓶应及时移出现场，不得随意放置；保证焊接作业面不小于 $4m^2$，地面应干燥，作业点周围10m范围内不能有易燃、可燃物品；工作场所应有良好的采光或照明；检修场所应保持良好的通风，避免可燃、易爆气体滞留；在半封闭场所作业，必须要进行空气检验分析，要注意通风；进入容器内进行作业时，作业过程中要保持通风。要先进行空气置换，并进行分析检验；对于检修附近的设备、孔洞和地沟等，应用不燃隔板（如石棉板）隔开。

（2）厂区吊装作业　吊装作业是利用各种机具将重物吊起，并使重物发生位置变化的作业过程。按吊装重物的重量分级为，吊装重物的重量大于80t时，为一级吊装作业；吊装重物的重量在40～80t之间时，为二级吊装作业；吊装重物的重量小于40t时，为三级吊装作业等。

吊装作业的安全要求，吊装作业人员必须持有特殊工种作业证。吊装重量大于10t的物体必须办理吊装安全作业证；吊装重量大于等于40t的物体和土建工程主体结构，应编制吊装施工方案。吊装物体质量虽不足40t，但形状复杂、刚性小、长径比大、精密贵重，或施工条件特殊的情况下，也应编制吊装施工方案。吊装施工方案经施工主管部门和安全技术部门审查，报主管厂长或总工程师批准后方可实施；各种吊装作业前，应预先在吊装现场设置安全警戒标志，并设专人监护，非施工人员禁止入内；吊装作业中，夜间应有足够的照明。室外作业遇到大雪、暴雨、大雾及六级以上大风时，应停止作业；吊装作业人员必须佩戴安全帽，应符合《头部防护　安全帽》GB 2811—2019 的规定。高处作业时必须遵守《危险化学品企业特殊作业安全规范》GB 30871—2022 的规定；吊装作业前，应对起重吊装设备、钢丝绳、缆风绳、链条、吊钩等各种机具进行检查，必须保证安全可靠，不准带病使用；吊装作业时，必须分工明确、坚守岗位，并按 GB/T 5082—2019 规定的联络信号，统一指挥；必须按吊装安全作业证上填报的内容进行作业，严禁涂改、转借吊装安全作业证，变更作业内容，扩大作业范围或转移作业部位；对吊装作业审批手续不全，安全措施不落实，作业环境不符合安全要求的，作业人员有权拒绝作业。

吊装安全作业证由机动部门负责管理。吊装安全作业证批准后，项目负责人应将吊装安全作业证交作业人员。作业人员应检查吊装安全作业证，确认无误后方可作业。

7-8 化工装置检修作业

7-9 受限空间作业方案

【任务实施】

收集和阅读检修作业的相关资料，从受限空间作业许可证的填写、进罐作业前的准备工作、个人防护装备的选用、受限空间作业流程等方面思考，制订受限空间作业方案。

【考核评价】

对各小组分析及讨论情况进行自我评价、小组评价和教师评价，具体内容见附表7-3。

事故案例分析

因入罐作业违反操作规程导致2人窒息昏迷事故

2003年7月14日上午9时30分，辽宁葫芦岛某化工厂氯碱工段在对D103碱罐清理过程中，岗位工Q和L在入罐作业中窒息昏迷，后经多方抢救，2人脱离危险。经调查，D103碱罐高1.4m，直径2m，该碱罐正常时需将氮气通入罐内使用，测量该罐液位的仪表正常运行。岗位工作业时没能将氮气阀门关闭，事故发生后，分析D103罐内含氧仅为1%，罐内基本全是氮气，从而证明Q和L在入罐作业中窒息昏迷为罐内缺氧所致。

1. 请分析事故的成因。
2. 请给出事故的应对方案。

【直击工考】

一、单项选择题

1. 在进行炼铁高炉检修进入容器作业时，应首先检查空气中（　　）的含量。
  A. 二氧化碳　　B. 一氧化碳　　C. 二氧化硫　　D. 氨气
2. 检修完工后，应对设备进行（　　）、试漏、调校安全阀、调校仪表和联锁装置等。
  A. 清洗　　B. 测爆　　C. 试温　　D. 试压
3. 用惰性气体置换检修设备时，其中氧的体积分数一般小于（　　）。
  A. 1%~2%　　B. 1%~3%　　C. 2%~3%　　D. 2%~5%
4. 在（　　）m以上的脚手架上进行检修作业时，必须使用安全带及其他保护措施。
  A. 1　　B. 2　　C. 3　　D. 5

二、判断题

1. 炼油厂油罐区的2号汽油罐发生火灾爆炸事故，造成1人死亡、3人轻伤，直接经济损失420万元。该油罐为拱顶罐，容量200m³。油罐进油管从罐顶接入罐内，但未伸到罐底。罐内原有液位计，因失灵已拆除。2008年5月，油罐完成了清罐检修。6月6日8时，开始给油罐输油,汽油从罐顶输油时进油管内流速为 2.3~2.5m/s,导致汽油在罐内发生了剧烈喷溅,随即着火爆炸。爆炸把整个罐顶抛离油罐。根据上述事实,为防止静电放电火花引起的燃烧爆炸,可采取的措施有控制流速、保持良好接地、采用静电消散技术等。(　　)

2. 某公司租赁经营的油气加注站,在停业检修时发生液化石油气储罐爆炸事故,造成 4 人死亡、30 人受伤,周围部分建筑物等受损,直接经济损失 960 万元。根据上述事实,该事故应上报至省、自治区、直辖市人民政府安全生产监督管理部门和负有安全生产监督管理职责的有关部门。(　　)

任务 7.4　制订化工装置检修后安全开车的防范措施

【任务描述】
　　根据事故案例,学习查阅资料,制订化工装置检修后开车作业的安全检查措施。

【学习目标】
　　熟悉化工装置开车前安全检查及开车流程。掌握化工装置检修后开车及验收作业流程,树立安全防护意识。

案例导入

　　2005 年 9 月 28 日凌晨 6 时 39 分,开发区某公司的板材工厂,在做投产各项准备,对 2 楼的浆液贮槽进行了 MMA 清洗,洗涤后发现槽底有块状固体异物,操作工王某在打开人孔盖后,发现在槽内壁上部有一圈薄膜状固体聚合块附着,立刻向班长汇报,班长指令王某用 MMA 冲洗后发现无效果。刘某在木棒(3m 长)前端缠上白布,斜着从人孔伸进去捅捣内壁上薄膜,王某在人孔的上方观察内部脱落状况。在捅捣下第一块薄膜后开始第二块的时候,槽内发生燃爆,在事故中有两位员工被烧伤。事故直接原因:设备清洗中,使用木棒捅捣薄膜状固化物时因摩擦产生了静电。当固化块被捅下掉落时,静电在膜与槽内壁之间产生空隙,发生了放电。此时槽内虽然没有 MMA 液体,但 MMA 气体浓度正好处于爆炸极限浓度内,于是造成了瞬间起火爆燃。

　　分析与讨论:针对案例中的事故,应该做好哪些措施避免事故的发生?

【必备知识】

7.4.1　装置开车前的安全检查

　　检修装置开车前必须进行全面的检查和验收。这项工作既是评价检修施工效果,又是为安全生产奠定基础,一定要消除各种隐患,未经验收的设备不许开车投产。

　　检查检修项目是否全部完工,质量是否全部合格,劳动保护安全卫生设施是否全部恢复完善,设备、容器、管道内部是否全部吹扫干净、封闭,盲板是否按要求抽加完毕,确保无遗漏,检修现场是否做到工完、料净、场地清,检修人员、工具是否撤出现场,达到了安全开工条件。

7.4.1.1 焊接检验

焊接检验内容包括整个生产过程中所使用的材料、工具、设备、工艺过程和成品质量的检验，分为三个阶段：焊前检验、焊接过程中的检验、焊后成品的检验。检验方法根据对产品是否造成损伤可分为破坏性检验和无损探伤两类。

7.4.1.2 试压和气密试验

任何设备、管线在检修复位后，为检验施工质量，应严格按有关规定进行试压和气密试验，防止生产时跑、冒、滴、漏，造成各种事故。

7.4.1.3 吹扫、清洗

在检修装置开工前应对全部管线和设备彻底清洗，确保管线和设备内的焊渣、泥沙、锈皮等杂质已清除掉，使所有管线都贯通。

7.4.1.4 烘炉

各种反应炉在检修后开车前，应按烘炉规程要求进行烘炉。

7.4.1.5 传动设备试车

化工生产装置中机、泵起着输送液体、气体、固体介质的作用，由于操作环境复杂，一旦单机发生故障，就会影响全局。因此要通过试车，对机、泵检修后能否保证安全投料一次开车成功进行考核。

【注意】传动设备试车过程要做到冷却水、润滑油、电动机通风、温度计、压力表、安全阀、报警信号、联锁装置等灵活可靠，运行正常。

7.4.1.6 联动试车

装置检修后的联运试车，重点要注意做好以下几个方面工作：

① 要编制联动试车方案，并经有关领导审查批准。

② 明确试车负责人和指挥者。

③ 试车中发现异常现象，应及时停车，查明原因妥善处理后再继续试车。确保装置的自保系统和安全联锁装置合格、运行灵敏可靠；供水、供气、供电等辅助系统要运行正常，符合工艺要求，使整个装置具备开车条件。

7.4.2 装置开车

装置开车要在开车指挥部的领导下，统一安排，并由装置所属的车间领导负责指挥开车。岗位操作工人要严格按工艺卡片的要求和操作规程操作。

7.4.2.1 贯通流程

首先对全系统进行置换。因为危险化学品生产很多是忌氧过程，因此，用蒸汽、氮气通入装置系统，一方面扫去装置检修时可能残留的部分焊渣、焊条头、铁屑、氧化皮、破布等，防止这些杂物堵塞管线，另一方面验证流程是否贯通。这时应按工艺流程逐个检查，确认无误，做到开车时不窜料、不憋压。按规定用蒸汽、氮气对装置系统进行置换，使系统氧含量达到安全值。

7.4.2.2 装置进料

进料前，在升温、预冷等工艺调整操作中，检修工与操作工配合做好螺栓紧固部位的热把、冷把工作，防止物料泄漏。岗位应备有防毒面具。油系统要加强脱水操作，深冷系统要加强干燥操作，为投料奠定基础。

装置进料前要关闭所有的放空、排污等阀门，然后按规定流程，经操作工、班长、车间值班领导检查无误，启动机泵进料。进料过程中，操作工沿管线进行检查，防止物料泄漏或物料走错流程；装置开车过程中，严禁乱排乱放各种物料。装置升温、升压、加量，按规定缓慢进行；操作调整阶段，应注意检查阀门开度是否合适，逐步提高处理量，直至达到正常生产为止。

化工装置安全试车的十个严禁：

① 试车方案未制定和备案，严禁试车。

② 试车组织指挥和安全管理机构不健全、制度不完善、人员不到位、责任不落实，严禁试车。

③ 参与试车人员未经培训和考核合格，严禁试车。

④ 应急救援预案和措施不落实，严禁试车。

⑤ 安全设施未与主体工程同时投入使用，严禁试车。

⑥ 特种设备未经依法检测检验合格，严禁试车。

⑦ 装置未经清洗、吹扫、置换、试验合格，严禁试车。

⑧ 现场施工未完成、场地未清理、道路不通畅，严禁试车。

⑨ 装置区域人员限制措施未实施、无关人员未撤离，严禁试车。

⑩ 试车过程中出现故障或异常，原因未查明、隐患未消除，严禁继续试车。

【任务实施】

制订化工装置检修后开车作业的安全检查措施，参考要点如下：

① 检查并确认水、电、汽（气）符合开车要求，各种原料、材料的供应必须齐备、合格。

② 检查阀门开闭状态及盲板抽加情况，保证装置流程畅通，各种机电设备及电气仪表等均应处于完好状态。

③ 保温、保压及洗净的设备要符合开车要求，必要时应重新置换、清洗和分析，使之合格。

④ 安全、消防设施完好，通信联络畅通，危险性较大的生产装置开车，应通知消防、医疗卫生部门到场。

⑤ 开车过程中要加强有关岗位之间的联络，严格按开车方案中的步骤进行，严格遵守升降温、升降压和加减负荷的幅度（速率）要求。

⑥ 开车过程中要严密注意工艺变化和设备运行情况，发现异常现象应及时处理，情况紧急时应中止开车，严禁强行开车。

【考核评价】

对各小组分析及讨论情况进行自我评价、小组评价和教师评价，具体内容见附表 7-4。

事故案例分析

压缩机检修结束后，未进行验收即准备开车险酿重大事故

某化工厂停车大修，其中一个项目是压缩岗位压缩机（输送介质煤气）检修，包括更换进气阀门、压缩机本体大修等内容。压缩岗位压缩机检修项目即将结束前造气工段已经开车，并向煤气总管输送煤气，同时造气工段将这一情况通知了压缩岗位。压缩机检修结束后，未进行验收即准备开车。操作人员未检查进气阀门的开关状态，即开启压缩机，不一会儿就闻到一股煤气味，立即停车佩戴空气呼吸器，现场检查发现进气管道已破裂，有煤气漏出，随即关闭了煤气总阀，避免了更大事故的发生。

解析：根据《中华人民共和国安全生产法》规定：生产经营单位应当教育和督促从业人员严格执行本单位的安全生产规章制度和安全操作规程。压缩机岗位操作人员在开机前未按岗位操作规程的要求，未进行开机前的检查即仓促开车，使进气管道破裂，引发了煤气泄漏事故的发生，因采取的应急处理措施得当，避免了事态的进一步扩大。

1. 请分析事故的成因。
2. 请给出事故的应对方案。

【直击工考】

一、选择题

1. 关于检修后开车检查的内容，下列说法正确的是（　　）。
   A. 高温管道、设备附近不能有油污及破布、木头等易燃物
   B. 转动设备要装好安全罩
   C. 中控室内清洁卫生
   D. 梯子、平台、栏杆等安全防护设施齐全完好
2. 离心压缩机大修后试运行的要求有（　　）。
   A. 压缩机机械试运行　　　　　　B. 工艺气体试运行
   C. 空气或氮气试运行　　　　　　D. 电动机试运行
3. 压力容器的气密性试验应在（　　）进行。
   A. 内外部检验及焊接无损探伤合格后　　B. 耐压试验合格后
   C. 耐压试验进行前　　　　　　　　　　D. 无特殊要求
4. 依据《压力容器安全技术监察规程》，有关压力容器液压试验的说法正确的是（　　）。
   A. 奥氏体不锈钢压力容器水压试验时，严格控制水中氯离子含量不超过 25mg/L
   B. 当采用可燃性液体进行液压试验时，试验温度必须高于可燃性气体闪点
   C. 凡在试验时，不会导致发生危险的液体，在低于其沸点之下，都可用作液压试验
   D. 一般采用纯净水作为液压实验介质

二、判断题

1. 入罐作业前的安全分析，当被测气体密度大于空气密度时，取中上部气样；当小于空气密度时，取中下部气样。（　　）
2. 化工装置未经清洗、吹扫、置换、试验合格，严禁试车。（　　）

单元8

职业危害防护技术

单元引入

在化工生产中,存在许多威胁职工健康、使劳动者发生慢性病或职业中毒的因素,因此在生产过程中必须加强职业危害防护。从事化工生产的职工,应该掌握相关的职业危害防护技术基本知识,自觉地避免或减少在生产环境中受到的伤害。

单元目标

知识目标　1. 了解化学灼伤的分类,熟悉化学灼伤的预防措施及现场急救知识。
2. 了解噪声的分类及危害,熟悉噪声的控制措施。
3. 了解电离辐射和非电离辐射的危害及其防护的基本知识。

能力目标　1. 能使用洗眼器和紧急喷淋装置处理化学灼伤。
2. 初步具有个体防护的能力和化学灼伤现场急救的能力。

素质目标　1. 关注职业卫生保护权利,提升保障自身健康权益的能力。
2. 提高职业健康保护的认知和行动能力,具备职业健康素养。

单元解析

本单元主要介绍职业危害防护技术,包括灼伤及其防护、工业噪声及其控制、电磁辐射及其防护和个人防护措施4个教学任务。重点:掌握灼伤及其防护和个体防护措施。难点:掌握化工生产过程中常用急救方法及预防措施。

任务 8.1　认识职业健康及职业病

【任务描述】

依据关于职业健康的知识资料,列举出职业病的分类,归纳常见的职业伤害的类型及特点。

【学习目标】

1. 了解职业病的种类及常见的职业病。
2. 能够正确判断职业病。
3. 能够做好职业病的预防。
4. 关注职业卫生保护权利,提升保障自身健康权益的能力。

 案例导入

吴某在一家知名的电子制造企业打工,他负责喷涂一种金属材料,每天在车间工作十几个小时。2007年7月,吴某出现了严重的咳嗽、气喘,并伴有持续性的发烧。随即在当地住院进行治疗。CT检查发现,小吴的肺部全是白色的粉尘颗粒。而医生取吴某肺部组织活检寻找病因,发现在患者的肺泡里有像牛奶一样的乳白色液体。医生将从患者肺部找到的白色粉尘颗粒送到某高校的实验室进行分析检测,检测报告显示,主要成分除了氧化硅和氧化铝外,还有一种重金属元素引起了专家们的注意,那就是铟。铟是一种稀有金属,是制作液晶显示器和发光二极管的原料,毒性比铅还强。

分析与讨论:针对上述案例,你知道什么是职业病,有哪些物质可导致职业病的发生吗?我们又该怎样预防职业病呢?

【必备知识】

8.1.1　职业危害因素

8.1.1.1　概念

在生产劳动场所存在的,可能对劳动者的健康及劳动能力产生不良影响或有害作用的因素,均称为职业危害因素。职业危害因素是生产劳动的伴生物。它们对人体的作用,如果超过人体的生理承受能力,就可能产生三种不良后果。

① 可能引起身体的外表变化,俗称"职业特征",如皮肤色素沉着、胼胝等;
② 可能引起职业性疾患,如职业病及职业性多发病;
③ 可能降低身体对一般疾病的抵抗能力。

8.1.1.2　分类

职业危害因素一般可以分为三类。

(1) 生产工艺过程中的有害因素
① 化学因素包括生产性粉尘及生产性毒物;

② 物理因素包括不良气候条件（异常的温度、湿度及气压）、噪声与振动、电离辐射与非电离辐射等；

③ 生物因素包括作业场所存在的会使人致病的寄生虫、微生物、细菌及病毒，如附着在皮毛上的炭疽杆菌、寄生在林木树皮上带着脑炎病毒的壁虱等。

(2) 劳动组织不当造成的有害因素

① 劳动强度过大；

② 工作时间过长；

③ 由于作业方式不合理，或使用的工具不合理，或长时间处于不良体位，或机械设备与人不匹配、不适应造成的精神紧张或者个别器官、某个系统紧张等。

(3) 生产劳动环境中的有害因素

① 自然环境中的有害因素，如夏季的太阳辐射等；

② 生产工艺要求的不良环境条件，如冷库或烘房中的异常温度等；

③ 不合理的生产工艺过程造成的环境污染；

④ 由管理缺陷造成的作业环境不良，如采光照明不利、地面湿滑、作业空间狭窄杂乱等。

8.1.2 职业病及其特点

8.1.2.1 概念

职业病指企业、事业单位和个体经济组织的劳动者在职业活动中，因接触粉尘、放射性物质和其他有毒、有害物质等因素而引起的疾病。目前，国家卫生健康委员会《职业病目录》中规定的职业病可分为职业性尘肺病及其他呼吸系统疾病、职业性皮肤病、职业性眼病、职业性耳鼻喉口腔疾病、职业性化学中毒、物理因素所致职业病、职业性放射性疾病、职业性传染病、职业性肿瘤、其他职业病等十大类132种。

8.1.2.2 职业病的特点

① 病因及职业危害因素明确，在控制病因或改变作用条件后，可予消除或减少发病率。

② 所接触的病因大多是可以检测的，而且需要达到一定程度，才能使劳动者致病。

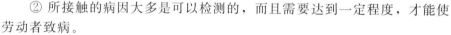

8-1 职业病的分类

③ 在接触同样因素的人群中常有一定的发病率，很少出现个别病人。

8.1.3 职业卫生的三级预防

8.1.3.1 一级预防

即从根本上使劳动者不接触职业危害因素。措施是改进生产工艺、生产过程及治理作业环境中的职业危害因素，使劳动条件达到国家标准，创造对劳动者的健康没有危害的生产劳动环境，这是杜绝职业病与职业危害的上策。

8.1.3.2 二级预防

即早期发现职业危害作业点及职业病病症。一方面要根据国家卫生标准，经常对生产劳动环境进行必要的检查、监测；另一方面要按照规定，对接触职业危害因素的职工定期进行体检，以便及早发现问题和病情，迅速采取补救措施。

8.1.3.3 三级预防

对已经患职业病者，做出正确诊断。对确诊者，要立即调离有害作业岗位，及早治疗。

【任务实施】

具体内容可参考表 8-1-1 进行填写。

表 8-1-1　典型危险化学品的物质名称和健康危害

物质名称	健康危害
……	

关键与要点

1. 在生产劳动场所存在的，可能对劳动者的健康及劳动能力产生不良影响或有害作用的因素，均称为职业危害因素。

2. 职业危害因素分为：

（1）生产工艺过程中的有害因素；

（2）劳动组织不当造成的有害因素；

（3）生产劳动环境中的有害因素。

3. 职业病指企业、事业单位和个体经济组织的劳动者在职业活动中，因接触粉尘、放射性物质和其他有毒、有害物质等因素而引起的疾病。

4. 职业病的三级预防。

【考核评价】

对各小组分析及讨论情况进行自我评价、小组评价和教师评价，具体内容见附表 8-1。

 事故案例分析

尘肺病因失去最佳治疗时机致人死亡

有个村子被称为"尘肺病"村，至 2016 年 1 月，被查出的 100 多个尘肺病人中，已有 30 多人去世。起因是 20 世纪 90 年代后，部分村民自发前往矿区务工，长期接触粉尘却没有采取有效防护措施。医疗专家组在普查和义诊中发现，当地农民对于尘肺病的危害及防治知识一无所知，得了病后认为"无法治疗"，很多患者只是苦熬，失去了最佳治疗时机。

1. 请分析事故的成因。

2. 应该怎样预防尘肺病？

【直击工考】

一、单项选择题

1. 依据《中华人民共和国职业病防治法》的规定，产生职业病危害的用人单位的设立，除应当符合法律、行政法规规定的设立条件外，其作业场所布局应遵循的原则是（   ）。
   A. 生产作业与储存作业分开　　　　　B. 加工作业与包装作业分开
   C. 有害作业与无害作业分开　　　　　D. 吊装作业与维修作业分开

2. 依据《中华人民共和国职业病防治法》的规定，新建煤化工项目的企业，应在项目的可行性论证阶段，针对尘毒危害的前期预防，向相关政府行政主管部门提交（   ）。
   A. 职业病危害评价报告　　　　　　　B. 职业病危害预评价报告
   C. 职业病危害因素评估报告　　　　　D. 职业病控制论证报告

3. 根据《中华人民共和国职业病防治法》，建设项目竣工验收时，其职业病防护设施经安监部门验收合格后，方可投入使用，在项目竣工验收前建设单位应进行（   ）。
   A. 职业病危害预评价　　　　　　　　B. 职业病现状评价
   C. 职业病危害控制效果评价　　　　　D. 职业病危害条件论证

4. 根据《中华人民共和国职业病防治法》，向用人单位提供可能产生职业病危害的设备，应当在设备的醒目处有警示标示和中文警示说明，并提供（   ）。
   A. 卫生许可证　　　　　　　　　　　B. 环境影响检测证书
   C. 安全使用证书　　　　　　　　　　D. 中文说明书

5. 依据《中华人民共和国职业病防治法》，对从事接触职业病危害作业的劳动者，用人单位应当按照国务院卫生行政部门的规定，组织（   ）前的职业健康检查，并将检查结果告知劳动者。
   A. 招工　　　　B. 上岗　　　　C. 休假　　　　D. 进厂

二、简答题

1. 什么是职业病？职业危害因素有哪些？
2. 根据本任务所学的内容，调研一个企业，找出哪些方面存在职业卫生危害因素。

任务 8.2　灼伤及其防护

【任务描述】

归纳化学灼伤急救处理方法：针对常见的化学灼伤采取不同的处理方法，并会及时正确地使用洗眼器等实训室防护设备。

【学习目标】

1. 了解化学灼伤的危害。
2. 了解化学灼伤的分类，熟悉化学灼伤的预防措施及现场急救知识。
3. 初步具有个体防护的能力和化学灼伤现场急救的能力。

案例导入

某日早上，某厂生产技术科中心化验室副组长朱某在溶液室配制氨性氯化亚铜溶液（1体积氯化亚铜，加入2体积25%的浓氨水）时，在量取200mL氯化亚铜溶液放入500mL平底烧瓶中后，需加入400mL的氨水。朱某从溶液室临时摆放柜里拿了自认为是两个200mL的瓶装氨水试剂（每瓶约200mL，其中一瓶实际为98%的浓硫酸，浓硫酸瓶和氨水瓶的颜色较为相似），将第一瓶氨水试剂倒入一只500mL烧杯中，后拿起第二瓶，在没有仔细查看瓶子标签的情况下，误将约200mL，实为98%的浓硫酸倒入烧杯中，烧杯中溶液立即发生剧烈反应，烧杯被炸裂，溶液溅到朱某的脸上和手上，当时化验员沈某正好去溶液室拿水瓶经过，脸上也被喷溅出的溶液粘上，造成两人脸部及朱某手部局部化学灼伤。

分析与讨论：针对上述案例描述，请判别该事故的性质，试分析导致事故的化学物质是什么？我们应该采取什么样的急救措施？应采取什么预防措施？

【必备知识】

8.2.1 灼伤及其分类

机体受热源或化学物质的作用，引起局部组织损伤，并进一步导致病理和生理改变的过程称为灼伤。按发生原因的不同分为化学灼伤、热力灼伤和复合性灼伤。

8-2 灼伤的分类和预防

8.2.1.1 化学灼伤

凡由于化学物质直接接触皮肤所造成的损伤，均属于化学灼伤。导致化学灼伤的物质形态有固体（如氢氧化钠、氢氧化钾、三氧化硫等）、液体（如硫酸、硝酸、高氯酸、过氧化氢等）和气体（如氟化氢、氮氧化物等）。

8.2.1.2 热力灼伤

由接触灼热物体、火焰、高温表面、过热蒸汽等所造成的损伤称为热力灼伤。此外，在化工生产中还会发生由于液化气体、干冰接触皮肤后迅速蒸发或升华，大量吸收热量，以致引起皮肤表面冻伤的情况。

8.2.1.3 复合性灼伤

由化学灼伤和热力灼伤同时造成的伤害，或化学灼伤兼有的中毒反应等都属于复合性灼伤。如磷落在皮肤上引起的灼伤为复合性灼伤。由于磷的燃烧会造成热力灼伤，而磷燃烧后生成磷酸会造成化学灼伤，当磷通过灼伤部位侵入血液和肝脏时，会引起全身性磷中毒。

8.2.2 化学灼伤的现场急救

发生化学灼伤，由于化学物质的腐蚀作用，如不及时将其除掉，就会继续腐蚀下去，从而加剧灼伤的严重程度，某些化学物质如氢氟酸的灼伤初期无明显的疼痛，往往不受重视而贻误处理时机，加剧了灼伤程度。及时进行现场急救和处理，是减少伤害、避免严重后果的重要环节。

常见的化学灼伤急救处理方法见表8-2-1。

须考虑现场具体情况，在有严重危险的情况下，应首先使伤员脱离现场，送到空气新鲜和流通处，迅速脱除污染的衣着及佩戴的防护用品等。

小面积化学灼伤创面经冲洗后，如致伤物确实已消除，可根据灼伤部位及灼伤深度采取包扎疗法或暴露疗法。

表 8-2-1　常见的化学灼伤急救处理方法

灼伤物质名称	急救处理方法
碱类：氢氧化钠、氢氧化钾、氨、碳酸钠、碳酸钾、氧化钙	立即用大量水冲洗，然后用2%乙酸溶液洗涤中和，也可用2%以上的硼酸水湿敷。氧化钙灼伤时，可用植物油洗涤
酸类：硫酸、盐酸、硝酸、高氯酸、磷酸、乙酸、甲酸、草酸、苦味酸	立即用大量水冲洗，再用5%碳酸氢钠水溶液洗涤中和，然后用净水冲洗
碱金属、氰化物、氰氢酸	用大量的水冲洗后，0.1%高锰酸钾溶液冲洗后再用5%硫化铵溶液冲洗
溴	用水冲洗后，再以10%硫代硫酸钠溶液洗涤，然后涂碳酸氢钠糊剂或用1体积（25%）+1体积松节油+10体积乙醇（95%）的混合液处理
铬酸	先用大量的水冲洗，然后用5%硫代硫酸钠溶液或1%硫酸钠溶液洗涤
氢氟酸	立即用大量水冲洗，直至伤口表面发红，再用5%碳酸氢钠溶液洗涤，再涂以甘油与氧化镁（2∶1）悬浮剂，或调上如意金黄散，然后用消毒纱布包扎
磷	如有磷颗粒附着在皮肤上，应将局部浸入水中，用刷子清除，不可将创面暴露在空气中或用油脂涂抹，再用1%~2%硫酸铜溶液冲洗数分钟，然后以5%碳酸氢钠溶液洗去残留的硫酸铜，最后用生理盐水湿敷，用绷带扎好
苯酚	用大量水冲洗，或用4体积乙醇（7%）与1体积氯化铁［1/3（mol/L）］混合液洗涤，再用5%碳酸氢钠溶液湿敷
氯化锌、硝酸银	用水冲洗，再用5%碳酸氢钠溶液洗涤，涂油膏即磺胺粉
三氯化砷	用大量水冲洗，再用2.5%氯化铵溶液湿敷，然后涂上2%二巯丙醇软膏
焦油、沥青（热烫伤）	以棉花蘸乙醚或二甲苯，消除粘在皮肤上的焦油或沥青，然后涂上羊毛脂

中、大面积化学灼伤，经现场抢救处理后应送往医院处理。

8.2.3　化学灼伤的预防措施

化学灼伤常常是伴随生产中的事故或由设备发生腐蚀、开裂、泄漏等造成的，与安全管理、操作、工艺和设备等因素有密切关系。因此，为避免发生化学灼伤，必须采取综合性管理和技术措施，防患于未然。在使用危险物品的作业场所，必须采取有效的技术措施，设置可靠的预防设施。这些措施和设施主要包括以下几个方面。

8-3 酸、碱灼伤的表现与急救方法

8.2.3.1　采取有效的防腐措施

在化工生产中，由于强腐蚀介质的作用及生产过程中高温、高压、高流速等作业条件对机器设备会造成腐蚀，因此，加强防腐，杜绝"跑、冒、滴、漏"是预防灼伤的重要措施。

8.2.3.2　改革工艺和设备结构

在使用具有化学灼伤危险物质的生产场所，在设计时就应预先考虑防止物料外喷或飞溅的合理工艺流程、设备布局、材质选择及必要的控制、疏导和防护装置。

① 物料输送实现机械化、管道化、自动化，并安装必要的信号报警和保险装置。不得使用由玻璃等易碎材料制成的管道阀门、流量计、压力计等。

② 贮槽、贮罐等容器采用安全溢流装置。

③ 改革危险物质的使用和处理方法，如用蒸汽溶解氢氧化钠代替机械粉碎，用片状物代替块状物。

④ 保持工作场所与通道有足够的活动余量。保证作业场所畅通，避免交叉作业；如果交叉作业不可避免，在危险作业点应采取避免发生化学灼伤危险的防护措施。

⑤ 使用液面控制装置或仪表，实行自动控制。

⑥ 装设各种形式的安全联锁装置，如保证未卸压前不能打开设备的联锁装置等。

8.2.3.3 加强安全性预测检查

如使用超声波测厚仪、磁粉与超声探伤仪、X射线仪等定期对设备进行检查，或采用将设备开启进行检查的方法，以便及时发现并正确判断设备的损伤部位与损坏程度，及时消除隐患。

8.2.3.4 加强安全防护措施

① 所有贮槽上部敞开部分应高于车间地面1m以上，若贮槽与地面等高，其周围应设护栏并加盖，以防工人跌入槽内。

② 为使腐蚀性液体不流洒在地面上，应修建地槽并加盖。

③ 所有酸贮槽和酸泵下部应修筑耐酸基础。

④ 禁止将危险液体盛入非专用的和没有标志的桶内。

⑤ 搬运贮槽时要两人抬，不得单人背负运送。

8.2.3.5 加强个人防护

在处理有灼伤危险的物质时，必须穿戴工作服和防护用具，如眼镜、面罩、手套、毛巾、工作帽等。

在具有化学灼伤危险的作业场所，应设计安装洗眼器、淋洗器等安全防护设施，洗眼器、淋洗器的服务半径不大于15m。

【任务实施】

（1）列举常见化学灼伤急救处理方法　可参考表8-2-2的格式进行列举。

表8-2-2　灼伤及其急救办法

灼伤物质名称	急救处理办法
……	

（2）分析归纳化学灼伤的预防措施　以思维导图的形式列举化学灼伤的预防措施。

（3）以小组为单位汇报展示　各小组将完成的成果进行展示，每组派1名同学进行汇报讲解，完成后进行小组自评和互评。

关键与要点

灼伤按发生原因可以分为化学灼伤、热力灼伤和复合性灼伤。由于化学物质直接接触皮肤所造成的损伤,属于化学灼伤。

化学致伤的程度同化学物质与人体组织接触时间的长短有密切关系,当化学物质接触人体组织时,应迅速脱去衣服,用大量清水冲洗创面,不应延误,冲洗时间不得小于15min,以利于将渗入毛孔内的物质清洗出去。清洗时要遍及各受害部位,尤其要注意眼、耳、鼻、口腔等,眼睛的冲洗一般用生理盐水或用清洁的自来水,冲洗时水流不宜正对角膜方向,不要搓眼睛,也可将面部浸入在清洁的水盆里,用手把上下眼皮撑开,用力睁大两眼,头在水中左右摆动。其他部位的灼伤,先用大量水冲洗,然后用中和剂洗涤或湿敷,用中和剂时间不宜过长,并且必须再用清水冲洗掉。

化学灼伤的预防措施包括采取有效的防腐措施、改革工艺和设备结构、加强安全性预测检查、加强安全防护措施、加强个人防护。

【考核评价】

对各小组分析及讨论情况进行自我评价、小组评价和教师评价,具体内容见附表8-2。

 事故案例分析

未佩戴护目镜疏通管道导致双眼重度烧伤

某日,某企业厂区内的废水处理槽里面的液碱泵因输出管道被堵塞而发生故障。当班的废水处理员在没有佩戴护目镜的情况下,用螺丝刀撬开堵塞物,管内浓度为50%的液碱突然在残留的压力作用下喷出来,溅入其双眼,造成双眼重度烧伤。

1. 请分析事故的成因。
2. 怎样避免这类事故的发生?

【直击工考】

一、单项选择题

1. 当被烧伤或烫伤时,正确的急救方法应该是(　　)。
   A. 以最快的速度用冷水冲洗烧伤部位　　B. 迅速包扎　　C. 不用管
2. 强酸灼伤皮肤不能用(　　)冲洗。
   A. 热水　　　　B. 冷水　　　　C. 弱碱溶液
3. 由于接触高温表面造成的损伤称为(　　)。
   A. 化学灼伤　　B. 热力灼伤　　C. 复合性灼伤
4. 高温作业指当室外实际出现本地区夏季通风室外计算温度时,工作场所的气温高于室外(　　)℃或以上的作业。
   A. 1　　　　B. 2　　　　C. 3　　　　D. 4
5. 根据《工作场所职业病危害警示标识》(GBZ 158—2003)中的规定,在高毒物品作业场所,应设置(　　)色警示线。
   A. 红　　　　B. 黄　　　　C. 绿

二、判断题

1. 化学灼伤的急救要分秒必争，化学灼伤的程度也同化学物质与人体组织接触时间的长短有密切关系。（   ）
2. 酸性物质引起的灼伤，其腐蚀作用只在当时发生，经急救处理，伤势往往不再加重。（   ）
3. 化学灼伤后首先要迅速脱离现场，立即脱去被污染的衣服。（   ）
4. 液态化学物质溅入眼睛，首先在现场迅速进行冲洗，不要搓揉眼睛，以免造成失明。（   ）
5. 固态化学物质如石灰、生石灰颗粒溅入眼内，应先用水冲洗。（   ）
6. 碱性物质引起的灼伤会逐渐向周围和深部组织蔓延。（   ）
7. 现场急救应首先判明化学致伤物质的种类，采取相应的急救措施。（   ）
8. 某些化学灼伤，可以从被灼伤皮肤的颜色判断灼伤种类。（   ）

三、简答题

1. 什么是灼伤？
2. 化学灼伤的处理步骤是怎样的？
3. 酸性物质灼伤的处理方法是怎样的？

任务 8.3　工业噪声及其控制

【任务描述】

分析讨论案例中噪声对人体有什么伤害，对于生产和生活来说，应该怎样控制噪声的污染？

【学习目标】

1. 能够列举噪声对人体的危害。
2. 能够归纳出工业控制噪声的途径。
3. 培养学生提高职业健康保护的认知和行动能力，具备职业健康素养。

案例导入

某县一企业建设在农村，其排放的环境噪声超过国家环境噪声厂界排放标准10dB，但其前后左右都是荒地，因而没有其他单位和居民受到该厂环境噪声的干扰，只有其本厂的职工受到不同程度的噪声危害。当地环保局以该企业超标排放噪声为由，责令其限期治理，并征收其环境噪声超标排污费每月1600元。该企业不服，向法院提起行政诉讼，要求撤销环保局的行政决定。其理由是，《中华人民共和国环境噪声污染防治法》第16条规定："产生环境噪声污染的单位，应当采取措施进行治理，并按照国家规定缴纳超标准排污费"。按照该法第2条规定，环境噪声污染必须有超标和扰民两个条件。我企业只满足噪声超标一个条件，不属于限期治理和缴纳超标排污费的对象。结果，法院采纳了原告企业的意见，判决撤销环保局的决定。

分析与讨论：噪声对人体的伤害是多方面的，我们要了解噪声的有关知识，并了解工业上对噪声控制的途径。

凡是使人烦躁不安的声音都属于噪声。在生产过程中各种设备运转时所发出的噪声称为工业噪声。噪声能对人体造成不同程度的危害，应加以控制或消除，以减轻对人的危害作用。

【必备知识】

8.3.1 噪声的强度

声音的强度主要是音调的高低和声响的强弱。表示音调高低的是声音的频率即声频，表示声响强弱的有声压、声强、声功率和响度。人耳感受声音的大小，主要与声压及声压级、声频有关。

8.3.1.1 声压及声压级

由声波引起的大气压强的变化量叫声压。正常人刚刚能听到的最低声压叫听阈声压。对于频率1kHz的声音，听阈声压为$2×10^{-3}$Pa，当声压增大至20Pa时，使人感到震耳欲聋，称为痛阈声压。从听阈声压到痛阈声压的绝对值相差一百万倍，因此用声压绝对值来衡量声音的强弱是很不方便的。为此，通常采用按对数方式分等级的办法作为计量声音大小的单位，这就是常用的声压级，单位为分贝（dB），其数学表达式为

$$L_P = 20\lg \frac{P}{P_0} \tag{8-3-1}$$

式中，L_P为声压级，dB；P为声压值，Pa；P_0为基准声压值（$2×10^{-3}$Pa）。

用声压级代替声压可把相差一百万倍的声压变化，简化为0～120dB的变化，这给测量和计算都带来了极大的便利。

8.3.1.2 声频

声频指的是声源振动的频率，人耳能听到的声频范围一般在20～20×10⁴Hz之间。声频不同，人耳的感受也不一样，中高频（500～6000Hz）声音比低频（低于500Hz）声音更响。

8.3.2 工业噪声的分类

8.3.2.1 声源产生的方式

① 空气动力性噪声。由气体振动产生。当气体中存在涡流，或发生压力突变时引起的气体扰动。如通风机、鼓风机、空压机、高压气体放空时所产生的噪声。

② 机械性噪声。由机械撞击、摩擦、转动而产生。如破碎机、球磨机、电锯、机床等发出的噪声。

③ 电磁性噪声。由磁场脉动、电源频率脉动引起电气部件振动而产生。如发电机、变压器、继电器产生的噪声。

8.3.2.2 噪声性质

① 稳态噪声。在观察时间内，采用声级计"慢挡"动态特性测量时，声级波动<3dB（A）的噪声。

② 非稳态噪声。在观察时间内，采用声级计"慢挡"动态特性测量时，声级波动≥3dB（A）的噪声。

③ 脉冲噪声。噪声突然爆发又很快消失，持续时间≤0.5s，间隔时间>1s，声压有效值变化≥40dB（A）的噪声。

8.3.3 噪声对人的危害

① 影响休息和工作。人们休息时，要求环境噪声小于45dB，若大于

8-4 噪声的危害与控制

63.8dB，就很难入睡。噪声会分散人的注意力，容易疲劳，反应迟钝，影响工作效率，还会使工作出差错。

② 对听觉器官的损伤。人听觉器官的适应性是有一定限度的，长期在强噪声下工作，会引起听觉疲劳，听力下降。长年累月在强噪声的反复作用下，耳器官会发生器质性病变，出现噪声性耳聋。

③ 引起心血管系统病症。噪声可以使交感神经紧张，表现为心跳加快，心律不齐，血压波动，心电图测试阳性增高。

④ 对神经系统的影响。噪声会引起神经衰弱综合征，如头痛、头晕、失眠、多梦、记忆力减退等。神经衰弱的阳性检出率随噪声强度的增高而增加。

此外噪声还能引起胃功能紊乱，视力降低。当噪声超过生产控制系统报警信号的声音时，淹没了报警音响信号，容易导致事故。

8.3.4 工业噪声职业接触限值

《工作场所有害因素职业接触限值 第2部分：物理因素》（GBZ 2.2—2007）规定了生产车间和作业场所的噪声职业接触限值标准：每周工作5d，每天工作8h，稳态噪声限值为85dB（A），非稳态噪声等效声级的限值为85dB（A）。工作场所噪声职业接触限值见表8-3-1。

表8-3-1 工作场所噪声职业接触限值

接触时间	接触限值/dB（A）	备注
5d/w，＝8h/d	85	非稳态噪声计算8h等效声级
5d/w，≠8h/d	85	计算8h等效声级
≠5d/w	85	计算40h等效声级

噪声超过职业接触限值标准就会对人体产生危害，必须采取措施将噪声控制在标准以下。

8.3.5 工业噪声的控制

8.3.5.1 噪声的控制程序

理想的噪声控制工作应当在工厂、车间、机组修建或安装之前先进行预测，根据预测的结果和允许标准确定减噪量，再根据减噪效果、投资多少及对工人操作和设备正常工作影响三方面来选择合理的控制措施，在基建的同时进行施工。完工后，做减噪量测定和验收，达到预期效果，即可投入使用。

8.3.5.2 噪声源的控制

① 减小声源强度。用无声的或低噪声的工艺和设备代替高噪声的工艺和设备，提高设备的加工精度和安装技术，使发声体变为不发声体等，这是控制噪声的根本途径。

② 合理布局。把高噪声的设备和低噪声的设备分开；把操作室、休息间、办公室与嘈杂的生产环境分开；把生活区与厂区分开，使噪声随着距离的增加自然衰减。城市绿化对控制噪声也有一定作用，40m宽的树林就可以降低噪声10～15dB。

8.3.5.3 声音传播途径控制

① 吸声。吸声是声波通过某种介质或射到某介质表面时，声能减少并转换为其他能量

的过程。常用的吸声材料有玻璃棉、泡沫塑料、毛毯、聚酰胺纤维、矿渣棉、吸声砖、加气混凝土、木丝板、甘蔗板等。

② 隔声。把发声的机器或需要安静的场所，封闭在一个小的空间内，使它与周围的环境隔离起来，这种方法叫隔声。典型的隔声设备有隔声罩、隔声间和隔声屏。

③ 消声。消声是运用消声器来削弱声能的过程。消声器是一种允许气流通过而阻止或减弱声音传播的装置，是降低空气动力性噪声的主要技术措施，一般消声器安装在风机进口和排气管道上。目前采用的消声器有阻性消声器、抗性消声器、阻抗复合消声器和微孔板消声器四种类型。

④ 隔振与阻尼。为了防止机器通过基础将振动传给其他建筑物，而将机器噪声辐射出去，通常采用的办法是防止机器与基础及其他结构件的刚性连接，此种方法称为隔振，如在机器和基础之间安装减振器，铺设具有一定弹性的衬里材料或在机器周围挖一条深沟等。阻尼，是在用金属板制成的机罩、风管、风筒上涂一层阻尼材料，防止因振动的传递导致板材剧烈地振动而辐射较强的噪声。

8.3.5.4 个人防护

由于技术和经济上的原因，在用以上方法难以解决的高噪声场合，佩戴个人防护用品，则是保护工人听觉器官不受损害的重要措施。理想的防噪声用品应具有隔声值高，佩戴舒适，对皮肤没有损害作用的特点。

8-5 耳塞的使用

【任务实施】

（1）列举噪声对人体的危害　可参考表 8-3-2 的格式进行归纳。

表 8-3-2　噪声对人体的伤害归纳表

序号	噪声对人体的危害
	……

（2）分析归纳工业噪声的控制方法　主要从噪声源的控制和声音传播途径两方面进行总结归纳。以思维导图的形式列举出来。

（3）以小组为单位汇报展示　各小组将完成的成果进行展示，每组派 1 名同学进行汇报讲解，完成后进行小组自评和互评。

【考核评价】

对各小组分析及讨论情况进行自我评价、小组评价和教师评价，具体内容见附表 8-3。

事故案例分析

未定期复查导致职业性重度噪声聋

老魏是某大型机械制造企业工程制造部的员工，从事铆焊已11年，其工作场所是大车间。近年来，魏某时常感觉耳膜震痛，与同事、朋友日常交谈力不从心，听力明显下降。2014年7月，老魏前往疾控部门进行职业健康体检，专家调取了其近5年的体检资料，发现他的听力测试结果异常，但他没按医生建议定期复查，最终被诊断为职业性重度噪声聋。

1. 上述案例中老魏得的是哪种职业病？
2. 怎样预防这种职业病？

【直击工考】

一、单项选择题

1. 根据《工业企业设计卫生标准》，每个工作日接触噪声时间为8h，其允许噪声标准是（ ）。
   A. 85dB　　　　　B. 88dB　　　　　C. 91dB

2. 噪声与振动较大的生产设备应安装在单层厂房内。如设计需要将这些生产设备安置在多层厂房内时，则应将其安装在多层厂房的（　　）。对振幅大、功率大的生产设备应设计隔振措施。
   A. 底层　　　　B. 低层　　　　C. 中层　　　　D. 高层

二、多项选择题

1. 在生产过程中，把生产性噪声归纳为（　　）类型。
   A. 气体排放噪声　　　　　　　B. 空气动力噪声
   C. 机器转动噪声　　　　　　　D. 机械性噪声
   E. 电磁性噪声

2. 控制生产性噪声措施包括下列（　　）。
   A. 消除或降低噪声、振动源　　B. 消除或减少噪声、振动的传播
   C. 加强个人防护　　　　　　　D. 加强健康监护
   E. 定期检查

3. 下列噪声控制措施当中，从降低声源噪声辐射强度着手控制噪声的方法有（　　）。
   A. 控制机械设备的振动
   B. 房间内表面镶饰吸声材料
   C. 采用高阻尼合金代替一般金属
   D. 高噪声设备加隔声罩
   E. 提高产生噪声设备零部件的加工精度和装配质量

4. 生产过程产生噪声的作业场所，作业工人应选择的个体防护用品有（　　）。
   A. 耳塞　　　　　　　　　　　B. 防噪声帽
   C. 耳罩　　　　　　　　　　　D. 防护面罩

5. 工业噪声主要可采用（　　）等方法对其进行控制。
   A. 方向和位置控制　　　　　　B. 屏蔽
   C. 工程控制　　　　　　　　　D. 密闭通风

三、判断题

1. 生产性噪声对人的健康没有危害，因此，生产过程中不必防范噪声。（　　）
2. 劳动者接触职业性有害因素，一定就会发生职业危害。（　　）
3. 采用吸声、隔声或消声材料等是控制噪声的根本途径。（　　）
4. 正常人耳可听到的声音的频率范围为 20～20000Hz。（　　）
5. 噪声可引起头痛、头晕、记忆力减退、睡眠障碍等神经衰弱综合征。（　　）

四、简答题

1. 什么是噪声？
2. 噪声的危害有哪些？
3. 如何消除或降低声源噪声？

任务 8.4　电磁辐射及其防护

【任务描述】

阅读老师下发的电磁辐射基本知识资料，结合案例，归纳电磁辐射的危害及预防措施。

【学习目标】

1. 能够表述电离辐射和非电离辐射，以及相关的基本概念。
2. 能够阐述电离辐射及其防护措施。
3. 能够阐述非电离辐射及其防护措施。

案例导入

某日，某公司 5 名员工非法使用监管部门"责令关停"的无安全联锁等有效防护措施的辐照装置进行辐照加工。该 5 名员工在未确认放射源降到水池贮存位的情况下，进入辐照室进行药材装卸作业约 20min，后发现吊源钢丝绳紧，已发生"人源见面"，5 名工作人员受到不同程度超剂量照射，后对 5 名员工进行紧急救治，事故装置被查封。经检测分析，5 名人员受到的生物剂量分别为 14y、3.56y、2.8y、2.26y 和 1y。经全力救治，1 人于事故发生后 63 天死于急性肠型放射病，另 1 人在 1.5 年后死于放射并发症，其他 3 人不同程度患急性放射病。这对伤亡人员家庭造成了沉重的打击和身心上的伤害，也造成了重大经济损失等后果。

分析与讨论：以上属于哪种事故类型？产生的原因有哪些？

随着科学技术的不断发展，在化工生产中越来越多地接触和应用各种电磁辐射能和原子能。如金属的热处理、介质的热加工、无线电探测、利用放射性进行辐射监护聚合、辐射交联等，此外在化工过程的测量和控制、无损探伤、制作永久性发光涂料以及在疾病的诊断、治疗和科研方面，射线、放射线同位素、射频电磁场和微波都得到广泛的应用。

由电磁波和放射性物质所产生的辐射,由于其能量的不同,即对原子或分子是否形成电离效应而分成两大类,电离辐射和非电离辐射。不能使原子或分子形成电离的辐射称为非电离辐射,如紫外线、射频电磁场、微波等属于非电离辐射;电离辐射指由 α 粒子、β 粒子、γ 射线、X 射线和中子等对原子和分子产生电离的辐射。无论是电离辐射还是非电离辐射都会污染环境,危害人体健康。因此必须正确了解各类辐射的危害及其预防措施,以避免作业人员受到辐射的伤害。

【必备知识】

8.4.1 电离辐射及其防护

8.4.1.1 电离辐射的基本概念

(1) 常用的辐射量和单位

照射量 (X):指 X 射线或 γ 射线的光子在单位质量空气中释放出来的全部电子完全被空气阻止时,在空气中产生同一种符号离子总电荷的绝对值。单位 C/kg。

吸收剂量 (D):指电离辐射进入人体单位质量所吸收的放射能量。单位 Gy(戈瑞),$1Gy=1J/kg$。

(2) 电离辐射的肯定效应和随机效应

① 肯定(非随机性)效应。肯定效应指对身体特殊组织(如眼晶体、造血系统、性细胞等)的损伤。其伤害的严重程度,取决于所受剂量的大小,剂量越大,伤害越重,小于阈值则不会见到损伤。

② 随机效应。主要指造成各种癌症和遗传性疾病。它是无阈值的,个体危险的严重程度与所受的剂量大小无关,但其发生率则取决于剂量。

8.4.1.2 电离辐射对人体的危害

电离辐射对人体的危害是由超过剂量限值的放射线作用于肌体而发生的,分为体外危害和体内危害。其主要危害是阻碍和损伤细胞的活动机能及导致细胞死亡。

(1) 急性放射性伤害　在短期内接受超过一定剂量的照射,称为急性照射,可引起急性放射性伤害。

(2) 慢性放射性伤害　在较长时间内分散接受一定剂量的照射,称慢性照射。长期接受超剂量限值的慢性照射,可引起慢性放射性伤害。如白细胞减少、慢性皮肤损伤、造血障碍、生育能力受损、白内障等。

(3) 胚胎和胎儿的辐射损伤　胚胎和胎儿对辐射比较敏感。在胚胎植入前期受照,可使出生前死亡率升高;在器官形成期受照,可使畸形率升高,新生儿死亡率也相应升高。另外,胎儿期受照的儿童中,白血病和癌症发生率较一般高。

(4) 辐射致癌　在长期受照射的人群中有白血病、肺癌、甲状腺癌、乳腺癌、骨癌等发生。

(5) 遗传效应　辐射能使生殖细胞的基因突变和染色体畸变,形成有害的遗传效应,使受照者后代的各种遗传病的发生率增高。

8.4.1.3 电离辐射的防护措施

(1) 管理措施

① 从事生产、使用或贮运电离辐射装置的单位都应设有专(兼)职的防护管理机构和管理人员,建立有关电离辐射的卫生防护制度和操作规程。

② 对工作场所进行分区管理。根据工作场所的辐射强弱,通常分为 3 个区域。

控制区：在其中工作的人员受到的辐射照射可能超过年剂量限值的 3/10 的区域。

监督区：受辐射为年剂量限值的（1/10）～（3/10）的区域。

非限制区：辐射量不超过年剂量限值的 1/10 的区域。

在控制区应设有明显标志，必要时应附有说明。严格控制进入控制区的人员，尽量减少进入监督区的人员。不在控制区和监督区设置办公室、进食、饮水或吸烟。

③ 从事生产、使用、销售辐射装置前，必须向省、自治区、直辖市的卫生部门申办许可证并向同级公安部门登记，领取许可登记证后方可从事许可登记范围内的放射性工作。

④ 从事辐射工作人员必须经过辐射防护知识培训和有关法规、标准的教育。

⑤ 对辐射工作人员实行剂量监督和医学监督。就业前应进行体格检查，就业后要定期进行职业医学检查。建立个人剂量档案和健康档案。

⑥ 辐射源要指定专人负责保管，贮存、领取、使用、归还等都必须登记，做到账物相符，定期检查，防止泄漏或丢失。

(2) 技术措施

① 控制辐射源的质量，是减少身体内、外照射剂量的根本方法。应尽量减少辐射源的用量，选用毒性低、比活度小的辐射源。

② 设置永久的或临时的防护屏蔽。屏蔽的材质和厚度取决于辐射源的性质和强度。

③ 缩短接触时间。人体接受体外照射的累计剂量与接触时间成正比，所以应尽量缩短接触时间，禁止在有辐射的场所作不必要的停留。

④ 加大操作距离或实行遥控。辐射源的辐射强度与距离的平方成反比，因此采取加大距离或遥控操作都可以达到防护的目的。

⑤ 加强个人防护，佩戴口罩、手套、工作服、防护鞋等，放射污染严重的场所要使用防护面具或辐射防护气衣。应禁止一切能使放射性核素侵入人体的行为。

(3) X射线探伤作业的防护措施　探伤作业是利用 X 或 γ 射线对物质具有强大的穿透力来检查金属铸件、焊缝等内部缺陷的作业，使用的是 X（或 γ）辐射源。在探伤作业中会受到射线的外照射，因此必须做好探伤作业的卫生防护。

8.4.2　非电离辐射及其防护

不能使生物组织发生电离作用的辐射叫非电离辐射，如：射频电磁波、红外线辐射、紫外线辐射等。

8.4.2.1　射频电磁波

射频电磁波（高频电磁场与微波）是电磁辐射中波长最长的频段（1mm～3km）。

(1) 对人体的影响　对人体影响强度较大的射频电磁波对人体的主要作用是引起中枢神经的机能障碍和以迷走神经占优势的植物神经功能紊乱。

(2) 预防措施

① 高频电磁场的预防。

场源的屏蔽：通常采用屏蔽罩或小室的形式，可选用铜、铝和铁为屏蔽材料。

远距离操作：对一时难以屏蔽的场源，可采取自动或半自动的远距离操作。

合理的车间布局：高频车间要比一般车间宽敞，高频机之间需要有一定距离，并且要尽可能远离操作岗位和休息地点。

② 微波预防。

屏蔽辐射源：将磁控管放在机壳内，波导管不许敞开。

安装功率吸收器（如等效天线）吸收微波能量：屏蔽室四周上下各面均应敷设高微波吸

收材料。

③ 合理配置工作位置。根据微波发射有方向性的特点,工作点应安置在辐射强度最小部位。

④ 穿戴个体防护用品。一时难以采取其他有效防护措施,短时间作业时可穿戴防微波专用的防护衣、帽和防护眼镜。

⑤ 健康体检每1~2年进行1次。重点观察眼晶体变化,其次是心血管系统、外周血象及男性生殖功能。

8.4.2.2 红外线辐射

红外线也称热射线,波长0.7pm~1mm($1pm=1\times10^{-12}m$)。凡是温度在-273℃以上的物体,都能发射红外线。物体的温度愈高,辐射强度愈大,其红外线成分愈多。

(1) 对肌体影响

① 对皮肤的作用。较大强度的红外线短时间照射,会使皮肤局部温度升高、血管扩张,出现红斑反应,停止接触后红斑消失。反复照射局部可出现色素沉着。过量照射,除发生皮肤急性灼伤外,短波红外线还能透入皮下组织,使血液及深部组织加热。如照射面积较大、时间过久,可出现全身症状,重则发生中暑。

② 对眼睛的作用。

对角膜的损害:过度接触波长为 $3\mu m\sim1mm$ 的红外线,能完全破坏角膜表皮细胞,使蛋白质变性不透明。

红外线可引起白内障:多发生在工龄长的工人中。患者视力明显减退,仅能分辨明暗。

视网膜灼伤:波长小于 $1\mu m$ 的红外线可达到视网膜,损伤的程度决定于照射部分的强度,主要伤害黄斑区。多发生于使用弧光灯、电焊、氧乙炔焊等作业。

(2) 预防措施 严禁裸眼观看强光源。司炉工、电气焊工可佩戴绿色玻璃片防护镜,镜片中需含氧化亚铁或其他有效的防护成分(如钴等)。必要时穿戴防护手套和面罩,以防止皮肤被灼伤。

8.4.2.3 紫外线辐射

紫外线波长为7.6~400nm。凡是物体温度达到1200℃以上时,辐射光谱中即可出现紫外线,物体温度越高,紫外线的波长越短,强度也越大。

(1) 对肌体的影响

① 皮肤伤害:波长在220nm以下的紫外线几乎可全被角化层吸收,波长为220~330nm的紫外线可被真皮和深部组织吸收,数小时或数天后形成红斑。当紫外线与某些化学物质(如沥青)同时作用于皮肤,可引起严重的光感性皮炎,出现红斑及水肿。

② 眼睛伤害:眼睛暴露于短波紫外线时,能引起结膜炎和角膜溃疡,即电光性眼炎;强烈的紫外线短时间照射可致眼病,出现怕光、流泪、刺痛、视觉模糊、眼睑和球结膜充血、水肿等症状;长期小剂量紫外线照射,可引起慢性结膜炎。

(2) 预防措施 佩戴能吸收或反射紫外线的防护面罩或眼镜(如黄绿色镜片或涂以金属薄膜);在紫外线发生源附近设立屏障,在室内墙壁及屏障上涂以黑色,能吸收部分紫外线并减少反射作用。

【任务实施】

(1) 列举电离辐射的伤害及预防措施 可参考表8-4-1的格式进行列举。

表 8-4-1　电离辐射的伤害及预防措施

电离辐射的伤害	电离辐射预防措施
……	

（2）列举非电离辐射的伤害及预防措施　请参照表 8-4-2 的格式进行列举。

表 8-4-2　非电离辐射的伤害及预防措施

非电离辐射的伤害	非电离辐射预防措施
……	

（3）以小组为单位汇报展示　各小组将完成的成果进行展示，每组派 1 名同学进行汇报讲解，完成后进行小组自评和互评。

【考核评价】

对各小组分析及讨论情况进行自我评价、小组评价和教师评价，具体内容见附表 8-4。

 事故案例分析

随意拾取留存不明物导致充血性红斑

某日凌晨，某施工队在探伤检测过程中，将放射源（Ir）从仪器中掉出，遗留在工地上。一工作人员在第二天上班时，发现放射源并拾起，双手来回玩耍、观看约 20min，然后放入左裤兜；2h 后放入工具箱内，并在工具箱边吃饭、休息，下午下班洗澡时，发现右大腿有 2cm×2cm 的充血性红斑。当晚入院治疗。

分析报告：有很多案例都是捡到了类似的放射源，但是因为把它们当成普通的金属，造成了巨大的身体伤害，我们在工作生活中，一定不要随意地留存不明物，注意自身防护。

1. 放射源（Ir）对人体有何种危害？
2. 对于放射性物质该如何进行防护？

【直击工考】

一、单项选择题

1. 电离辐射"外防护三原则"不包括（　　）。
   A. 吸收防护　　　B. 距离防护　　　C. 屏蔽防护　　　D. 时间防护

2. 用人单位应当要求从业人员对于劳动防护用品做到"三会"，下述不属于"三会"内容的是（　　）。
   A. 会修理护品　　　　　　　　B. 会检查护品的可靠性
   C. 会正确使用护品　　　　　　D. 会正确维护保养护品

3. 电离辐射的防护措施包括（　　）。
   A. 合理布局　　　　　　　　　B. 距离防护
   C. 辐射剂量的控制　　　　　　D. 场源屏蔽

4. 在选择极低频电磁场发射源和电力设备时，应做到（　　）。
   A. 考虑电磁辐射环境对特殊人群的影响
   B. 根据实际情况设计合理的劳动时间
   C. 采取合理、有效的措施降低电磁场的接触水平
   D. 综合考虑安全性、可靠性以及经济社会效益

5. 属于微波辐射防护的是（　　）。
   A. 个人防护　　　B. 激光防护　　　C. 距离防护　　　D. 合理布局

二、多项选择题

1. 辐射分为电离辐射和非电离辐射。下列辐射中，属于非电离辐射的有（　　）辐射。
   A. X射线　　　B. 微波　　　C. 激光　　　D. 红外线
   E. 紫外线

2. 红外线辐射对机体的影响主要是（　　）。
   A. 心脏　　　B. 皮肤　　　C. 眼睛　　　D. 肝脏
   E. 肾脏

3. 可能接触电离辐射的作业有（　　）。
   A. 激光打孔　　　B. 辐射育种　　　C. 变压器维护　　　D. CT扫描
   E. 玻璃熔吹

4. 产生职业病危害的用人单位，应当在醒目位置设置公告栏，公布有关职业病防治的规章制度、操作规程、（　　）。
   A. 职业病危害事故应急救援措施　　　B. 警示标识
   C. 中文警示说明　　　　　　　　　　D. 工作场所职业病危害因素检测结果

5. 不适用于《生产安全事故报告和调查处理条例》规定的事故（　　）。
   A. 化工厂在充装液氯钢瓶时发生的死亡事故
   B. 环境污染事故
   C. 核设施事故
   D. 商场发生火灾事故

单元9

化工危险与可操作性（HAZOP）分析

单元引入

如何预防火灾、爆炸和有毒物泄漏等灾难性的事故？如何确保工艺系统持续安全运行？灾难性的事故不是由某个单一的原因造成的，而是各种复杂因素共同作用的结果，如果从技术角度看，要预防灾难性的事故，就是要识别、消除或控制工艺系统中存在的主要危害。危险与可操作性分析（也称 HAZOP 分析）是弥补技术上的不足、从技术层面上消除灾难性过程安全事故的重要工具，它适用于过程工业的连续系统和间歇系统，也适用于系统生命周期的设计阶段、生产运行阶段直至报废阶段。目前，HAZOP 方法已经受到我国石油和化工企业的广泛关注，化工 HAZOP 分析是教育部第四批"1+X"试点证书，在全国职业院校中正在稳步推进。

单元目标

知识目标　1. 掌握危险与可操作性（HAZOP）分析的基本概念和相关术语。
　　　　　　2. 了解过程安全管理和风险评估的基本知识。
　　　　　　3. 熟悉 HAZOP 分析方法的基本步骤。

能力目标　1. 掌握 HAZOP 分析方法在化工安全中的应用。
　　　　　　2. 能够主持或参与 HAZOP 分析会议。
　　　　　　3. 能够记录 HAZOP 分析结果。
　　　　　　4. 初步具备编制 HAZOP 分析报告的能力。

素质目标　1. 主动关注安全问题，提升学生及时识别、分析和处理问题的能力。
　　　　　　2. 培养独立思考的能力，提升思辨能力和创新意识。

单元解析

本单元主要介绍 HAZOP 分析基本知识，重点介绍 HAZOP 分析方法，通过案例分析，掌握 HAZOP 分析方法在化工安全中的应用。**重点**：HAZOP 分析方法的应用知识。**难点**：HAZOP 分析软件的使用及 HAZOP 分析报告的编制。

任务9.1 认识 HAZOP 分析

【任务描述】
认识 HAZOP 分析基本概念和相关术语，学习过程安全管理和风险评估的基本知识。

【学习目标】
1. 能够解释 HAZOP 分析基本概念和相关术语。
2. 能够阐述过程安全管理和风险评估的相关概念。
3. 掌握 HAZOP 分析方法在化工安全中的应用。
4. 主动关注安全问题，提升及时识别、分析和处理问题的能力。

案例导入

2015年7月15日上午7:30，山东省日照市某石化有限公司液化气球罐区发生爆炸，造成2名消防员轻伤、7辆消防车毁坏、部分球罐以及周边1km范围内的居民房屋门窗被震坏。这是球罐进行倒罐操作过程中发生的事故，事故主要的原因如下。
1. 违规操作：倒罐操作使用安全阀的前后手阀。
2. 错误操作：倒罐操作没有操作规程，通过罐顶部低压液化气管线，采用倒出罐注水加压、倒入罐切水泄压的方式进行倒罐操作。
3. 安全防护的切断阀改为手动，失去安全功效。
4. 操作人员刚刚转岗进入球罐区工作，能力不足，未经过转岗培训。

分析与讨论：根据以上事故原因，思考该企业液化气球罐区的倒罐操作是否应该及时进行风险识别，若需要，可以采用哪些方法进行分析，预防过程安全事故？

【必备知识】

9.1.1 HAZOP 分析的概念及相关术语

9.1.1.1 HAZOP 分析的概念

HAZOP 分析是英文 Hazard and Operability Analysis 或 Hazard and Operability Studies 的缩略语，中文翻译为：危险与可操作性分析。它是对工艺过程进行危险（害）分析的一种有效方法，是得到全世界认可的、有效的危险分析方法之一。

由于引发危险事故的原因具有多样性，而且发生危险事故的可能性无处不在，无时不有；传统安全设计技术存在缺陷；因此，处于生产运行阶段的企业存在多种事故隐患。HAZOP 分析可以帮助企业准确地识别潜在的事故原因；帮助设计人员找到设计方案中的缺陷，并且提出安全措施建议，从设计方案上降低工艺系统的风险。HAZOP 分析可以帮助生产运行的企业系统、全面地查找潜在事故隐患，识别现有安全措施是否足够，提出建议措施预防潜在事故；此外还能帮助修正操作规程中的缺陷；是企业排查事故隐患，预防重大事故的一种重要方法。

9.1.1.2 HAZOP 分析方法的由来和特点

(1) HAZOP 分析方法的由来　HAZOP 分析方法于 20 世纪 60 年代出现在化工行业。当时英国帝国化学工业集团（ICI）的工程师们采用识别工艺偏离的方式，进行化工工艺系统的可操作性分析。HAZOP 分析较正式应用于安全分析是在 20 世纪 70 年代，1974 年发生在英国弗里克斯堡的爆炸事故推动了这种方法的应用。此后，炼油行业紧随化工行业，较早地应用了这种方法。到了 20 世纪 80 年代，HAZOP 分析还成为了英国化学工程学位的必修课程。在世界范围内，HAZOP 分析已经被化工和工程建设公司视为确保设计和运行完整性的标准设计惯例。很多国家要求将 HAZOP 分析（也包括多种工艺危险分析方法）作为预防重大事故计划的一个重要部分。

(2) HAZOP 分析方法的特点　一是"集体智慧"。应用 HAZOP 分析方法开展工艺危险分析时，相关的多种专业，具有不同知识背景的人员所组成的团队一起工作，比他们独自工作更具有创造性与系统性，能识别更多的问题。具体方法是：在 HAZOP 分析团队主席的引导下通过专业化的会议讨论方式进行，以便充分发挥集体智慧。这一特点被誉为 HAZOP 分析专有的"头脑风暴"方法。

二是"引导词激发创新思维"。这是一种有效的分析思维方式，即通过人为"制造偏离"来识别事故。HAZOP 分析使用精练的引导词，例如增加、减少、无、反向、先、后等，联合工艺参数，例如压力、流量或温度等。可以组合出偏离，例如：压力高。从偏离点沿工艺过程中的危险传播路径，正向识别不利后果，反向识别原因。

三是"系统化与结构化审查"。即通过一种双重循环的识别方法，实现"用尽"可行的引导词，"遍历"工艺过程每一个细节。HAZOP 在分析推理机制上采用了归纳法和演绎法的联合，称为"溯因法"，是一种高完备性的双向推理方法，并且要求在多种假定结论中选择最可信的结果。双向推理的分析原理可用图 9-1-1 简化表达。

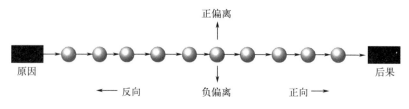

图 9-1-1　HAZOP 分析双向推理简图

图中是 HAZOP 分析所要识别的某一个从原因到后果的潜在事故序列构成的事件链。推理的起始点是该事件链中间部位的某一个事件的"偏离"，例如反应器压力超高。沿事件链反向识别出原因，例如反应器压力超高是由于冷却水泵故障使得放热反应失去冷却。从偏离处沿事件链正向识别出不利后果，例如由于冷却水始终无法提供，最终反应失控爆炸。记录下双向推理的全部识别结果，即"由于反应器冷却水泵故障，放热反应失去冷却，导致反应速率急速上升，反应压力超高（偏离点），最终使得反应失控反应器爆炸"。接着，检查现有安全措施，反应器设有安全阀，但是安全阀口径过小，在反应失控状态下不足以降低反应压力。于是，建议安装双安全阀。

(3) HAZOP 分析方法的优势　HAZOP 分析方法的三大特点带来了该方法的独特优势和广泛的适用性。

使用 HAZOP 分析方法可以：找到产生危险的原因；找到危险导致的不利后果；揭示

安全措施的作用；找到事故变化和传播的路径；找到妨碍有效操作的原因；找到妨碍有效操作的后果；找到影响产品产量和质量的原因及其后果等。

HAZOP分析方法具有广泛的适用性，可以适应于连续过程、间歇过程、工程设计阶段、生产运行阶段、机械系统、软件和电子信息系统等。

因此，HAZOP分析方法在全世界得到了广泛应用，特别是受到企业主管和安全专家的重视。

9.1.1.3 HAZOP分析相关术语

在开始了解HAZOP分析方法之前，先熟悉一些相关的术语。

(1) 节点　在开展HAZOP分析时，通常将复杂的工艺系统分解成若干"子系统"，每个子系统称作一个"节点"。这样做可以将复杂的系统简化，也有助于分析团队集中精力参与讨论。

(2) 偏离　此处的"偏离"指偏离所期望的设计意图。例如储罐在常温常压下储存300t的某物料，其设计意图是在上述工艺条件下，确保该物料处于所希望的储存状态，如果发生了泄漏，或者温度降低到低于常温的某个温度值，就偏离了原本的意图。在HAZOP分析时，将这种情形称为"偏离"。通常，各种工艺参数都有各自安全许可的操作范围，如果超出该范围，无论超出的程度如何，都视为"偏离设计意图"。

(3) 可操作性　HAZOP分析的可操作性通常指工艺系统是否能够实现正常操作、是否便于开展维护或维修，甚至是否会导致产品质量问题或影响收率。

HAZOP分析包括两个方面：一是危险分析，二是可操作性分析。前者是为了安全。在HAZOP分析时，是否要在分析的工作范围中包括对生产问题的分析，不同公司的要求各异。有许多公司把重点放在安全相关的危险分析上，不考虑操作性的问题；有些公司会关注较重大的操作性问题，很少有公司在HAZOP分析过程中考虑质量和收率的问题。

(4) 引导词　引导词是一个简单的词或词组，用来限定或量化意图，并且联合参数以便得到偏离，如"没有""较多""较少"等等。分析团队借助引导词与特定"参数"的相互搭配，来识别异常的工况，即所谓"偏离"的情形。

例如，"没有"是其中一个引导词，"流量"是一种参数，两者搭配形成一种异常的工况偏离："没有流量"。当分析的对象是一条管道时，据此引导词，就可以得出该管道的一种异常偏离"没有流量"。引导词的应用使得HAZOP分析的过程更具结构性和系统性。

(5) 事故剧情　是一个可能的事故所包含的事件序列的完整描述。事故剧情从一个或多个初始原因事件开始，经历一个或多个中间关键事件的传播过程，终止于一个或多个事故后果事件。

事故剧情至少应包括某个初始事件和由此导致的后果；有时初始事件本身并不会马上导致后果，还需要具备一定的条件，需要考虑时间因素。在HAZOP分析时，通过对偏离、导致偏离的原因、现有安全措施及后果等讨论，形成对事故剧情的完整描述。

(6) 原因　指导致偏离（影响）的事件或条件。HAZOP分析不是对事故进行根原因分析，在分析过程中，一般不深究根原因。较常见的做法是找出导致工艺系统出现偏离的初始原因，诸如设备或管道的机械故障、仪表故障、人员操作失误、极端的环境条件、外力影响等等。

(7) 后果　HAZOP分析中所谓的"后果"，是偏离所导致的结果，即某个事故剧情对应的不利后果。就某个事故剧情而言，后果指偏离发生后，在现有安全措施都失效的情况下，可能持续发展形成的最坏的结果，诸如化学品泄漏、火灾、爆炸、人员伤害、环境损害和生产中断等。

(8) 现有安全措施 指当前设计已经考虑到的安全措施（新建项目 HAZOP 分析时），或运行工厂中已经安装的设施，或管理实践中已经存在的安全措施。

它是防止事故发生或减缓事故后果的工程措施或行政措施。如关键参数的控制或联锁、安全泄压装置、具体的操作要求或预防性维修等。

在新建项目的 HAZOP 分析中，现有安全措施指已经表达在图纸或文件中的设计要求或操作要求，它们并没有物理性地存在于现场，因此有待工艺系统投产前进一步确认。

对于生产运行的工艺系统，现有安全措施应该是已经安装在现场的设备、仪表和自控等硬件设施，或者体现在文件中的生产操作要求（如操作规程的相关规定）。

(9) 建议措施 指所提议的消除或控制危险的措施。在 HAZOP 分析过程中，如果现有安全措施不足以将事故剧情的风险降低到可以接受的水平，HAZOP 分析团队应提出必要的建议降低风险，例如增加一些安全措施或改变现有设计。建议中还包括尚需解决的事宜。

(10) HAZOP 分析团队 HAZOP 分析不是一个人的工作，需要由一个包含 HAZOP 分析主席、记录员和各相关专业的成员所组成的团队通过会议方式集体完成，称为"分析团队"。

9.1.2 过程安全管理

9.1.2.1 过程安全管理的概念

涉及危险化学品的工厂通常涉及四个与安全相关的方面，即作业安全（也称职业安全）、过程安全（也称工艺安全）、产品安全与化学品运输安全。从物理位置上而言，产品安全和化学品运输安全通常涉及工厂以外区域的活动，而在工厂范围内，主要涉及的是作业安全和过程安全。

作业安全与过程安全两者的目的都是避免或减少事故危险，包括人员伤害、设备损坏和环境污染。作业安全关注的是作业者的安全，主要是通过合理的作业方法和个人防护来确保作业者安全地完成作业任务。过程安全则关注工艺系统的合理性与完好性，基本出发点是防止危险化学品泄漏或能量的意外释放，以避免灾难性的事故，如着火、爆炸和大范围的人员中毒伤害等。

过程安全事故可能导致非常严重的后果，工业界在吸取以往事故教训的基础上，逐步形成了系统的过程安全管理方法及实践，即通常所谓的"过程安全管理"。过程安全管理指应用管理原则和管理系统，识别、了解和控制工艺危害，达到预防工艺过程相关的伤害及事故的目的。过程安全管理的出发点是通过系统化的管理，识别工艺系统的危险，并采取必要的措施防止灾难性的化学品泄漏或能量意外释放。它贯穿工艺系统的整个生命周期，涉及研发、设计、工程、生产、维护维修和事故管理等诸方面。过程安全管理概念的提出，将以往零散的管理要素有机结合起来，形成系统化的管理体系，借助系统性的管理来降低流程工厂的运营风险。

9.1.2.2 常见的过程危害分析方法

过程危害分析方法的选择受多种因素影响，包括工艺系统内在危害的大小、装置的规模和复杂程度，以及开展本次过程危害分析的时机（即当前所处的阶段，是在项目阶段，还是已经处在投产运行的服役阶段）。过程危害分析方法较多，除了 HAZOP 分析方法以外，还有安全检查表法（Checklist）、What-if 提问法（"如果……会怎么样？"提问法）、故障类型和影响分析（FMEA）、故障树分析（FTA）方法等。

9-1 常见的过程危害分析方法

对于一套工艺装置，可以采用一种或几种分析方法来完成过程危害分析任务。例如，对于一套普通的化工装置，在初步设计完成时，可以采用

What-if 提问法进行初步分析；在详细设计阶段，较普遍的做法是采用 HAZOP 分析方法开展过程危害分析，辅之以安全检查表法对设施布置及人为因素等开展分析。

9.1.3 风险评估的基本观点

9.1.3.1 危害与风险

危害是能够导致负面影响的事物，可以是一个物体、一种现象、一类行为或一项化学品的物性。通常可以将危害分成物理危害、化学危害和生物危害等不同的类别。例如：地板上残留的水是一种危害，人踏上后可能滑倒，导致摔伤；焊接产生的弧光是一种危害，裸眼看它，会伤害眼睛；噪声也是一种危害，长时间暴露在超标噪声环境里，会造成听力损伤。

本节中讨论的危害仅限于过程危害。过程危害指生产过程或工艺系统中存在的化学条件或物理条件，它们能导致人员伤害、财产损失或环境损害。

涉及危险化学品的工艺装置或单元，总会存在某些过程危害。这些危害通常来自两个方面，一是所涉及的化学品的危害，二是工艺流程本身具有的危害。

化学品的危害是其所固有的特性，是化学品与生俱来的。只要涉及某种化学品，就需要面对其所具有的特定的危害。例如：工艺系统中如果用到氢气，就需要面对氢气易燃的特性；如果工艺过程中涉及氯气，就需要考虑它的毒性危害；对于运行过程中涉及富氧的工艺系统，必须考虑富氧助燃的危害。在开展过程危害分析时，可以通过化学品相关的资料，了解工艺过程中所涉及的化学品的危害。化学品安全技术说明书（简称 MSDS）是识别化学品主要危害的重要途径。

来自工艺流程的危害比较复杂，它是由设备、管道和仪表的设计及操作运行方式所决定的。在工艺系统的详细设计中，有时候多一个阀门或少一个阀门，或者阀门的位置稍作改变，都可能产生新的危害。例如：有些加氢反应的操作压力不超过 1.0MPa（G），有些反应则超过 20MPa（G），两者危害的差异显而易见。一个工艺系统，一旦确定了详细设计方案和操作方法，主要危害就相应存在了。设计或操作条件做些许调整，工艺流程中所具有的危害就可能有所不同。工艺流程带来的危害往往不是一目了然，需要通过深入细致的分析才能识别出来。工艺系统存在危害，并不会马上出现事故，而是具有发生事故的基础条件。

由于化学品的某些危害会随组分、浓度、温度和压力等条件而改变，因此，化学品的危害与工艺流程的危害之间存在关联性。开展过程危害分析时，这两方面的危害都要识别、消除或控制。因此，化学品及工艺流程相关的资料是开展过程危害分析时所必需的基本信息，例如，在开展 HAZOP 分析时，需要事先获取相关危险化学品的资料（如化学品的 MSDS 文件）和工艺流程资料（如带控制点的管道仪表流程图，即 P&ID 图纸）。

只要有危害存在，就意味着有可能导致人们不愿意见到的某些负面影响或后果。有危害就可能带来风险。风险包括两个方面（两个元素），一个是后果的严重性，另一个是导致后果的可能性。通常用风险等级来衡量不同的风险水平，它是由事故发生时的后果严重程度与导致该后果的可能性决定的。

可能性有几种不同的表达方式，包括：

① 概率，如"$1/10^5$"。例如，"在一年中，一名工人在某企业发生死亡的风险少于 $1/10^5$"。

② 频率，如"每年一次"。例如，"在 A 企业，每年发生两次员工误工伤害事故（损失工时的伤害事故）"。

③ 定性描述，如"可以忽略""很可能"。例如，"在一整年中，操作人员都是采用这种粉料操作方式，很可能导致尘肺病"

后果越严重、发生的可能性越大，对应的风险等级就越高；反之亦然。在企业运行期间，人们会自然而然地重视那些后果很严重的事故情景，但是仅仅后果严重并不一定风险就很高。例如，一架大型客机坠落在一个化工装置区，后果异常严重（灾难性的），但是这种事情发生的可能性极小，虽然后果严重，但风险却很低，因此我们并不担心它会发生。

另一方面，如果发生的可能性很大，但后果很轻微，风险也不会太高。例如，在办公室处理纸质文件时，偶尔纸张会划伤手指，这种事情发生的频次比较高，但是后果轻微，因此人们不太关注它（很少有人为了防止划伤手而戴上手套处理纸质文件）。

后果严重且发生的可能性也较高的情形，风险就会高。例如，操作人员通过人孔敞口往反应器内投固体物料，如果反应器内存在毒性大的有机蒸气，在投料过程中，操作人员会暴露于有毒蒸气中而遭受中毒，造成伤害甚至死亡。上述情形的后果较严重，而且敞口操作时发生中毒的可能性也较大，该情形的风险就较高（以人孔敞口方式往反应器内投加固体物料，对于安全、健康和环境都不利，风险较高，因此需要改进设计和改变操作方式，例如，可以考虑将敞口投料更改成密闭投料）。

9.1.3.2 风险矩阵表及应用

为了便于使用，企业通常会编制风险矩阵表，如表9-1-1所示。在这类风险矩阵表中，包括后果和频率两条轴，通常横轴是后果、纵轴是频率（也有概率数据）。后果和频率有不同的等级。对于任何一种事故情景，根据其可能导致的后果和导致该后果的可能性（概率），就可以通过风险矩阵表确定其风险等级。有些企业的风险矩阵表在形式上正好与此相反，纵轴上的频率顺序是反过来的。这两种风险矩阵表只是形式上存在差异，它们本质上是一样的。

表 9-1-1 风险矩阵表

频率（概率）		后果				
		1. 轻微	2. 较重	3. 严重	4. 重大	5. 灾难性
1. 较多发生	10年1次 (1×10^{-1}/a)	D	C	B	B	A
2. 偶尔发生	100年1次 (1×10^{-2}/a)	E	D	C	B	B
3. 很少发生	1000年1次 (1×10^{-3}/a)	E	E	D	C	B
4. 不太可能	10000年1次 (1×10^{-4}/a)	E	E	E	D	C
5. 极不可能	100000年1次 (1×10^{-5}/a)	E	E	E	E	D

注：1. 表中的A、B和C区域是风险不可接受区域，需要采取更多措施降低风险。如果是落在A区，说明内在风险过高，要考虑重新设计或对设计进行审查和修订；如果是落在B区，必须新增工程措施；如果是落在C区，可以采取新增工程措施或适当的行政管理措施来降低风险。
2. E区是可接受风险区域，不需要采取任何新的措施。
3. D区是过渡区（ALARP区域），风险基本上可以接受，但在合理和可行的情况下，应该尽可能采取更多措施来降低风险。

风险矩阵表通常还有一张附表，在附表中详细定义不同的后果等级。例如，在表9-1-1的风险矩阵表中，后果分成5个等级，频率也凑巧包含5个等级，因此它也称为5×5的矩阵。在行业里，有企业使用7×7、6×6、6×5等其他形式的矩阵，与举例中的这个矩阵大同小异。

在风险矩阵表中，可以用 A、B、C、D 和 E 等字母来表示风险等级，也可以采用数字来表示风险等级，两者本质上是一致的，仅形式上有差异。通常会用红、黄、绿或红、橙、黄、蓝、绿等不同颜色标出各个风险等级所在的区域，利用颜色区分出哪是高风险区域、哪是过渡区域、哪是风险可接受的区域。例如，在表 9-1-1 中，字母 A 所在区域对应的是红色区域、B 是橙色区域、C 是黄色区域、D 是蓝色区域、E 是绿色区域。其中 A 所在区域风险最高，B 次之，以此类推，E 所在区域的风险等级最低。

根据后果与导致后果的频率，可以从风险矩阵表中找出事故情景的风险等级。例如，某事故情景可能导致一名操作人员死亡，根据风险矩阵表附表 9-1-2 中的后果描述，可以查出后果等级是 4，假如这种情况每 100 年间可能发生一次，频率等级是 2，在风险矩阵表中，横向（频率）取数字 2 所在的行、纵向（后果）取数字 4 所在的列，行与列的交叉处是字母 B，说明该事故情景对应的风险等级是 B。

每家企业在开展过程危害分析之前，要先编制、确定本企业的风险矩阵表。表 2-1 中的风险矩阵表的基准点是：造成 1 人死亡的后果所对应的频率是 100000 年一遇（概率不超过 $1\times10^{-5}/a$），即后果等级 4 和频率等级 5 对应的风险等级是 E。此风险矩阵表仅作为本书中的示例，在本书后续章节的示例中，都将参照此风险矩阵表开展风险评估。

在表 9-1-1 举例的风险矩阵表中，对于任何一种事故情景：如果风险等级是 E，说明风险已经足够低，完全可以接受，不再需要任何进一步的措施；如果风险等级是 D，也是可以接受的风险水平，但它是落在过渡区内（即 ALARP 区域），如果可能的话，应尽量采取一些措施进一步降低风险；如果风险等级是 A、B 或 C，说明当前的风险水平过高，必须新增措施降低风险，直至将风险等级降到 D 或 E。

表 9-1-2 风险矩阵表附表：后果描述

序号	后果等级	安全健康	环境损害	财产损失	声誉影响
1	轻微	操作人员受伤但不损失工作日	泄漏到收集系统以内的地方	设备损失不超过 10 万元；或者设备或装置停产不超过 1 天	无
2	较重	操作人员需就医，损失工作日 厂外人员需做包扎等处理	泄漏到收集系统以外的地方（数量较少且不超出企业界区）	设备损失超过 10 万元，但不超过 100 万元；或者设备或装置停产超过 1 天，少于或等于 1 周	无
3	严重	企业员工残疾伤害 厂外人员需要就医，误工伤害	明显泄漏到企业外，并影响周围邻居，可能遭投诉	设备损失超过 100 万元，但少于 1000 万元；或者设备或装置停产超过 1 周，少于或等于 1 月；或者严重影响对特定客户的供应	会受到当地媒体关注
4	重大	厂内 1～2 人死亡 厂外人员残疾伤害	明显影响环境，但短期内可以恢复	设备损失超过 1000 万元，少于或等于 5000 万；或者设备或装置停产超过 1 个月，少于或等于 6 个月；或影响市场份额	会受到省级媒体关注
5	灾难性	厂内 3 人或以上死亡 厂外人员 1 人或以上死亡	对周围社区造成长期的环境影响，会导致周围居民大面积应急疏散或带来严重健康影响	设备损失超过 5000 万；或者设备或装置停产超过 6 个月；或者可能失去市场	会受到国家级媒体关注

【任务实施】

（1）掌握 HAZOP 分析相关术语　收集和阅读 HAZOP 分析的相关资料，完成以下填空。

① 偏离指_____的偏差。

② 后果指偏离发生后，在_____情况下，可能持续发展形成的_____，如化学品泄漏、着火、爆炸、人员伤害、设备损坏、环境损伤等。

③ 引导词指一种特定的用于描述_____的词或短语，如温度过高/过低、压力过高/过低。

④ 风险是后果发生的_____和_____的结合。

⑤ 原因指导致_____的事件或条件。

⑥ 保护措施指能够阻止场景向_____后果发展，并且独立于场景的初始事件。

（2）归纳常见过程危害分析方法的特点　收集和阅读过程安全管理的相关资料，归纳常见的过程危害分析方法的特点，可参照表 9-1-3 进行归纳。

表 9-1-3　常见过程危害分析方法的特点

特点	HAZOP 分析法	安全检查表法	What-if 提问法	故障类型和影响分析	故障树分析
流程步骤					
适用范围					
优点					
缺点					

关键与要点

1. HAZOP：指危险与可操作性分析，它是对工艺过程进行危险（害）分析的一种有效方法。

2. 偏离：设计意图的偏差。

3. 后果：偏离发生后，在现有安全措施全部失效的情况下，可能持续发展形成的最坏的后果。

4. 引导词：一种特定的用于描述对要素设计目的（意图）偏离的词或短语。

5. 风险：后果发生的可能性和严重性的结合。

6. 原因：指导致偏离（影响）的事件或条件。

7. 保护措施：能够阻止场景向不期望的后果发展，并且独立于场景的初始事件。

8. 过程安全管理：指应用管理原则和管理系统，识别、了解和控制工艺危险，达到预防工艺过程相关的伤害及事故的目的。

【考核评价】

对各小组分析及讨论情况进行自我评价、组内评价和小组互评，具体内容见附表 9-1。

【直击工考】

一、单项选择题

1. HAZOP 是（　　）的简称。
   A. 危险与可操作性分析　　　　B. 过程安全管理
   C. 故障树分析　　　　　　　　D. 定量危险分析

2. HAZOP 分析方法最早是由（　　）开创使用的。
   A. 德国拜耳集团　　　　　　　B. 中国石油化工集团
   C. 英国帝国化学工业集团　　　D. 美国陶氏化学公司

3. （　　）不是 HAZOP 分析具有的突出特点。
   A. 集体智慧　　　　　　　　　B. 引导词激发创新思维
   C. 系统化与结构化审查　　　　D. 单向线性推理

4. HAZOP 分析为（　　）安全评价方法。
   A. 定量　　　　　　　　　　　B. 定性
   C. 半定量　　　　　　　　　　D. 定级

5. HAZOP 分析的关键要素是（　　）。
   A. 节点、偏差、原因、后果、措施　　B. 时机、节点、偏差、原因、后果
   C. 时机、偏差、原因、后果、措施　　D. 成员、节点、偏差、原因、措施

二、多项选择题

1. 在役装置 HAZOP 分析的作用是（　　）。
   A. 系统识别在役装置风险
   B. 为操作规程的修改完善提供依据
   C. 为操作人员的培训提供教材
   D. 为隐患治理提供依据，完善工艺安全信息

2. 涉及危险化学品的工厂通常涉及（　　）方面的安全。
   A. 作业安全　　　　　　　　　B. 过程安全
   C. 产品安全　　　　　　　　　D. 化学品运输安全

三、判断题

1. HAZOP 分析在连续流程和间歇流程中均适用。（　　）

2. HAZOP 分析只适用于工程设计阶段，在役运行装置一般不需要组织 HAZOP 分析。（　　）

3. HAZOP 分析方法是基于这样一个基本概念，即各个专业、具有不同知识背景的人员所组成的分析组一起工作比他们独自一人单独工作更具有创造性与系统性，能识别更多的问题。（　　）

4. 过程安全事故通常由单一原因导致。（　　）

5. 过程安全主要关注工艺的合理性与完好性，基本出发点是防止危险化学品泄漏或能量的意外释放，以避免灾难性的事故。（　　）

6. 引导词是对意图进行限定或量化描述的简单词语，引导出工艺参数的各种偏差。（　　）

7. HAZOP 分析中"原因"指引起的原因，"后果"指偏离所产生的后果。（　　）

8. 节点又称子系统，指具体确定边界的设备（如容器、两容器之间的管线）单元。（　　）

任务 9.2　HAZOP 分析方法的应用

【任务描述】
　　模拟组建 HAZOP 分析团队，根据案例描述，对精馏塔单元进行 HAZOP 分析。

【学习目标】
1. 能够归纳 HAZOP 分析方法的基本步骤。
2. 能够主持或参与 HAZOP 分析会议。
3. 能够记录 HAZOP 分析结果。
4. 初步具备编制 HAZOP 分析报告的能力。
5. 培养独立思考的能力，提升思辨能力和创新意识。

案例导入

　　工艺流程描述：烃类物料（$C_4 \sim C_9$）进入脱丁烷塔中，在精馏塔内分离为塔顶 C_4 馏分和少量的 C_5 馏分，塔釜主要为 C_5 以上组分的馏分。该精馏塔突然发生爆炸事故，经事后调查发现，是由精馏塔塔顶压力过大导致塔顶气体泄漏的。
　　分析与讨论：针对案例中的事故，请 HAZOP 分析团队对精馏塔单元进行 HAZOP 分析。

【必备知识】

9.2.1　HAZOP 分析基本流程

　　采用 HAZOP 分析方法开展工艺危险分析时，通常包括以下 5 个主要阶段，具体流程步骤如图 9-2-1 所示。

① 发起阶段：明确工作范围、报告的编制要求及各参与方的职责，并组建分析团队。

② 准备阶段：开展分析工作所需时间估计及工作日程安排、准备必要的过程安全信息（图纸文件等）、召集会议及行政准备（会议室等）。

③ 会议阶段：分析团队组织一系列会议，通过团队的讨论，识别、评估工艺系统存在的危险，根据需要提出更多的安全措施，并记录会议中讨论的内容。

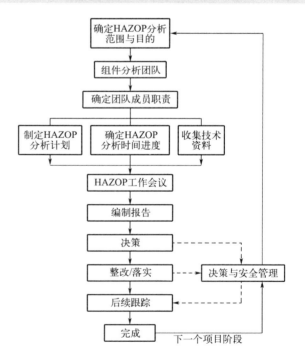

图 9-2-1　HAZOP 分析步骤

④ 报告编制与分发：在分析会议之后，编制工作报告，分发给相关方征求意见，并定稿形成正式报告。

⑤ 建议项跟踪与完成：编制行动计划，跟踪落实 HAZOP 分析提出的建议措施（这是一个很重要的环节，但严格意义上讲，它不属于工艺危险分析本身的工作范畴，应属于后续工作，由项目团队或工厂管理层负责，不是工艺危险分析团队的职责）。

9.2.2 HAZOP 分析基本步骤

HAZOP 分析顺序有两种："参数优先"和"引导词优先"，分别见图 9-2-2 和图 9-2-3。"参数优先"顺序可描述如下：

① 概述分析计划：在 HAZOP 分析开始时，HAZOP 分析主席确保分析成员熟悉所要分析的过程系统以及分析的目标和范围。

② 划分节点：HAZOP 分析主席在会议开始之前划分好节点，并选择某一节点作为分析起点，做出标记。

③ 描述设计意图：工艺工程师或设计工程师解释该节点的设计意图，确认相关参数。

④ 产生偏离：HAZOP 分析主席选择该节点中一个参数，确定使用哪些引导词，并选定其中的一个引导词与选定的参数相结合，产生一个有意义的偏离。

⑤ 分析后果：在不考虑现有的安全保护措施的情况下，HAZOP 分析团队在 HAZOP 分析主席的引导下，识别出该偏离所能导致的所有不利后果。

⑥ 分析原因：分析团队在主席的引导下，在本节点以及该节点的上下游分析识别出能够导致该偏离的所有根本原因。

⑦ 确定安全保护措施：分析小组应识别系统设计中对每种后果现有的保护、检测和显示装置（措施），这些保护措施可能包含在当前节点，或者是其他节点设计意图的一部分。

⑧ 确定每个后果的严重性和可能性：在考虑安全保护措施的情况下，根据风险矩阵确定该后果的风险等级。风险矩阵的使用在第 3 章中有进一步论述。

⑨ 提出建议措施：如果该后果的风险等级超出企业能够承受的风险等级，HAZOP 分析团队就必须提出降低风险的建议措施。

⑩ 记录：记录员对所有的偏离、偏离的根本原因和不利后果、保护措施、风险等级都要做详细记录。

⑪ 依次将其他引导词和该参数相结合产生有意义的偏离，重复以上步骤⑤～⑩，直到分析完所有引导词。

⑫ 依次分析该节点的所有参数的偏离，重复以上步骤④～⑪，直到分析完该节点的所有参数。

⑬ 依次分析完成所有节点，重复以上步骤②～⑫，直到分析完所有节点，见图 9-2-2。

HAZOP 分析的另一种分析顺序是"引导词优先"顺序，是将第一个引导词依次用于分析节点的各个参数或要素。这一步骤完成后，进行下一个引导词分析，再一次把引导词依次用于所有参数或要素。重复进行该过程，直到全部引导词都用于分析节点的所有参数或要素，然后再分析系统下一节点，见图 9-2-3。

在进行某一分析时，HAZOP 分析主席及其团队成员应决定选择"参数优先"还是"引导词优先"。无论如何，要确保不漏掉对所有设计意图偏离的分析。如果 HAZOP 分析会议不受干扰，对于一个小型的或简单的化工过程，可能需要 2～6 天的时间完成 HAZOP 分析；对于一个大型的或复杂的化工过程，可能需要 2～6 个星期的时间才能完成 HAZOP 分析。

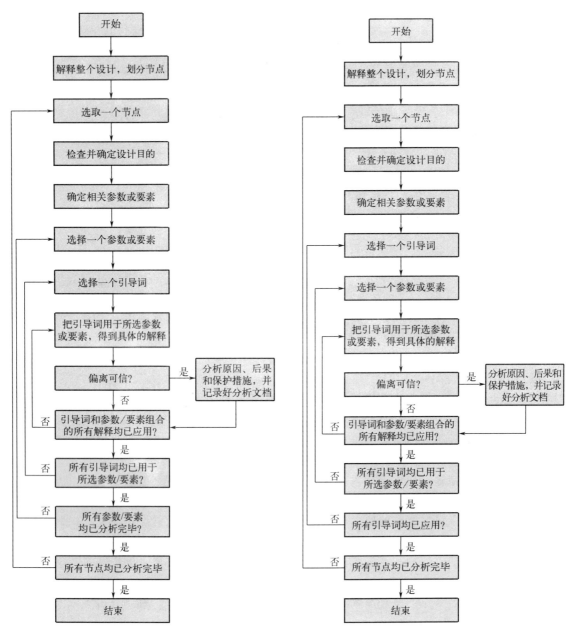

图 9-2-2　HAZOP 分析基本步骤——"参数优先"顺序

图 9-2-3　HAZOP 分析基本步骤——"引导词优先"顺序

9.2.2.1　节点划分

HAZOP 分析的基础是"引导词检查",它可仔细地查找与设计意图背离的偏离。为便于分析,可将系统分成多个节点,各个节点的设计意图应能充分定义。对于连续的工艺操作过程,HAZOP 分析节点可能为工艺单元;而对于间歇操作过程来说,HAZOP 分析节点可能为操作步骤。所选节点的大小取决于系统的复杂性和危险的严重程度。复杂或高危险系统可分成较小的节点,简单或低危险系统可分成较大的节点,以加快分析进程,常见节点类型见表 9-2-1。

表 9-2-1 常见节点类型

序号	部分节点类型	序号	部分节点类型
1	管线	9	炉子
2	泵	10	热交换器
3	间歇反应器	11	软管
4	连续反应器	12	步骤
5	罐/槽/容器	14	作业详细分析
6	塔	15	公用工程
7	压缩机	16	其他
8	鼓风机	17	以上基本节点的合理组合

9.2.2.2 偏离确定

对于每一个节点，HAZOP 分析团队以正常操作运行的参数范围为标准值，分析运行过程中参数的变动（即偏离），这些偏离通过引导词和参数的一一组合产生，即偏离＝引导词＋参数。

参数分为两类：一类是概念性的参数，如反应、混合和转化等；另一类是具体化的参数，如温度、压力和流量等。基本引导词及其含义见表 9-2-2。

表 9-2-2 基本引导词及其含义

偏离类型	引导词	含义	示例
否定	没有	完全没有达到设计意图	无流量
数量改变	过多或过高	数量上的增加	温度高
	过少或过低	数量上的减少	温度低
性质改变	额外或伴随	性质上的变化/增加	出现杂质；出现不该出现的相变
	部分	性质上的变化/减少	两个组分中只有一个组分被加入
替换	相反	设计意图的逻辑取反	管道中的物料反向流动或发生逆反应
	替换或错误	完全替代	输送了错误物料

与时间和先后顺序（或序列）相关的引导词及其含义见表 9-2-3。

表 9-2-3 与时间和先后顺序（或序列）相关的引导词及其含义

偏离类型	引导词	含义	示例
时间	过早	相对于给定时间早	某事件的发生较给定时间早
	过晚	相对于给定时间晚	某事件的发生较给定时间晚
顺序或序列	先于	顺序或序列提前	某事件在序列中过早地发生
	迟于	顺序或序列推后	某事件在序列中过晚地发生

9.2.2.3 不利后果识别

后果指偏离造成的后果。分析后果时应假设任何已有的安全保护（如安全阀、联锁、报警、紧停按钮、放空等），以及相关的管理措施（如作业制度、巡检等）都失效，此时所导致的最终不利后果。也就是说，HAZOP分析团队应首先忽略现有的安全措施，分析在偏离所描述的事故剧情出现之后，可能出现的最严重后果。这样做的目的是能够提醒HAZOP分析团队关注可能出现的最严重的后果，也就是最恶劣的事故剧情。

偏离造成的最终事故后果一般分为以下几类。

① 安全类，如：爆炸、火灾，毒性影响。
② 环境影响类，如：固相、液相、气相的环境排放，噪声影响。
③ 职业健康类，如：对操作人员及可能影响人群的短期与长期健康影响。
④ 财产损失类，如：设备损坏、装置停车、对下游装置的影响等。
⑤ 产品损失类，如：产品产量降低，产品质量降低等。

后果也可能包括操作性问题，如：工艺系统是否能够实现正常操作，是否便于开展维护和维修，是否会导致产品质量问题或影响收率；是否增加额外的操作与检维修难度等。另外，根据不同的HAZOP分析对象，后果识别可能也包含对公众的影响、对企业声誉的影响及工期的延误等，从安全角度讲，后果识别时人身伤害的事故后果需要特别关注。表9-2-4列出了化学品或能量释放的一些后果。

表 9-2-4　化学品或能量释放后果举例

序号	化学品或能量释放的事件举例	序号	化学品或能量释放的事件举例
1	常压储罐灾难性失效（瞬间或10min的释放）	8	垫圈（有环加固）失效
2	常压储罐持续泄漏（10mm直径漏孔）	9	装在法兰中的垫圈或盘根被吹开，以及泵密封失效（任何类型）
3	压力容器失效（瞬间或10min的释放）		
4	管路失效，全部破裂（管道尺寸≤150mm）	10	泵密封失效（双机械密封失效）
5	管路失效，全部破裂（管道尺寸>150mm）	11	灾难性泵密封失效（任何类型）
6	管路泄漏（管道尺寸≤150mm）	12	胶管失效，灾难性破裂
7	管路泄漏（管道尺寸>150mm）	13	弹簧释放阀早开

9.2.2.4　原因识别

原因指引起偏离发生的原因，是产生某种影响的条件或事件。例如，对仪表信号通道的干扰事件、管道破裂、操作人员失误、管理不善或缺乏管理等。原因分析是HAZOP分析的重要环节，原因分析过程可以增进对事故发生机制和各种原因的了解，同时有助于确定所需要的安全措施。当一个有意义的偏离被识别，HAZOP分析团队应对其原因进行分析。偏离可能是由单一原因或多个原因所致。表9-2-5列出了部分典型的偏离原因。

表 9-2-5　部分典型的偏离原因

序号	偏离原因	序号	偏离原因
1	BPCS（基本过程控制系统）回路失效（包括气动控制回路失效）	4	仪表保护设施的假动作
2	压力调节器失效（单级）	5	电力驱动泵（典型的是离心泵）假停（包括就地供电电路失效）
3	温度控制阀失效	6	电力驱动压缩机假停

续表

序号	偏离原因	序号	偏离原因
7	风机（引风型）失效	12	供应失效
8	停电（就地）	13	人员失误，在常规任务中，每天执行一次或更多次，有检查表或助记提示
9	旋转设备（泵、风机和压缩机）失效		
10	螺杆式输送器（早期堵塞）	14	停搅拌
11	螺杆式输送器物料过热（以及螺杆与外壳和套筒摩擦导致的过热）	15	小火灾

9.2.2.5 现有安全措施分析

在分析偏离的后果时，分析团队应首先忽略现有的安全措施（例如报警、关断或者放空减压等），在这个前提下分析事故剧情可能出现的最严重后果。这种分析方法的优点是，能够提醒分析团队关注可能出现的最严重的后果，也就是最恶劣的事故剧情。分析团队进而分析已经存在的有效安全措施，讨论现有的安全措施是否切合实际，是否能够把风险降低到可以接受的程度，现有的安全措施是否保护过度。安全措施可以是工程手段类型，也可以是管理程序类型，可分为：工艺设计、基本过程控制系统、关键报警及人员干预、安全仪表系统、安全泄放设施、物理防护、应急响应。所有分析讨论的内容，在得到团队的一致确认后，应进行详细的记录。

常见的防止类保护措施和减缓类保护措施见表9-2-6。

表9-2-6 常见的防止类保护措施和减缓类保护措施

防止类保护措施	减缓类保护措施
（1）操作人员对异常工况的响应，使工况返回至安全操作范围； （2）操作人员对安全报警或异常工况的响应，并在后果事件发生前，人工停止工艺过程； （3）专门设计并采用在探测到特定的非正常工况时，自动将系统带入安全状态的仪表保护系统； （4）降低可燃性混合物出现时点火概率的点火源控制措施，预防火灾、爆炸等后果事件发生； （5）紧急泄放系统用于容器超压释放，预防容器破裂爆炸； （6）其他人工泄放和灭火系统	（1）密闭卸放措施，例如安全卸放阀，缩短危险物料直接排放到大气后果事件的持续时间； （2）二次储存系统，例如双层墙、二次围护、防火堤等； （3）抗爆墙和防火墙； （4）火灾、泄漏探测和报警系统； （5）自动或远程启动的隔离阀； （6）灭火器、水喷淋系统和消防水炮，以及水喷淋、水幕等有害物料蒸气云抑制系统； （7）有人建筑物的抗爆结构设计； （8）适用于特定后果事件的个体防护装备； （9）应急响应和应急管理规划

9.2.3 HAZOP分析文档跟踪

9.2.3.1 HAZOP分析表

分析记录是HAZOP分析的一个重要组成部分，负责会议记录的人员应根据分析讨论过程提炼出恰当的结果，记录所有重要的信息。通常HAZOP分析会议采用表格形式记录，表格示例如表9-2-7和表9-2-8所示。不同项目或公司在开展HAZOP分析时，采用的记录表格通常存在些许差异，这并不影响HAZOP分析工作的开展。无论采用什么形式的记录表格，重要的是确保记录下所有必要的信息。此外，有些项目或公司要求在分析过程中识别各个事故剧情的风险程度，在记录表中增加填写风险等级的列。

表 9-2-7 HAZOP 分析记录表（一）

公司名称		装置名称		日期	
工艺单元		分析组成员		图纸号	
节点编号					
节点名称					
节点设计意图					

表 9-2-8 HAZOP 分析记录表（二）

序号	引导词与参数	偏离	原因	后果	现有安全措施	S	L	RR	建议编号	建议类别	建议	负责人

注：S 表示严重度，L 表示可能性，RR 表示风险等级。

9.2.3.2 HAZOP 分析报告

HAZOP 分析报告一般包括以下部分：

① 封面，包括编制人、编制日期、版次等；

② 目录；

③ 正文，至少包括以下内容：项目概述、工艺描述、HAZOP 分析程序、HAZOP 分析团队人员信息、分析范围、分析目标和节点划分、风险可接受标准、总体性建议、建议措施说明；

④ 附件，至少包括以下内容：带有节点划分的 P&ID、建议措施汇总表、技术资料清单。

9-2 某中试装置 HAZOP 分析案例

【任务实施】

（1）模拟组建 HAZOP 分析团队　模拟组建 HAZOP 分析团队，了解各成员的职责。岗位人数：HAZOP 主席 1 人、工艺工程师 1 人、仪表工程师 1 人、记录员 1 人、安全工程师 1 人、操作专家 1 人。

（2）HAZOP 分析实践　工艺流程描述：烃类物料（$C_4 \sim C_9$）进入脱丁烷塔中，在精馏塔内分离为塔顶 C_4 馏分和少量的 C_5 馏分，塔釜主要为 C_5 以上组分的馏分。该精馏塔突然发生爆炸事故，经事后调查发现，是由精馏塔塔顶压力过大导致塔顶气体泄漏。精馏塔单元管道及仪表流程图见图 9-2-4。

请 HAZOP 分析团队对精馏塔单元进行 HAZOP 分析，完成 HAZOP 记录表 9-2-9。

单元9 化工危险与可操作性（HAZOP）分析

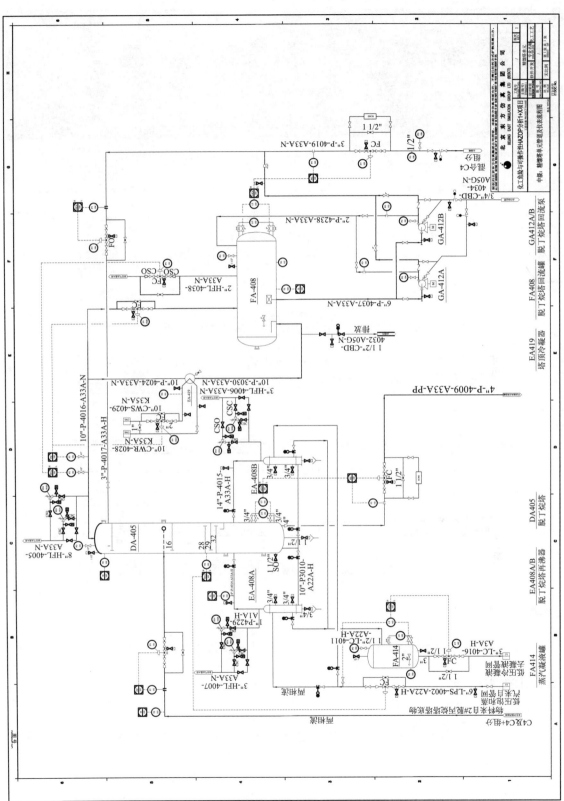

图 9-2-4 精馏塔单元管道及仪表流程图

表 9-2-9 精馏塔单元 HAZOP 记录表

序号	偏离		原因/初始事件	事故后果	原始风险			保护措施及失效概率			降低后的风险			建议措施			剩余风险		
	工艺参数	引导词			风险类别	严重性(S)	可能性(L)	风险(RR)	现有安全措施	保护层类型	IPL的失效概率	风险类别	严重性(S)	可能性(L)	风险(RR)	描述	类型	IPL的失效概率	风险类别	严重性(S)	可能性(L)	风险(RR)

(3) 1+X 证书（化工 HAZOP 分析）仿真考核 借助 HAZOP 分析仿真软件，完成 1+X 证书中级考核项目：情景模拟——精馏塔压力高偏离分析流程演练。

拓展知识扫一扫

9-3 精馏塔压力高偏离分析流程

关键与要点

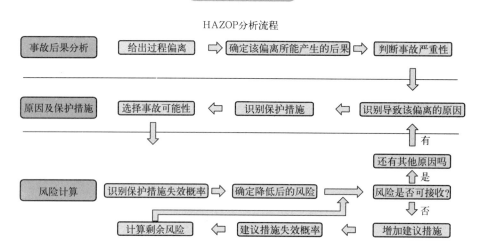

【考核评价】

对各小组分析及讨论情况进行自我评价、小组评价和教师评价，具体内容见附表 9-2。

【直击工考】

一、单项选择题

1. 在 HAZOP 分析程序流程中，介于"选取节点"和"确定相关参数或要素"中间的步骤是（   ）。
   A. 划分节点　　　　　　　　B. 解释设计意图
   C. 选择引导词　　　　　　　D. 选择一个参数

2. 对于危险程度高的系统，划分节点应遵循的原则是（   ）。

A. 在尽可能包含完整事故剧情的情况下，节点划分尽可能得小一些
B. 节点划分要尽可能得大，因为节点划分大才能包含完整的事故剧情
C. 节点划分可大可小，因为节点划分得大小不影响分析的结果
D. 节点划分尽可能得小，不考虑事故剧情的完整性

3. HAZOP 分析中的"偏差"指使用关键词系统地对每个节点的工艺参数进行发生一系列偏离工艺指标的情况的研究，偏差的通常形式为（ ）。
A. 引导词＋工艺参数　　　　　　B. 原因＋结果
C. 原因＋工艺参数　　　　　　　D. 后果＋工艺参数

4. HAZOP 分析中引导词的主要目的之一是能够使所有相关（ ）的工艺参数得到评价。
A. 偏差　　　B. 设备　　　C. 工艺　　　D. 装置

5. 有毒气体排放影响属于（ ）类事故后果。
A. 职业健康　　B. 财产损失　　C. 产品损失　　D. 环境影响

6. 常见原因一般包括很多种类，其中人员违反操作规程属于（ ）。
A. 人员失误　　B. 训练不足　　C. 管理问题　　D. 规程问题

7. 在分析常见原因发生频率时，频率一般以每（ ）发生事故的次数表示。
A. 年　　　B. 月　　　C. 日　　　D. 小时

8. 在 7×8 风险矩阵表中，（ ）表示的风险是完全可以接受的。
A. 红色　　　B. 黄色　　　C. 橙色　　　D. 蓝色

二、多项选择题
1. HAZOP 分析的工作程序主要包括（ ）。
A. 分析界定　　B. 分析准备　　C. 分析会议　　D. 分析文档和跟踪

2. （ ）是 HAZOP 分析团队必须包含的成员。
A. 工艺工程师　　B. 仪表工程师　　C. 安全工程师　　D. 设计人员

3. 偏离选择的 4 个原则是（ ）。
A. 节点内可能产生的偏离
B. 可能有安全后果的偏离
C. 至少原因或后果有一个在节点内的偏离
D. 优先靠近后果的偏离

4. 无论采用何种风险评价方法，其风险程度的评估都要考虑（ ）。
A. 可能的事故后果严重度　　　B. 事故发生的可能性
C. 是否构成重大风险　　　　　D. 是否构成重大危险源

5. 在 HAZOP 分析中，事故后果包含（ ）。
A. 人员损害　　B. 社会影响　　C. 财产损失　　D. 生产周期

三、判断题
1. HAZAOP 分析的评价组的大多数评价人员应具有 HAZOP 研究经验，而 HAZOP 分析组最少应由 4 人组成，包括组织者、记录员、两名熟悉过程设计和操作人员。（ ）

2. 在节点划分时，同一个设备最好划在同一个节点内。（ ）

3. HAZOP 分析过程中的"后果识别"指，在假设任何已有的安全保护，以及相关的管理措施都失效的前提下，所导致的最终不利后果。（ ）

4. 减缓措施可以影响初始事件发生的频率。（ ）

5. 安全措施应该独立于偏离产生的原因。（ ）

附　　录

本教材相关法律法规及规章可扫描二维码阅读。

附录一　安全相关法律
1. 中华人民共和国安全生产法（2021年修订）
2. 中华人民共和国职业病防治法（2018年修订）
3. 中华人民共和国消防法（2021年修订）
4. 中华人民共和国特种设备安全法（2014版）
5. 中华人民共和国突发事件应对法（2007版）

附录二　安全相关法规
1. 危险化学品安全管理条例
2. 易制毒化学品管理条例
3. 安全生产许可证条例
4. 生产安全事故报告和调查处理条例
5. 特种设备安全监察条例
6. 安全生产许可证条例
7. 使用有毒物品作业场所劳动保护条例
8. 工伤保险条例

附录三　安全相关规章、规范性文件
1. 危险化学品登记管理办法
2. 危险化学品许可证管理办法
3. 工作场所安全使用化学品规定
4. 化工企业安全管理制度
5. 爆炸危险场所安全规定
6. 特种设备作业人员监督管理办法
7. 安全生产事故隐患排查治理暂行规定
8. 危险化学品名录（2015版）
9. 易制毒危险化学品名录（2021版）
10. 易制爆危险化学品名录（2017版）
11. 职业病分类和目录（2013版）

相关法律法规及标准

参考文献

[1] 刘景良. 化工安全技术［M］. 4版. 北京：化学工业出版社，2019.
[2] 于淑兰，林远昌. 化工安全与环保［M］. 北京：中国劳动社会保障出版社，2013.
[3] 王福成，陈宝智. 安全工程概论［M］. 北京：煤炭工业出版社，2019.
[4] 王德堂，刘睦利. 现代化工HSE装置操作技术［M］. 北京：化学工业出版社，2018.
[5] 王德堂，何伟平. 化工安全与环境保护［M］. 北京：化学工业出版社，2015.
[6] 赵薇，周国保. HSEQ与清洁生产［M］. 北京：中国劳动社会保障出版社，2015.
[7] 粟镇宇. HAZOP分析方法及实践［M］. 北京：化学工业出版社，2018.
[8] 吴重光. 危险与可操作性分析（HAZOP）基础及应用［M］. 北京：中国石化出版社，2012.
[9] 中国安全生产科学研究院. 化工安全专业实务：化工安全［M］. 北京：应急管理出版社，2020.
[10] 叶永峰，夏昕，李竹霞. 化工行业典型安全事故统计分析［J］. 工业安全与环保，2012，38（9）：4.
[11] 张圣柱，王旭，魏利军，等. 2016—2020年全国化工和危险化学品事故分析研究［J］. 中国安全生产科学技术，2021（017-010）.
[12] 刘静，李莉. 化工园区事故分析及消防安全管理［J］. 消防科学与技术，2014，33（11）：5.
[13] 张强，王红霞，王禄明. 化工生产安全技术特点研究［J］. 科技创新与应用，2014（20）：1.
[14] 洪海库. 化工项目危险与可操作性HAZOP分析［J］. 石化技术，2021，28（3）：3.
[15] 裴鸿飞，慕晓玲. 浅谈危险与可操作性分析（HAZOP）在煤化工企业的应用［J］. 神华科技，2018，16（11）：4.